高等职业教育 **iPraclass** 新形态教材

# 高 等 数 学

主　编　朱贵凤
副主编　陈　琳

北京理工大学出版社
BEIJING INSTITUTE OF TECHNOLOGY PRESS

## 内 容 简 介

本教材是按照"十三五"职业教育规划教材的要求,基于课程思政的设计模式编写完成的.

本教材共九个项目,内容包括:函数与极限;导数与微分;中值定理与导数的应用;不定积分;定积分及其应用;常微分方程;多元函数微积分;无穷级数;数学文化初步了解.

本教材可以作为高职高专院校理工类专业的"高等数学"课程的教材或参考书,也可作为知识拓展和更新的自学用书.

**版权专有　侵权必究**

## 图书在版编目（CIP）数据

高等数学/朱贵凤主编．—北京：北京理工大学出版社，2020.11
ISBN 978－7－5682－9234－4

Ⅰ．①高…　Ⅱ．①朱…　Ⅲ．①高等数学－高等职业教育－教材　Ⅳ．①O13

中国版本图书馆 CIP 数据核字（2020）第 220571 号

---

出版发行/北京理工大学出版社有限责任公司

社　　址/北京市海淀区中关村南大街 5 号

邮　　编/100081

电　　话/（010）68914775（总编室）
　　　　　（010）82562903（教材售后服务热线）
　　　　　（010）68948351（其他图书服务热线）

网　　址/http：//www.bitpress.com.cn

经　　销/全国各地新华书店

印　　刷/河北盛世彩捷印刷有限公司

开　　本/787 毫米×1092 毫米　1/16

印　　张/11.75　　　　　　　　　　　　　　责任编辑/孟祥雪

字　　数/360 千字　　　　　　　　　　　　　文案编辑/孟祥雪

版　　次/2020 年 11 月第 1 版　2020 年 11 月第 1 次印刷　　责任校对/周瑞红

定　　价/39.00 元　　　　　　　　　　　　　责任印制/施胜娟

# 前 言 PREFACE

　　本教材是根据《高职高专教育高等数学课程教学基本要求》以及"十三五"职业教育规划教材的要求，以人才培养为目标，将课程思政作为编写教材的主基调而完成的教科书．在《高等数学》的教材建设中蕴含思想政治教育资源与之相辅相成，形成合力，同向而行．整本书以课程思政应用在职业院校高等教材为核心，加入数学文化的元素内容，以够用为原则，体例新颖，内容全面，突出实训．本教材适合高等职业教育技能型人才培养的需求，是一本"职业院校'高等数学'课程思政"的数学教育类新形态教材．其特点如下：

　　1. 以项目为导向，以任务为基础，每个项目的开始都有知识图谱．

　　2. 每个项目都有能力素质这一思政元素，并配有想一想的思政问题，在项目训练的最后一题都是思政题目，与前面相呼应．

　　3. 在每个项目中穿插介绍数学的实用性例子，让学生练习掌握，互相探讨，真正达到学以致用的目的．

　　4. 不过分强调严密论证，研究过程，让学生体会"高等数学"的思想方法，提高学生的逻辑思维能力，明确学习目的．

　　5. 教材包含的项目广泛，适合于各类专业．

　　6. 将数学文化作为一个项目，让学生了解数学美，提高学生学习"高等数学"的兴趣．

　　本教材由朱贵凤、陈琳老师编写，项目一、项目四～项目九由朱贵凤老师编写；项目二、项目三以及所有的训练题由陈琳老师编写．

　　本教材在编写过程中得到了所在院校领导以及杨美霞、郭海礁、房小栋、许晶老师（其中许晶老师参与了部分项目中的图形绘制）的大力支持，同时也得到了北京理工大学出版社的鼎力支持，在此表示衷心感谢！

　　限于编者的水平，不妥之处在所难免，恳请广大读者批评指正．

编　者

# 目 录 CONTENTS

# 项目一 函数与极限

◎ 知识图谱

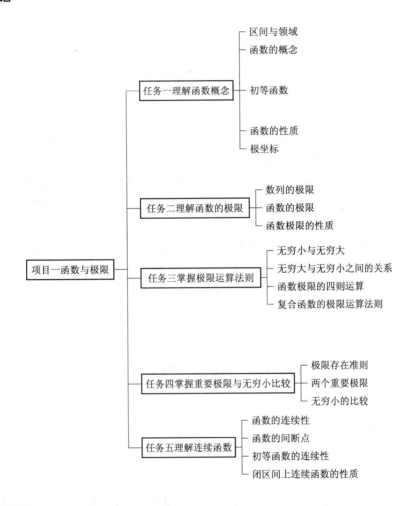

◎ 能力与素质

**生活中的函数与极限**

在实际生活中,用到函数与极限的例子很多,比如电子科学中的波形函数、股票走势图、企业的生产利润、个人所得税计算、汽车租赁费用计算等.通过学习,利用函数与极限相关知识解决一个实际问题:

**例** 某商城对会员提供优惠,会员消费可打八折,但每年需交纳会员费 500 元,写出会员一年内消费的钱与实际受惠的钱之间的函数关系,并说明一年内至少消费多少才能真正受惠?

**解** 设某会员一年内消费 $x$ 元,实际受惠 $y$ 元,根据已知,其消费时受惠 $0.2x$ 元,但因交

纳了 500 元会员费,所以实际受惠($0.2x-500$)元,故

$$y=0.2x-500$$

可以求出当 $x\leqslant 2\,500$ 时,$y\leqslant 0$,即消费 2 500 元以下时并不会真正受惠,必须消费 2 500 元以上才能真正受惠.

### 数学中的中国传统文化——函数

中文数学书上使用的"函数"一词是转译词,是我国清代数学家李善兰在翻译《代数学》(1859 年)一书时,把"function"译成"函数"的.中国古代"函"字与"含"字通用,都有"包含"的意思.李善兰给出的定义是:"凡式中含天,为天之函数."中国古代用天、地、人、物 4 个字来表示 4 个不同的未知数或变量.这个定义的含义是:"凡是公式中含有变量 $x$,则该式子叫作 $x$ 的函数."所以,"函数"是指公式里含有变量的意思.我们所说的方程的确切定义是指含有未知数的等式.但是"方程"一词在我国早期的数学专著《九章算术》中,意思指的是包含多个未知量的联立一次方程,即所说的线性方程组.

### 数学中的中国传统文化——极限

与一切科学的思想方法一样,极限思想也是社会实践中大脑抽象思维的产物.极限的思想可以追溯到古代,例如,我国刘徽的割圆术就是建立在直观图形研究基础上的一种原始的可靠的"不断靠近"的极限思想的应用;古希腊人的穷竭法也蕴含了极限思想,但由于希腊人对"无限"的恐惧,他们避免明显地人为"取极限",而是借助于间接证法——归谬法来完成了有关的证明.

到了 16 世纪,荷兰数学家斯泰文在考察三角形重心的过程中,改进了古希腊人的穷竭法,他借助几何直观,大胆地运用极限思想思考问题,放弃了归谬法的证明.如此,他就在无意中指出了"把极限方法发展成为一个实用概念的方向".

想一想:函数关系 $y=f(x)$,其中 $x$ 称为自变量,$y$ 称为因变量.我们是否可以把 $y$ 定义为人生目标,把 $x$ 看作我们为此所做的不懈努力?

# 任务一　理解函数概念

## 一、区间与邻域

### 1. 区　间

一个变量能取得的全部数值的集合,称为这个变量的变化范围或变域.今后我们常遇到的变域是区间,所谓变量 $x$ 的区间就是介于两实数 $a$ 与 $b$ 之间的一切实数,在数轴上就是从 $a$ 到 $b$ 的线段,$a$ 与 $b$ 称为区域的端点,当 $a<b$ 时,$a$ 称为左端点,$b$ 称为右端点.

(1)闭区间:满足不等式 $a\leqslant x\leqslant b$ 的所有实数 $x$ 的集合,称为以 $a,b$ 为端点的闭区间,记 $[a,b]$,见图 1—1,即

$$[a,b]=\{x\mid a\leqslant x\leqslant b\}$$

(2)开区间:满足不等式 $a<x<b$ 的所有实数 $x$ 的集合,称为以 $a,b$ 为端点的开区间,记 $(a,b)$;见图 1—2,即

$$(a,b)=\{x\mid a<x<b\}$$

图 1—1　　　　　　　　　　图 1—2

(3)半开半闭区间：满足不等式 $a<x\leqslant b$（或 $a\leqslant x<b$）的所有实数 $x$ 的集合，称为以 $a,b$ 为端点的半开半闭区间，记为 $(a,b]$（或 $[a,b)$），分别见图 1—3 和图 1—4，即

$$(a,b]=\{x\mid a<x\leqslant b\}$$
$$[a,b)=\{x\mid a\leqslant x<b\}$$

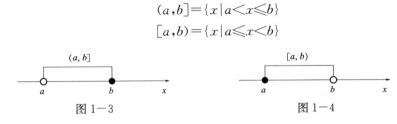

图 1—3　　　　　　　　　　图 1—4

以上这些区间都称为有限区间，有限区间右端点 $b$ 与左端点 $a$ 的差 $b-a$，称为区间的长度．此外还有所谓的无限区间，引进记号 $+\infty$（读作正无穷大）及 $-\infty$（读作负无穷大），则无限区间的半开或开区间表示如下：

$$(a,+\infty)=\{x\mid x>a\}$$
$$[a,+\infty)=\{x\mid x\geqslant a\}$$
$$(-\infty,b)=\{x\mid x<b\}$$
$$(-\infty,b]=\{x\mid x\leqslant b\}$$

它们在数轴上表示为长度为无限的半直线，如图 1—5 所示．

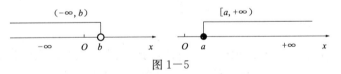

图 1—5

全体实数的集合 **R** 也记为

$$(-\infty,+\infty)=\{x\mid -\infty<x<+\infty\}$$

## 2. 邻域

设 $\delta$ 是一个正数，对于数轴上一点 $x_0$，我们把以点 $x_0$ 为中心，长度为 $2\delta$ 的开区间 $(x_0-\delta,x_0+\delta)$ 称为点 $x_0$ 的 $\delta$ 邻域（见图 1—6），可用不等式 $|x-x_0|<\delta$ 表示．正数 $\delta$ 称为这个邻域的半径．若在点 $x_0$ 的邻域内去掉点 $x_0$，则其余部分称为 $x_0$ 的去心邻域，可用不等式 $0<|x-x_0|<\delta$ 表示．

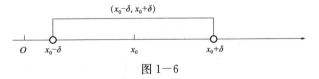

图 1—6

## 二、函数的概念

**引例**　设正方形的边长为 $x$，面积为 $A$，则 $A$ 依赖于 $x$ 的变化而变化，两者依赖关系可表

示成

$$A = x^2$$

当 $x$ 在区间 $(0,+\infty)$ 内任取一个数值时,都有一个确定的实数值与它对应,则 $A$ 是 $x$ 的函数.

**定义**　设 $D$ 是实数集 **R** 非空子集,则从 $D$ 到 **R** 的对应关系 $f$ 称为定义在 $D$ 上的函数,记作

$$y = f(x), x \in D$$

其中,$x$ 称为自变量;$y$ 称为因变量;$D$ 为函数 $f$ 的定义域;$R_f = \{y \mid y = f(x), x \in D\}$,称为函数 $f$ 的值域.

在平面直角坐标系下,点集

$$\{(x,y) \mid y = f(x), x \in D\}$$

称为函数 $y = f(x), x \in D$ 的图像(见图 $1-7$).

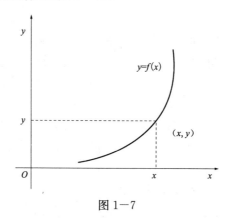

图 $1-7$

下面举几个例子.

确定函数定义域的方法:若给定函数表达式,则使该表达式有意义的自变量全体为其定义域;若是实际问题,则使实际问题成立的自变量的全体为其定义域.

**例 1**　求函数 $y = \sqrt{1-x^2}$ 的定义域和值域,并画出其图像.

**【解】**　定义域

$$1 - x^2 \geqslant 0,\text{即 } D = [-1, 1]$$

值域 $R_f = \{y \mid 0 \leqslant y \leqslant 1\}$. 图像为上半圆,如图 $1-8$ 所示.

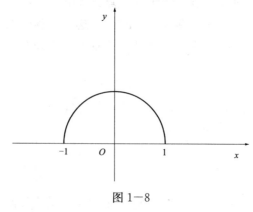

图 $1-8$

**例 2** 绝对值函数

$$y=|x|=\begin{cases} x, & x>0 \\ 0, & x=0 \\ -x, & x<0 \end{cases}$$

的定义域 $D=(-\infty,+\infty)$,值域 $R_f=[0,+\infty)$,图像如图 1-9 所示.

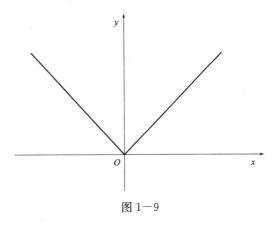

图 1-9

**例 3** 火车站收取行李费的规定如下:当行李不超过 50 kg 时,按基本运费 0.15 元/kg 收费;当超过 50 kg 时,超重部分按 0.25 元/kg 收费,则运费 $y$ 与重量 $x$ 之间的关系为

$$y=\begin{cases} 0.15x, & 0\leqslant x\leqslant 50 \\ 0.15x\times 50+0.25x\times(x-50), & x>50 \end{cases}$$

**例 4** 确定函数的表达式:

(1)设 $f(x)=x^2+3x-\dfrac{1}{x^2}+\dfrac{2}{x}$,求 $f\left(\dfrac{1}{x}\right)$;

(2)设 $f(x-1)=\dfrac{x+3}{(x+1)^2}$,求 $f(x)$.

**【解】** (1) $f\left(\dfrac{1}{x}\right)=\left(\dfrac{1}{x}\right)^2+3\cdot\dfrac{1}{x}-x^2+2x=\dfrac{1}{x^2}+\dfrac{3}{x}-x^2+2x.$

(2)令 $x-1=t$,则 $x=t+1$,即

$$f(t)=\frac{(t+1)+3}{(t+1+1)^2}=\frac{t+4}{(t+2)^2}$$

所以

$$f(x)=\frac{x+4}{(x+2)^2}$$

**例 5** 下列各对函数是否相同?为什么?

(1) $f(x)=\dfrac{x}{x}$,$p(x)=1$;(2) $f(x)=x$,$p(x)=\sqrt{x^2}$.

**【解】** (1)不相同.因为定义域不同;$f(x)$ 的定义域为 $(-\infty,0)\bigcup(0,+\infty)$,而 $p(x)$ 的定义域为 $(-\infty,+\infty)$.

(2)不相同.因为对应关系不同,当 $x=-1$ 时,$f(-1)=-1$;而 $p(-1)=1$.

# 三、初等函数

## 1. 基本初等函数（见表 1-1）

表 1-1

| 项目 | 函数 | 定义域与值域 | 图像 | 特性 |
|------|------|------|------|------|
| 幂函数 | $y=x$ | $x\in(-\infty,+\infty)$ $y\in(-\infty,+\infty)$ | | 奇函数 单调增加 |
| | $y=x^2$ | $x\in(-\infty,+\infty)$ $y\in[0,+\infty)$ | | 偶函数 在$(-\infty,0)$内单调减少 在$(0,+\infty)$内单调增加 |
| | $y=x^3$ | $x\in(-\infty,+\infty)$ $y\in(-\infty,+\infty)$ | | 奇函数 单调增加 |
| | $y=x^{-1}$ | $x\in(-\infty,0)\bigcup(0,+\infty)$ $y\in(-\infty,0)\bigcup(0,+\infty)$ | | 奇函数 单调减少 |

续表

| 项目 | 函数 | 定义域与值域 | 图像 | 特性 |
|---|---|---|---|---|
| 幂函数 | $y=x^{\frac{1}{2}}$ | $x\in[0,+\infty)$<br>$y\in[0,+\infty)$ | | 单调增加 |
| 指数函数 | $y=a^x$<br>$(a>1)$ | $x\in(-\infty,+\infty)$<br>$y\in(0,+\infty)$ | | 单调增加 |
| 指数函数 | $y=a^x$<br>$(0<a<1)$ | $x\in(-\infty,+\infty)$<br>$y\in(0,+\infty)$ | | 单调减少 |
| 对数函数 | $y=\log_a x$<br>$(a>1)$ | $x\in(0,+\infty)$<br>$y\in(-\infty,+\infty)$ | | 单调增加 |
| 对数函数 | $y=\log_a x$<br>$(0<a<1)$ | $x\in(0,+\infty)$<br>$y\in(-\infty,+\infty)$ | | 单调减少 |

| 项目 | 函数 | 定义域与值域 | 图像 | 特性 |
|---|---|---|---|---|
| 三角函数 | $y = \sin x$ | $x \in (-\infty, +\infty)$ <br> $y \in [-1, 1]$ | | 奇函数,周期 $2\pi$,有界,在 $\left(2k\pi - \dfrac{\pi}{2}, 2k\pi + \dfrac{\pi}{2}\right)$ 内单调增加,在 $\left(2k\pi + \dfrac{\pi}{2}, 2k\pi + \dfrac{3\pi}{2}\right)$ 内单调减少 |
| | $y = \cos x$ | $x \in (-\infty, +\infty)$ <br> $y \in [-1, 1]$ | | 偶函数,周期 $2\pi$,有界,在 $(2k\pi, 2k\pi + \pi)$ 内单调减少,在 $(2k\pi + \pi, 2k\pi + 2\pi)$ 内单调增加 |
| | $y = \tan x$ | $x \neq k\pi + \dfrac{\pi}{2}(k \notin \mathbf{Z})$ <br> $y \in (-\infty, +\infty)$ | | 奇函数,周期 $\pi$,在 $\left(k\pi - \dfrac{\pi}{2}, k\pi + \dfrac{\pi}{2}\right)$ 内单调增加 |
| | $y = \cot x$ | $x \neq k\pi(k \notin \mathbf{Z})$ <br> $y \in (-\infty, +\infty)$ | | 奇函数,周期 $\pi$,在 $(k\pi, k\pi + \pi)$ 内单调减少 |

续表

| 项目 | 函数 | 定义域与值域 | 图像 | 特性 |
|---|---|---|---|---|
| 反三角函数 | $y=\arcsin x$ | $x\in[-1,1]$ $y\in\left[\dfrac{\pi}{2},-\dfrac{\pi}{2}\right]$ | | 奇函数,单调增加,有界 |
| | $y=\arccos x$ | $x\in[-1,1]$ $y\in[0,\pi]$ | | 单调减少,有界 |
| | $y=\arctan x$ | $x\in(-\infty,+\infty)$ $y\in\left(-\dfrac{\pi}{2},\dfrac{\pi}{2}\right)$ | | 奇函数,单调增加,有界 |
| | $y=\text{arccot}\,x$ | $x\in(-\infty,+\infty)$ $y\in(0,\pi)$ | | 单调减少,有界 |

## 2. 反函数

在函数定义中,若 $f$ 是从 $D$ 到 $R_f$ 的一一映射,则它的逆映射 $f^{-1}$ 称为函数的反函数,记作 $x=f^{-1}(y)$. 显然,$f^{-1}$ 的定义域为 $R_f$,值域为 $D$.

例如,函数 $y=x^3$,$x\in R_f$ 是一一映射,所以它的反函数存在,其反函数为 $x=y^{\frac{1}{3}}$,$y\in\mathbf{R}$. 函数与其反函数表示的是一条曲线. 但是,习惯上写为 $y=x^{\frac{1}{3}}$,$x\in\mathbf{R}$.

一般地,函数 $y=f(x)$,$x\in D$ 的反函数记作 $y=f^{-1}(x)$. 把函数 $y=f(x)$ 和它的反函数 $y=f^{-1}(x)$ 的图像画在同一坐标平面上,这两个图像关于直线 $y=x$ 对称(见图 1—10).

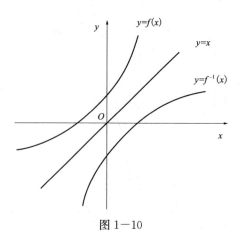

图 1—10

### 3. 复合函数

设函数 $y=f(u)$ 的定义域为 $D_1$,函数 $u=g(x)$ 在 $D$ 上有定义,且 $g(D)\subset D_1$,则由

$$y=f[g(x)],x\in D$$

确定的函数称为由函数 $y=f(u)$ 和函数 $u=g(x)$ 构成的复合函数,它的定义域为 $D$,变量 $u$ 称为中间变量.

不是任何两个函数都能构成复合函数,如 $y=\arcsin u$,$u=x^2+3$ 就不能构成复合函数. 两个及多个函数构成复合函数的过程叫作函数的复合运算.

**例 6** 写出下列复合函数的复合过程和定义域:

(1)$y=\sqrt{1+x^2}$;(2)$y=\arcsin(\ln x)$.

**【解】** (1)$y=\sqrt{1+x^2}$ 由 $y=\sqrt{u}$ 与 $u=1+x^2$ 复合而成,它的定义域是 **R**.

(2)$y=\arcsin(\ln x)$ 由 $y=\arcsin u$ 和 $u=\ln x$ 复合而成.

确定它的定义域时,应求解不等式 $-1\leqslant\ln x\leqslant 1$.

解得 $\dfrac{1}{e}\leqslant x\leqslant e$,即定义域为 $\left[\dfrac{1}{e},e\right]$.

两个以上的函数经过复合也可以构成一个函数,例如 $y=\ln u$,$u=\sqrt{v}$,$v=x^2+2$,则 $y=\ln\sqrt{x^2+2}$,这里的 $u$,$v$ 均为中间变量.

### 4. 初等函数

由基本初等函数经过有限次四则运算和有限次的复合步骤所构成的,并能用一个式子表示的函数叫作初等函数.

例 6 中的两个函数,以及 $y=\sin^2 x$,$y=e^{\sin x}$,$y=x^2\ln x$ 等都是初等函数.

## 四、函数的性质

### 1. 有界性

设函数 $f(x)$ 的定义域为 $D$. 若存在数 $M$,使得对任意 $x\in D$ 都有

$$|f(x)|\leqslant M$$

则称函数 $f(x)$ 在 $D$ 上有界. 如果这样的数 $M$ 不存在,就称函数 $f(x)$ 在 $D$ 上无界.

例如,$y=\sin x$ 在 $(-\infty,+\infty)$ 内有界;$y=e^x$ 在 $(-\infty,+\infty)$ 内无界.

### 2. 单调性

设函数 $f(x)$ 的定义域为 $D$,若对于 $D$ 上任意两点 $x_1,x_2$,当 $x_1<x_2$ 时,恒有

$$f(x_1)<f(x_2)$$

则称函数 $f(x)$ 在区间 $D$ 上是单调增加的;若

$$f(x_1)>f(x_2)$$

则称函数 $f(x)$ 在区间 $D$ 上是单调减少的.

### 3. 奇偶性

设函数 $f(x)$ 的定义域 $D$ 关于原点对称. 若对于任意 $x\in D$ 都有

$$f(-x)=f(x)$$

则称函数 $f(x)$ 为偶函数;若对于任意 $x\in D$,都有

$$f(-x)=-f(x)$$

则称函数 $f(x)$ 为奇函数.

偶函数的图像关于 $y$ 轴对称,奇函数的图像关于原点对称.

### 4. 周期性

设函数 $f(x)$ 的定义域为 $D$,若存在一个正数 $T$,使得对于任意 $x\in D$,有 $(x+T)\in D$,且 $f(x+T)=f(x)$ 恒成立,则称 $f(x)$ 为周期函数,$T$ 称为 $f(x)$ 的周期,通常所说周期函数的周期是指最小正周期,即使上式成立的最小正数.

例如,函数 $\sin x,\cos x$ 都是以 $2\pi$ 为周期,函数 $\tan x$ 是以 $\pi$ 为周期的周期函数.

## 五、极坐标

在平面上定义由一点和一条定轴所确定的坐标系称为极坐标系,其中,定点称为极点,定轴称为极轴,如图 1—11 所示. 极坐标系中的点 $P$ 用有序数 $(r,\theta)$ 表示,其中,$r$ 表示点 $P$ 到极点 $O$ 的距离;$\theta$ 表示射线 $OP$ 与极轴的正向夹角. 这里

$$r\geqslant 0$$
$$0\leqslant\theta<2\pi$$

其中,$r$ 称为极径;$\theta$ 称为极角.

若取极点作为原点,极轴作为 $x$ 轴建立直角坐标系,就得到极坐标与直角坐标系的关系为

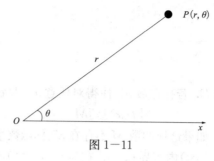

图 1—11

$$x = r\cos\theta, y = r\sin\theta$$

或

$$r = \sqrt{x^2 + y^2}, \tan\theta = \frac{y}{x}$$

建立 $r$ 与 $\theta$ 关系的等式称为极坐标方程,如

$$r = 1$$

表示圆心在极点,半径为 1 的圆.

利用上述式子,可以把直角坐标方程和极坐标方程进行互化.

**例 7**　将极坐标方程

$$r = 2\cos\theta$$

化为直角坐标方程,并说明它表示什么曲线.

**【解】**　方程两边同乘以 $r$ 得

$$r^2 = 2r\cos\theta$$

由上述公式可得

$$x^2 + y^2 = 2x$$
$$(x-1)^2 - y^2 = 1$$

所以它表示圆心为 $(1,0)$,半径为 1 的圆.

下面给出几个特殊曲线的极坐标方程.

(1)心形线(外摆线的一种),如图 1—12 所示,极坐标方程为

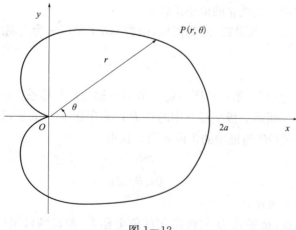

图 1—12

$$r=a(1+\cos\theta)$$

化为直角方程为

$$x^2+y^2-ax=a\sqrt{x^2+y^2}$$

(2)双纽线(见图 1—13),极坐标方程为

$$r^2=a^2\cos 2\theta$$

化为直角方程为

$$(x^2+y^2)^2=a(x^2-y^2)$$

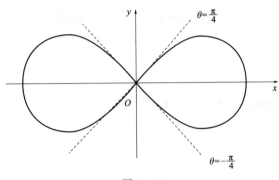

图 1—13

(3)阿基米得螺线(见图 1—14),极坐标方程为

$$r=a\theta$$

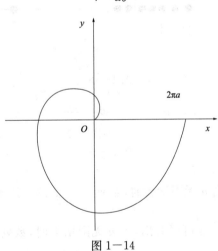

图 1—14

# 任务二　理解函数的极限

## 一、数列的极限

按照一定规律排列而成的一列数

$$u_1,u_2,u_3,\cdots,u_n,\cdots$$

称为数列,简记 $\{u_n\}$. 数列中的每一个数称为数列的项, $u_n$ 称为数列的通项或一般项.

函数概念刻画了变量之间的关系,而极限概念着重刻画变量的变化趋势,并且极限也是学习微积分的基础和工具.

考察下列数列中 $n$ 无限增大时的变化趋势:

(1) $\dfrac{1}{2}$, $\dfrac{1}{4}$, $\dfrac{1}{8}$, $\dfrac{1}{16}$, $\cdots$, $\dfrac{1}{2^n}$, $\cdots$;

(2) $2$, $\dfrac{1}{2}$, $\dfrac{2}{3}$, $\dfrac{3}{4}$, $\cdots$, $\dfrac{n+(-1)^{n-1}}{n}$, $\cdots$;

(3) $3$, $3$, $3$, $\cdots$, $3$, $\cdots$.

清楚起见,把各个数列的几项分别在数轴上表示出来,如图 1—15、图 1—16 和图 1—17 所示.

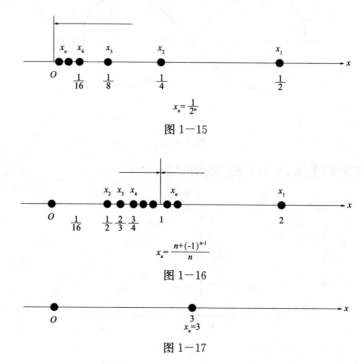

$$x_n = \frac{1}{2^n}$$

图 1—15

$$x_n = \frac{n+(-1)^{n-1}}{n}$$

图 1—16

$$x_n = 3$$

图 1—17

由图 1—15 可以看出,当 $n$ 无限增大时,数列 $x_n = \dfrac{1}{2^n}$ 的点逐渐密集在 $x=0$ 的右侧,即数列 $x_n$ 无限接近于 0;由图 1—16 可以看出,当 $n$ 无限增大时,数列 $x_n = \dfrac{n+(-1)^{n-1}}{n}$ 的点逐渐密集在 $x=1$ 的附近,即数列无限接近于 1;很显然,当 $n$ 无限增大时,第三个数列 $x_n = 3$ 无限接近于 3. 归纳这三种情形,可知当 $n$ 无限增大时,$x_n$ 都分别无限接近一个确定的常数. 一般地,有下面的定义.

**定义** 设数列 $\{u_n\}$,$a$ 为常数,当 $n$ 无限增大时,数列 $\{u_n\}$ 无限接近于 $a$,则称常数 $a$ 为数列 $\{u_n\}$ 的极限,或称数列 $\{u_n\}$ 收敛于 $a$,记作

$$\lim_{n\to\infty} u_n = a \quad \text{或} \quad u_n \to a \,(n \to \infty)$$

当 $n$ 无限增大时,数列 $\{u_n\}$ 不能无限接近一个确定的常数,就称数列 $\{u_n\}$ 发散.

**例 1** 观察下列数列的变化趋势,写出它们的极限;

$(1) x_n = \dfrac{1}{n};$　　　　　　　　　　　　$(2) x_n = 2 - \dfrac{1}{n^2}.$

**【解】** 借助于数轴容易看出：

$(1) \lim\limits_{n \to \infty} \dfrac{1}{n} = 0;$　　　　　　　　　$(2) \lim\limits_{n \to \infty} \left(2 - \dfrac{1}{n^2}\right) = 2.$

**注意**：不是任何数列都有极限.

例如，数列 $x_n = 2^n$，当 $n$ 无限增大时，$x_n$ 也无限增大，不能无限接近于一个确定的常数，所以这个数列没有极限.

又如，数列 $x_n = (-1)^{n+1}$，当 $n$ 无限增大时，$x_n$ 在 $1$ 与 $-1$ 两个数上来回跳动，不能无限接近于一个确定的常数，所以这个数列也没有极限.

对于上述没有极限的数列，也说数列的极限不存在，亦称发散.

## 二、函数的极限

### 1. 自变量趋于无穷大时函数的极限

例如，函数

$$y = 1 + \frac{1}{x}$$

当 $|x|$ 无限增大时，$y$ 无限地接近 $1$，如图 $1-18$ 所示.

**定义**　设函数 $f(x)$ 在 $|x|$ 大于某一正数时有定义，$a$ 是一个常数，若当 $|x|$ 无限增大时，对应的函数值 $f(x)$ 无限接近于 $a$，则称常数 $a$ 为函数 $f(x)$ 当 $x \to \infty$ 时的极限，记作

$$\lim_{x \to \infty} f(x) = a \ \text{或} \ f(x) \to a \,(x \to \infty)$$

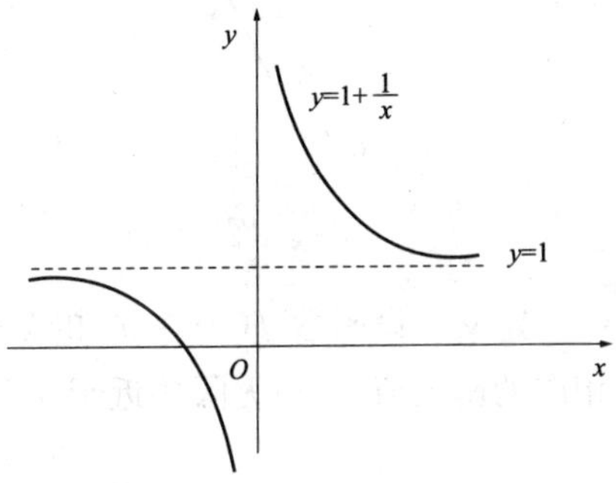

若 $x$ 只是趋近于正无穷大（或负无穷大），则有单侧极限

$$\lim_{x \to +\infty} f(x) = a \ \text{或} \ \lim_{x \to -\infty} f(x) = a$$

$\lim\limits_{x \to \infty} f(x) = a$ 的几何意义：作直线 $y = a - \varepsilon$ 和 $y = a + \varepsilon$，则总存在 $X > 0$，使得当 $|x| > X$ 时，函数 $y = f(x)$ 的图形总介于这两条直线之间，如图 $1-19$ 所示.

图 $1-18$

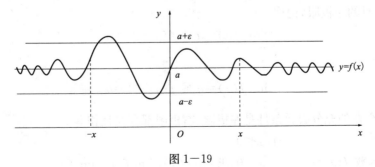

图 $1-19$

若 $\lim\limits_{x\to\infty} f(x)=a$,则称直线 $y=a$ 是曲线 $y=f(x)$ 的水平渐近线.

## 2. 自变量趋于某个确定值时函数的极限

考察函数

$$y=2x-1$$

图像如图 1—20 所示,当 $x\to\frac{1}{2}$ 时, $f(x)$ 无限接近于 0.

再如函数

$$y=\frac{x^2-1}{x-1}$$

图像如图 1—21 所示,当 $x\to1$ 时, $f(x)$ 无限接近于 2.

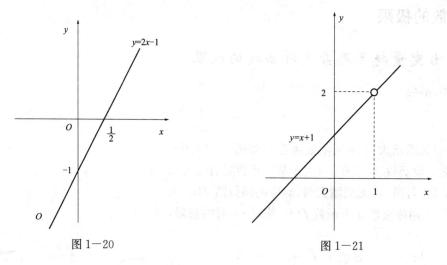

图 1—20    图 1—21

**定义** 设函数 $f(x)$ 在 $x_0$ 的某个去心邻域内有定义, $a$ 是一个常数,当 $x$ 无限接近 $x_0$ 时,相应的函数值 $f(x)$ 无限接近于 $a$,则称常数 $a$ 是函数 $f(x)$ 当 $x\to x_0$ 时的极限,记作

$$\lim\limits_{x\to x_0} f(x)=a \text{ 或 } f(x)\to a(x\to x_0)$$

例如:

$$\lim\limits_{x\to x_0} C=C(C \text{ 是常数}); \lim\limits_{x\to x_0} x=x_0.$$

若 $x$ 仅仅从 $x_0$ 的左边无限接近 $x_0$,对应的函数值无限接近确定的常数 $a$,则称常数 $a$ 为 $f(x)$ 在 $x\to x_0$ 时的左极限,记作

$$\lim\limits_{x\to x_0^-} f(x)=a \text{ 或 } f(x-0)=a$$

同理,有右极限

$$\lim\limits_{x\to x_0^+} f(x)=a \text{ 或 } f(x+0)=a$$

**定理** 极限存在的充分必要条件是左极限、右极限都存在且相等.

**例 2** 设函数 $f(x)=\begin{cases} x-1, & x<0 \\ 0, & x=0 \\ x+1, & x>0 \end{cases}$,求 $\lim\limits_{x\to0^-} f(x)$, $\lim\limits_{x\to0^+} f(x)$, $\lim\limits_{x\to0} f(x)$.

**【解】** $\lim\limits_{x\to0^-}f(x)=\lim\limits_{x\to0^-}(x-1)=-1,\lim\limits_{x\to0^+}f(x)=\lim\limits_{x\to0^+}(x+1)=1$,由于左极限与右极限不相等,因此$\lim\limits_{x\to0}f(x)$不存在.

**例 3** 设函数 $f(x)=|x|=\begin{cases}-x,&x<0\\0,&x=0\\x,&x>0\end{cases}$,求 $\lim\limits_{x\to0^-}f(x),\lim\limits_{x\to0^+}f(x),\lim\limits_{x\to0}f(x)$.

**【解】** $\lim\limits_{x\to0^-}f(x)=\lim\limits_{x\to0^-}(-x)=0,\lim\limits_{x\to0^+}f(x)=\lim\limits_{x\to0^+}x=0$,

所以

$$\lim\limits_{x\to0}f(x)=0$$

## 三、函数极限的性质

**性质 1** (唯一性)若 $\lim\limits_{x\to x_0}f(x)$存在,则极限值唯一.

**性质 2** (局部有界性)若 $\lim\limits_{x\to x_0}f(x)$存在,则存在某一正数 $\delta$,对任意 $x\in\mathring{U}(x_0,\delta)$,有 $|f(x)|\leqslant M,M$ 为某一确定的正常数.

**性质 3** (局部保号性)若 $\lim\limits_{x\to x_0}f(x)=a$,且 $a>0$(或 $a<0$),则存在 $x_0$ 的某一去心邻域 $\mathring{U}(x_0,\delta)$,当 $x\in\mathring{U}(x_0,\delta)$时,有 $f(x)>0$(或 $f(x)<0$).

# 任务三 掌握极限运算法则

## 一、无穷小与无穷大

### 1. 无穷小

**定义** 若在自变量 $x$ 的某个变化过程中,函数 $f(x)$以 0 为极限,则称函数 $f(x)$是此变化过程的无穷小.

例如,当 $x\to\infty$ 时,函数 $\dfrac{1}{x},\dfrac{1}{x^2},\dfrac{1}{x^3}$ 等都是无穷小;$x\to+\infty$ 时,函数 $\dfrac{1}{\sqrt{x}},2^{-x},\dfrac{1}{\ln x}$ 等也是无穷小;当 $x\to0$ 时,函数 $\sin x,\ln(1-x)$ 等也都是无穷小.

**注意**:不能把无穷小与绝对值很小的常数混为一谈,无穷小是以零为极限的函数,而绝对值很小的常数,不管它有多么小,如 $10^{-100}$,其极限仍是这个常数本身,零是可以作为无穷小的唯一常数,因为零的极限仍是零. 此外,无穷小还必须与自变量的某一变化过程(如 $x\to x_0$,$x\to\infty$ 等)相关联,一个函数在自变量的某一变化过程中为无穷小,在另一个变化过程中不一定还是无穷小,例如函数 $f(x)=x^2$,当 $x\to0$ 时为无穷小,而当 $x\to1$ 时就不是无穷小了.

无穷小的基本性质:

**性质 1** 有限个无穷小的代数和为无穷小.

**性质 2** 有界函数与无穷小的乘积为无穷小.

**推论** 常数与无穷小的乘积为无穷小.

**性质 3**　有限个无穷小的乘积为无穷小.

**例 1**　求函数 $\lim\limits_{x \to 0}(x + \sin x)$.

【解】　函数 $y = x$ 及 $y = \sin x$ 都是当 $x \to 0$ 时为无穷小,由性质 1 得 $\lim\limits_{x \to 0}(x + \sin x) = 0$.

**例 2**　求 $\lim\limits_{x \to \infty}\dfrac{\sin x}{x}$.

【解】　当 $x \to \infty$ 时,函数 $\sin x$ 的极限不存在,对函数变形得

$$\frac{\sin x}{x} = \frac{1}{x} \cdot \sin x$$

当 $x \to \infty$ 时,$\dfrac{1}{x}$ 为无穷小,$|\sin x| \leqslant 1$ 为有界函数,由性质 2 有

$$\lim_{x \to \infty}\frac{\sin x}{x} = \lim_{x \to \infty}\left(\frac{1}{x} \cdot \sin x\right) = 0$$

### 2. 无穷大

**定义**　若在自变量 $x$ 的某一变化过程中,对应的函数 $f(x)$ 的绝对值 $|f(x)|$ 无限增大,则称函数 $f(x)$ 在此变化过程为无穷大.记作

$$\lim f(x) = \infty$$

例如,当 $x \to +\infty$ 时,$a^x(a > 1)$,$\ln x$ 都是无穷大;当 $x \to 0$ 时,$\dfrac{1}{x}$,$\dfrac{1}{\sqrt[3]{x}}$ 等也都是无穷大.

## 二、无穷大与无穷小之间的关系

**定理 1**　如果函数 $f(x)$ 在自变量的某一过程中为无穷大,则在同一过程中 $\dfrac{1}{f(x)}$ 为无穷小;反之,在自变量的某一过程中,如果 $f(x)(f(x) \neq 0)$ 为无穷小,则在同一过程中 $\dfrac{1}{f(x)}$ 为无穷大.

## 三、函数极限的四则运算

**定理 2**　设 $\lim f(x) = A$,$\lim g(x) = B$,则

(1) $\lim[f(x) \pm g(x)] = \lim f(x) \pm \lim g(x) = A \pm B$;

(2) $\lim[f(x) \cdot g(x)] = \lim f(x) \cdot \lim g(x) = AB$;

(3) $\lim \dfrac{f(x)}{g(x)} = \dfrac{\lim f(x)}{\lim g(x)} = \dfrac{A}{B}(B \neq 0)$.

【证】　下面证(1),结论(2)、(3)类似可证.

因为 $\lim f(x) = A$,$\lim g(x) = B$,由定理

$$f(x) = A + \alpha, \quad g(x) = B + \beta$$

其中 $\alpha, \beta$ 均为无穷小.从而

$$f(x) + g(x) = (A + \alpha) + (B + \beta) = (A + B) + (\alpha + \beta)$$

而 $\alpha + \beta$ 为无穷小,$A + B$ 为常数,故

$$\lim[f(x) + g(x)] = A + B = \lim f(x) + \lim g(x)$$

**推论** 若 $\lim f(x) = A, C$ 为常数,则

(1) $\lim[Cf(x)] = CA$;

(2) $\lim[f(x)]^n = [\lim f(x)]^n = A^n$.

**例 3** 计算 $\lim\limits_{x \to 1}(x^2 + x - 2)$.

**【解】** 由极限运算法则,得

$$\lim_{x \to 1}(x^2 + x - 2) = \lim_{x \to 1}x^2 + \lim_{x \to 1}x - \lim_{x \to 1}2 = (\lim_{x \to 1}x)^2 + \lim_{x \to 1}x - \lim_{x \to 1}2 = 1^2 + 1 - 2 = 0$$

一般地,有

$$\lim_{x \to x_0}(a_0 x^n + a_1 x^{n-1} + \cdots + a_n) = a_0 x_0^n + a_1 x_0^{n-1} + \cdots + a_n$$

**例 4** 计算 $\lim\limits_{x \to 1}\dfrac{x^2 + 2x - 3}{x^2 + x - 2}$.

**【解】** 由例 3 知,当 $x \to 1$ 时,分母的极限为零,故不能直接用极限的运算法则,但由极限定义可知,当 $x \to 1$ 时的极限与函数在点 $x = 1$ 有无定义没有关系,因为可以先化简再求极限.

$$\lim_{x \to 1}\frac{x^2 + 2x - 3}{x^2 + x - 2} = \lim_{x \to 1}\frac{(x-1)(x+3)}{(x-1)(x+2)} = \lim_{x \to 1}\frac{x+3}{x+2} = \frac{\lim\limits_{x \to 1}(x+3)}{\lim\limits_{x \to 1}(x+2)} = \frac{4}{3}$$

以下解法是错误的:

$$\lim_{x \to 1}\frac{x^2 + 2x - 3}{x^2 + x - 2} = \frac{\lim\limits_{x \to 1}(x^2 + 2x + 3)}{\lim\limits_{x \to 1}(x^2 + x - 2)} = \frac{0}{0} = 0$$

**例 5** 计算 $\lim\limits_{x \to 1}\left(\dfrac{1}{1-x} - \dfrac{3}{1-x^3}\right)$.

**【解】** 当 $x \to 1$ 时,$\dfrac{1}{1-x}$ 和 $\dfrac{3}{1-x^3}$ 的极限都不存在,因此也不能直接用计算法则,我们先将函数进行恒等变形.

当 $x \neq 1$ 时,

$$\frac{1}{1-x} - \frac{3}{1-x^3} = \frac{(x-1)(x+2)}{1-x^3} = -\frac{x+2}{x^2 + x + 1}$$

所以

$$\lim_{x \to 1}\left(\frac{1}{1-x} - \frac{3}{1-x^3}\right) = \lim_{x \to 1}\left(-\frac{x+2}{x^2 + x + 1}\right) = -1$$

像例 4、例 5 那样,先通过对分子、分母进行因式分解或其他恒等变形(如分子或分母有理化,三角恒等变形等),消去零因子,再求极限. 这种方法在求一些 $\dfrac{0}{0}$ 型极限时常常用到.

**例 6** 求 $\lim\limits_{x \to 0}\dfrac{x^2}{\sqrt{x^2+1}-1}$.

**【解】** $\lim\limits_{x \to 0}\dfrac{x^2}{\sqrt{x^2+1}-1} = \lim\limits_{x \to 0}\dfrac{x^2(\sqrt{x^2+1}+1)}{x^2+1-1} = \lim\limits_{x \to 0}(\sqrt{x^2+1}+1) = 2$.

**例 7** 求 $\lim\limits_{x \to 0}\dfrac{1-\cos 2x}{\sin x}$.

**【解】** $\lim\limits_{x \to 0}\dfrac{1-\cos 2x}{\sin x} = \lim\limits_{x \to 0}\dfrac{2\sin^2 x}{\sin x} = \lim\limits_{x \to 0}2\sin x = 0$.

**例8** 计算 $\lim\limits_{x\to\infty}\dfrac{3x^2-2x+1}{2x^3+x^2+5}$.

**【解】** $x\to\infty$ 时,分子、分母极限都不存在,我们先用 $x^3$ 同除分子、分母,然后再求极限:

$$\lim_{x\to\infty}\frac{3x^2-2x+1}{2x^3+x^2+5}=\lim_{x\to\infty}\frac{\dfrac{3}{x}-\dfrac{2}{x^2}+\dfrac{1}{x^3}}{2+\dfrac{1}{x}+\dfrac{5}{x^3}}=0$$

一般地,有

$$\lim_{x\to\infty}\frac{a_0x^n+a_1x^{n-1}+\cdots+a_n}{b_0x^m+b_1x^{m-1}+\cdots+b_m}=\lim_{n\to\infty}x^{n-m}\frac{a_0+a_1\times\dfrac{1}{x}+\cdots+a_n\times\dfrac{1}{x^n}}{b_0+b_1\times\dfrac{1}{x}+\cdots+b_m\times\dfrac{1}{x^m}}=\begin{cases}\dfrac{a_0}{b_0},m=n\\[2mm]0,m>n\\[2mm]\infty,m<n\end{cases}$$

这里 $a_0\neq0$, $b_0\neq0$, $m,n$ 为正整数.

**例9** 计算 $\lim\limits_{x\to\infty}\dfrac{x^3+x-1}{2x^3+x^2+4}$.

**【解】** 因分子、分母的最高次都是 3,所以根据上例的结论得

$$\lim_{x\to\infty}\frac{x^3+x-1}{2x^3+x^2+4}=\frac{1}{2}$$

## 四、复合函数的极限运算法则

**定理3** 设函数 $y=f[g(x)]$ 是由函数 $y=f(u)$ 与函数 $u=g(x)$ 复合而成的,$\lim\limits_{u\to u_0}f(u)=a$,$\lim\limits_{x\to x_0}g(x)=u_0$,则有

$$\lim_{x\to x_0}f[g(x)]=\lim_{u\to u_0}f(u)=a$$

证明从略.

# 任务四 掌握重要极限与无穷小比较

## 一、极限存在准则

计算一个函数的极限,除了可利用极限的定义和运算法则外,还经常要用到本次任务讨论的两个重要极限,在给出这两个重要极限之前,先引入判断极限存在的两个重要准则.

**准则1** (夹逼准则)设函数 $f(x)$, $g(x)$, $h(x)$ 在 $x_0$ 的某邻域($x_0$ 可以除外)内满足条件:

$$g(x)\leqslant f(x)\leqslant h(x)$$

且有极限

$$\lim_{x\to x_0}g(x)=\lim_{x\to x_0}h(x)=A$$

则有

$$\lim_{x\to x_0}f(x)=A$$

上述准则,当 $x\to\infty$ 时也成立.

**准则2** 单调有界数列必有极限.

## 二、两个重要极限

1. $\lim\limits_{x\to 0}\dfrac{\sin x}{x}=1$

【证】 因为 $\dfrac{\sin(-x)}{-x}=\dfrac{\sin x}{x}$,所以当 $x$ 改变符号时,$\dfrac{\sin x}{x}$ 值不变,故只证 $x\to 0^+$ 的情形.

如图 1-22 所示,在单位圆中,

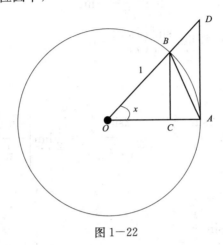

图 1-22

$$\angle AOB=x\left(0<x<\frac{\pi}{2}\right),BC=\sin x,AD=\tan x$$

因为

$$S_{\triangle AOB}<S_{扇形 AOB}<S_{\triangle AOD}$$

所以

$$\frac{1}{2}\sin x<\frac{1}{2}x<\frac{1}{2}\tan x$$

即

$$1<\frac{x}{\sin x}<\frac{1}{\cos x}$$

故

$$\cos x<\frac{\sin x}{x}<1$$

由夹逼准则,得

$$\lim\limits_{x\to 0}\frac{\sin x}{x}=1$$

利用这一极限公式,可以求一些三角函数式的极限.

**例1** 计算 $\lim\limits_{x\to 0}\dfrac{\tan x}{x}$.

【解】 $\lim\limits_{x\to 0}\dfrac{\tan x}{x}=\lim\limits_{x\to 0}\dfrac{\sin x}{x}\cdot\dfrac{1}{\cos x}=\lim\limits_{x\to 0}\dfrac{\sin x}{x}\cdot\lim\limits_{x\to 0}\dfrac{1}{\cos x}=1.$

**例2** 计算 $\lim\limits_{x\to 0}\dfrac{\sin \alpha x}{\beta x}(\alpha,\beta$ 为非零常数$)$.

【解】　$\lim\limits_{x\to 0}\dfrac{\sin\alpha x}{\beta x}=\lim\limits_{x\to 0}\dfrac{\alpha}{\beta}\cdot\dfrac{\sin\alpha x}{\alpha x}.$

令 $u=\alpha x$，当 $x\to 0,u\to 0$，所以

$$\lim\limits_{x\to 0}\dfrac{\sin\alpha x}{\alpha x}=\lim\limits_{u\to 0}\dfrac{\sin u}{u}=1$$

即

$$\lim\limits_{x\to 0}\dfrac{\sin\alpha x}{\beta x}=\lim\limits_{x\to 0}\dfrac{\alpha}{\beta}$$

一般地，若 $\lim\limits_{\substack{x\to 0\\(x\to\infty)}}\varphi(x)=0$，则 $\lim\limits_{\substack{x\to 0\\(x\to\infty)}}\dfrac{\sin[\varphi(x)]}{\varphi(x)}=1.$

**例 3**　计算 $\lim\limits_{x\to 0}\dfrac{1-\cos x}{x^2}.$

【解】　$\lim\limits_{x\to 0}\dfrac{1-\cos x}{x^2}=\lim\limits_{x\to 0}\dfrac{2\sin^2\dfrac{x}{2}}{x^2}=\lim\limits_{x\to 0}\dfrac{2\sin^2\dfrac{x}{2}}{4\cdot\left(\dfrac{x}{2}\right)^2}=\dfrac{1}{2}\lim\limits_{x\to 0}\left[\dfrac{\sin\dfrac{x}{2}}{\dfrac{x}{2}}\right]^2=\dfrac{1}{2}.$

**例 4**　计算 $\lim\limits_{x\to\infty}x\sin\dfrac{1}{x}.$

【解】　$\lim\limits_{x\to\infty}x\sin\dfrac{1}{x}=\lim\limits_{x\to\infty}\dfrac{\sin\dfrac{1}{x}}{\dfrac{1}{x}}=1.$

**例 5**　计算 $\lim\limits_{x\to 0}\dfrac{\arcsin x}{2x}.$

【解】　令 $\arcsin x=u$，则 $x=\sin u$；当 $x\to 0$ 时，$u\to 0$，于是

$$\lim\limits_{x\to 0}\dfrac{\arcsin x}{2x}=\lim\limits_{u\to 0}\dfrac{u}{2\sin u}=\dfrac{1}{2}\lim\limits_{u\to 0}\dfrac{u}{\sin u}=\dfrac{1}{2}$$

为了灵活地使用这一重要极限，可以采用更一般的形式

$$\lim\limits_{\varphi(x)\to 0}\dfrac{\sin\varphi(x)}{\varphi(x)}=1$$

2. $\lim\limits_{n\to 0}\left(1+\dfrac{1}{n}\right)^n=\mathrm{e}$

【证】　先证 $\lim\limits_{n\to 0}\left(1+\dfrac{1}{n}\right)^n$ 的存在性.

设 $u_n=\left(1+\dfrac{1}{n}\right)^n$，由二项式定理，得

$$u_n=\left(1+\dfrac{1}{n}\right)^n=1+1+\dfrac{n(n-1)}{2!}\cdot\dfrac{1}{n^2}+\cdots+\dfrac{n(n-1)\times\cdots\times 1}{n!}\cdot\dfrac{1}{n^n}$$

$$=1+1+\dfrac{1}{2!}\left(1-\dfrac{1}{n}\right)+\dfrac{1}{3!}\left(1-\dfrac{1}{n}\right)\left(1-\dfrac{2}{n}\right)+\cdots+\dfrac{1}{n!}\left(1-\dfrac{1}{n}\right)\cdots\left(1-\dfrac{n-1}{n}\right)$$

$$u_{n+1}=1+1+\dfrac{1}{2!}\left(1-\dfrac{1}{n+1}\right)+\dfrac{1}{3!}\left(1-\dfrac{1}{n+1}\right)\left(1-\dfrac{2}{n+1}\right)+\cdots+\dfrac{1}{n!}\left(1-\dfrac{1}{n+1}\right)\cdots\cdot$$

$$\left(1-\dfrac{n-1}{n+1}\right)+\dfrac{1}{(n+1)!}\left(1-\dfrac{1}{n+1}\right)\cdots\left(1-\dfrac{n}{n+1}\right)$$

比较 $u_n$ 和 $u_{n+1}$ 的对应项,可得

$$u_n < u_{n+1}$$

再证有界性

$$u_n < 1+1+\frac{1}{2!}+\frac{1}{3!}+\cdots+\frac{1}{n!} < 1+1+\frac{1}{2}+\frac{1}{2^2}+\cdots+\frac{1}{2^{n-1}} < 3$$

由准则 2,$\lim\limits_{n\to 0}\left(1+\dfrac{1}{n}\right)^n$ 存在. 用 e 表示,e$=2.718\ 281\ 828\ 459\ 045\cdots$是一个无理数,即

$$\lim_{n\to 0}\left(1+\frac{1}{n}\right)^n = e$$

可以证明,当实数 $x\to\infty$时,有

$$\lim_{x\to\infty}\left(1+\frac{1}{x}\right)^x = e$$

或

$$\lim_{x\to 0}(1+x)^{\frac{1}{x}} = e$$

**例 6**　求$\lim\limits_{x\to\infty}\left(1-\dfrac{1}{x}\right)^x$.

**【解】**　$\lim\limits_{x\to\infty}\left(1-\dfrac{1}{x}\right)^x = \lim\limits_{x\to\infty}\left(1+\dfrac{1}{-x}\right)^{(-x)\cdot(-1)} = \dfrac{1}{e}$.

**例 7**　求$\lim\limits_{x\to\infty}\left(1+\dfrac{a}{x}\right)^{bx}$.

**【解】**　$\lim\limits_{x\to\infty}\left(1+\dfrac{a}{x}\right)^{bx} = \lim\limits_{x\to\infty}\left[1+\dfrac{1}{\dfrac{x}{a}}\right]^{\frac{x}{a}\cdot ab} = e^{ab}$.

为了灵活使用,更一般的形式为

$$\lim_{\varphi(x)\to\infty}\left[1+\frac{1}{\varphi(x)}\right]^{\varphi(x)} = e$$

**例 8**　求$\lim\limits_{x\to\infty}\left(\dfrac{x+3}{x+1}\right)^x$.

**【解】**　$\lim\limits_{x\to\infty}\left(\dfrac{x+3}{x+1}\right)^x = \lim\limits_{x\to\infty}\left(1+\dfrac{2}{x+1}\right)^{(x+1)-1} = \lim\limits_{x\to\infty}\left(1+\dfrac{2}{x+1}\right)^{x+1}\left(1+\dfrac{2}{x+1}\right)^{-1}$

$$= \lim_{x\to\infty}\left(1+\frac{2}{x+1}\right)^{x+1}\cdot\lim_{x\to\infty}\left(1+\frac{2}{x+1}\right)^{-1} = e^2$$

## 三、无穷小的比较

观察极限

$$\lim_{x\to 0}\frac{x^2}{x}=0,\ \lim_{x\to 0}\frac{\sin x}{x}=1,\ \lim_{x\to 0}\frac{3x}{x^2}=\infty$$

上述函数中,分子、分母在 $x\to 0$ 时,都是无穷小,但不同分式的极限各不相同,这实际上反映了不同的无穷小趋于零的"快慢"程度. 下面以 $x\to x_0$ 为例,给出无穷小阶的概念.

**定义**　设$\lim\limits_{x\to x_0}\alpha(x)=0$,$\lim\limits_{x\to x_0}\beta(x)=0$.

(1)若$\lim\limits_{x\to x_0}\dfrac{\beta(x)}{\alpha(x)}=0$,则称 $\beta(x)$ 是比 $\alpha(x)$ 的高阶无穷小,记作 $\beta=o(\alpha)$;

(2)若 $\lim\limits_{x \to x_0} \dfrac{\beta(x)}{\alpha(x)} = \infty$，则称 $\beta(x)$ 是比 $\alpha(x)$ 的低阶无穷小；

(3)若 $\lim\limits_{x \to x_0} \dfrac{\beta(x)}{\alpha(x)} = k(k \neq 0)$，则称 $\beta(x)$ 是 $\alpha(x)$ 的同阶无穷小；

(4)若 $\lim\limits_{x \to x_0} \dfrac{\beta(x)}{\alpha(x)} = 1$，则称 $\beta(x)$ 与 $\alpha(x)$ 是等价无穷小，记作 $\beta \sim \alpha$.

例如，当 $x \to 0$ 时，$\sin x \sim x$，$x^2 = o(3x)$，$1 - \cos x$ 与 $x^2$ 是同阶无穷小.

**定理**　在自变量的同一变化过程中，设 $\alpha \sim \alpha'$，$\beta \sim \beta'$，且 $\lim \dfrac{\beta'}{\alpha'}$ 存在或为 $\infty$，则

$$\lim \frac{\beta}{\alpha} = \lim \frac{\beta'}{\alpha'}$$

**【证】**　$\lim \dfrac{\beta}{\alpha} = \lim \left( \dfrac{\beta}{\beta'} \cdot \dfrac{\beta'}{\alpha'} \cdot \dfrac{\alpha'}{\alpha} \right) = \lim \dfrac{\beta}{\beta'} \cdot \lim \dfrac{\beta'}{\alpha'} \cdot \lim \dfrac{\alpha'}{\alpha} = \lim \dfrac{\beta'}{\alpha'}$.

定理通常称为无穷小的等价代换，要求记住一些常用的等价无穷小.

当 $x \to 0$ 时，$\sin x \sim x$，$\tan x \sim x$，$1 - \cos x \sim \dfrac{1}{2} x^2$，$\sqrt{1+x} - 1 \sim \dfrac{1}{2} x$，$\sqrt[n]{1+x} - 1 \sim \dfrac{1}{n} x$，$\arcsin x \sim x$，$\ln(1+x) \sim x$，$e^x - 1 \sim x$，$a^x - 1 \sim x \ln a (a > 0, a \neq 1)$.

**例 9**　求 $\lim\limits_{x \to 0} \dfrac{\sin 2x}{\tan 3x}$.

**【解】**　因为当 $x \to 0$ 时，$\sin 2x \sim 2x$，$\tan 3x \sim 3x$，所以

$$\lim_{x \to 0} \frac{\sin 2x}{\tan 3x} = \lim_{x \to 0} \frac{2x}{3x} = \frac{2}{3}$$

**例 10**　求 $\lim\limits_{x \to 0} \dfrac{1 - \cos x}{x \sin x}$.

**【解】**　$\lim\limits_{x \to 0} \dfrac{1 - \cos x}{x \sin x} = \lim\limits_{x \to 0} \dfrac{\dfrac{1}{2} x^2}{x^2} = \dfrac{1}{2}$.

**例 11**　求 $\lim\limits_{x \to 0} \dfrac{\tan x - \sin x}{x^3}$.

**【解】**　$\lim\limits_{x \to 0} \dfrac{\tan x - \sin x}{x^3} = \lim\limits_{x \to 0} \dfrac{\tan x (1 - \cos x)}{x^3} = \lim\limits_{x \to 0} \dfrac{x \cdot \dfrac{1}{2} x^2}{x^3} = \dfrac{1}{2}$.

**注意**：这里对于原式分子中的 $\tan x$，$\sin x$ 不能直接用 $x$ 替换，用等价无穷小代换计算极限时，只能对函数的因子或整体进行无穷小代换，对于代数和中的无穷小，一般情况下，不要作等价无穷小代换.

# 任务五　理解连续函数

## 一、函数的连续性

自然界中有许多现象是连续变化的，如气温的变化、植物的生长、金属棒受热时其长度的增长等. 就气温的变化来说，当时间变化很微小时，气温的变化也很微小，这些现象反映在数学上，就是函数的连续性.

**定义** 设变量 $u$ 从它的初值 $u_1$ 变到终值 $u_2$，则终值与初值的差 $u_2-u_1$ 称为变量 $u$ 的增量，记作 $\Delta u = u_2 - u_1$.

增量 $\Delta u$ 既可以是正数，也可以是负数.

设函数 $y = f(x)$ 在点 $x_0$ 的某邻域内有定义，当自变量 $x$ 在该邻域内由点 $x_0$ 到 $x_0 + \Delta x$ 时，函数 $y$ 相应的从 $f(x_0)$ 变化到 $f(x_0 + \Delta x)$，则函数 $y$ 的增量为

$$\Delta y = f(x_0 + \Delta x) - f(x_0)$$

这种关系的几何解释如图 1－23 所示，由图 1－23 可以直观地看到，当 $\Delta x \to 0$ 时，$\Delta y \to 0$，这就是函数的连续性.

**定义** 设函数 $y = f(x)$ 在点 $x_0$ 的某邻域内有定义，若

$$\lim_{\Delta x \to 0} \Delta y = \lim_{\Delta x \to 0} \left[ f(x_0 + \Delta x) - f(x_0) \right] = 0$$

则称函数 $y = f(x)$ 在点 $x_0$ 处连续，$x_0$ 称为 $f(x)$ 的一个连续点.

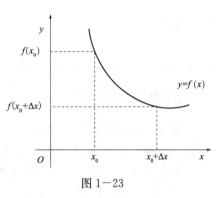

图 1－23

**例 1** 证明函数 $f(x) = x^2$ 在点 $x_0 = 1$ 处连续.

**【解】** 给定 $x$ 的一个增量 $\Delta x$，得到函数的增量，

$$\Delta y = (1 + \Delta x)^2 - 1^2 = 2\Delta x + (\Delta x)^2$$

于是

$$\lim_{\Delta x \to 0} \Delta y = \lim_{\Delta x \to 0} \left[ 2\Delta x + (\Delta x)^2 \right] = 0$$

因此，函数 $f(x) = x^2$ 在点 $x_0 = 1$ 处连续.

在定义中，令 $x = x_0 + \Delta x$，则

$$\lim_{x \to x_0} f(x) = f(x_0)$$

于是得到连续性的另一定义.

**定义** 设函数 $y = f(x)$ 在点 $x_0$ 的某邻域内有定义，若

$$\lim_{x \to x_0} f(x) = f(x_0)$$

则称函数 $y = f(x)$ 在点 $x_0$ 处连续.

若 $\lim\limits_{x \to x_0^-} f(x) = f(x_0)$，则称函数 $f(x)$ 在点 $x_0$ 处左连续. 若 $\lim\limits_{x \to x_0^+} f(x) = f(x_0)$，则称函数 $f(x)$ 在点 $x_0$ 处右连续.

显然，函数 $f(x)$ 在点 $x_0$ 处连续的充分必要条件是 $f(x)$ 在点 $x_0$ 处既左连续又右连续.

若函数 $f(x)$ 在区间 $I$ 内的每一个点都连续，则称函数 $y = f(x)$ 是区间 $I$ 上的连续函数.

对定义在闭区间 $[a, b]$ 上的函数 $f(x)$，若在开区间 $(a, b)$ 内每一个点都连续，左端点右连续，右端点左连续，则称 $f(x)$ 在闭区间 $[a, b]$ 上连续.

多项式函数 $P(x) = a_0 x^n + a_1 x^{n-1} + \cdots + a_n$，有理分式函数 $f(x) = \dfrac{P(x)}{Q(x)}$，$P(x)$，$Q(x)$ 都是多项式，在其定义域内都是连续函数.

**例 2** 证明 $y = \sin x$ 在 $(-\infty, +\infty)$ 内连续.

**【证】** 设 $x$ 是 $(-\infty, +\infty)$ 内任意一点，给定 $x$ 的增量 $\Delta x$. 则

$$\Delta y = \sin(x+\Delta x) - \sin x = 2\sin\frac{\Delta x}{2} \cdot \cos\left(x+\frac{\Delta x}{2}\right)$$

由于

$$\left|\cos\left(x+\frac{\Delta x}{2}\right)\right| \leqslant 1, \left|2\sin\frac{\Delta x}{2}\right| \leqslant 2\left|\frac{\Delta x}{2}\right| = |\Delta x|$$

因此

$$0 \leqslant |\Delta y| \leqslant |\Delta x|$$

由夹逼准则,得

$$\lim_{\Delta x \to 0}\Delta y = 0$$

由 $x$ 的任意性,函数 $y = \sin x$ 在 $(-\infty, +\infty)$ 内连续.

## 二、函数的间断点

**定义** 如果函数 $f(x)$ 在点 $x_0$ 的某邻域内有定义,但在点 $x_0$ 处不连续,则称函数 $f(x)$ 在点 $x_0$ 处间断,点 $x_0$ 称为函数 $f(x)$ 的间断点.

由定义,有下列情形之一者,必为间断点:

(1) $f(x)$ 在点 $x_0$ 处无定义;

(2) $f(x)$ 在点 $x_0$ 处有定义,但 $\lim\limits_{x \to x_0}f(x)$ 不存在;

(3) $f(x)$ 在点 $x_0$ 处有定义, $\lim\limits_{x \to x_0}f(x)$ 也存在,但 $\lim\limits_{x \to x_0}f(x) \neq f(x_0)$.

**例3** 设 $f(x) = \begin{cases} x-1, & x<0 \\ 0, & x=0 \\ x+1, & x>0 \end{cases}$;讨论 $f(x)$ 在点 $x=0$ 处的连续性.

**【解】** $f(0)=0$, $\lim\limits_{x \to 0^-}f(x) = \lim\limits_{x \to 0^-}(x-1) = -1$, $\lim\limits_{x \to 0^+}f(x) = \lim\limits_{x \to 0^+}(x+1) = 1$.

由于左、右极限不相等,因此 $\lim\limits_{x \to 0}f(x)$ 不存在,点 $x=0$ 是 $f(x)$ 的间断点.像这样,左极限和右极限都存在,但不相等的间断点为跳跃间断点.

**例4** 设 $f(x) = \dfrac{\sin x}{x}$,讨论 $f(x)$ 在点 $x=0$ 处的连续性.

**【解】** 函数 $f(x)$ 在点 $x=0$ 处无定义,所以 $f(x)$ 在点 $x=0$ 处间断.但

$$\lim_{x \to 0}\frac{\sin x}{x} = 1$$

若补充定义,令 $f(0)=1$,则函数 $f(x)$ 在点 $x=0$ 处连续.极限存在的间断点称为可去间断点.

**例5** 指出函数 $f(x) = \dfrac{1}{x}$ 的间断点.

**【解】** 函数 $f(x) = \dfrac{1}{x}$ 在点 $x=0$ 处无定义,所以函数在点 $x=0$ 处间断.

通常把间断点分为两大类:把左右极限都存在的间断点称为第一类间断点,其余间断点都称为第二类间断点.

## 三、初等函数的连续性

连续函数有如下运算.

**定理 1** 设函数 $f(x),g(x)$ 在点 $x_0$ 处连续,则 $f(x)\pm g(x),f(x)\cdot g(x),\dfrac{f(x)}{g(x)}(g(x)\neq 0)$ 在点 $x_0$ 处都连续.

**定理 2** 设函数 $y=f(x)$ 在某区间 $I_x$ 上单调增(单调减)且连续,则其反函数 $x=f^{-1}(y)$ 在相应的区间 $I_y$ 上也单调增(单调减).

**定理 3** 若函数 $u=\varphi(x)$ 在点 $x_0$ 处连续,且 $u_0=\varphi(x_0)$,而 $y=f(u)$ 在对应点 $u_0$ 处连续,则复合函数 $y=f[\varphi(x)]$ 在点 $x_0$ 处连续. 即

$$\lim_{x\to x_0}f[\varphi(x)]=f\left[\lim_{x\to x_0}\varphi(x)\right]$$

由上述定理可以得出如下结论:

(1)基本初等函数在其定义域内都是连续函数;

(2)一切初等函数在其定义区间内都是连续函数.

**例 6** 求 $\lim\limits_{x\to\frac{\pi}{2}}\dfrac{\ln(1+\cos x)}{\sin x}$.

**【解】** 因为 $f(x)=\dfrac{\ln(1+\cos x)}{\sin x}$ 是初等函数,$x=\dfrac{\pi}{2}$ 属于其定义区间,所以

$$\lim_{x\to\frac{\pi}{2}}\frac{\ln(1+\cos x)}{\sin x}=\frac{\ln\left(1+\cos\dfrac{\pi}{2}\right)}{\sin\dfrac{\pi}{2}}=0$$

**例 7** 求 $\lim\limits_{x\to 0}\dfrac{\ln(1+x)}{x}$.

**【解】** $\lim\limits_{x\to 0}\dfrac{\ln(1+x)}{x}=\lim\limits_{x\to 0}\ln(1+x)^{\frac{1}{x}}=\ln\lim\limits_{x\to 0}(1+x)^{\frac{1}{x}}=\ln\mathrm{e}=1.$

上述结果可写为 $\ln(1+x)\sim x$(当 $x\to 0$).

**例 8** 求 $\lim\limits_{x\to\pi^+}\dfrac{\sin x}{\sqrt{1+\cos x}}$.

**【解】** $\lim\limits_{x\to\pi^+}\dfrac{\sin x}{\sqrt{1+\cos x}}=\lim\limits_{x\to\pi^+}\dfrac{\sin x\sqrt{1-\cos x}}{\sqrt{1-\cos^2 x}}=\lim\limits_{x\to\pi^+}(-\sqrt{1-\cos x})=-\sqrt{1-\cos\pi}=-\sqrt{2}.$

**例 9** 求 $\lim\limits_{x\to 0}(1+2x)^{\frac{3}{\sin x}}$.

**【解】** $\lim\limits_{x\to 0}(1+2x)^{\frac{3}{\sin x}}=\lim\limits_{x\to 0}\left[(1+2x)^{\frac{1}{2x}}\right]^{\frac{6x}{\sin x}}=\mathrm{e}^{\lim\limits_{x\to 0}\frac{6x}{\sin x}}=\mathrm{e}^6.$

## 四、闭区间上连续函数的性质

### 1. 最大值和最小值

对于区间 $I$ 上有定义的函数 $f(x)$,若有 $x_0\in I$,使得对于任意 $x_0\in I$,都有

$$f(x)\leqslant f(x_0)(\text{或 } f(x)\geqslant f(x_0))$$

则称 $f(x_0)$ 是函数 $f(x)$ 在区间 $I$ 上的最大值(或最小值).

**定理 4** 在闭区间上连续的函数在该区间上有界且一定能取得它的最大值和最小值.

如图 1—24 所示,$f(x)$ 在闭区间 $[a,b]$ 上连续,存在 $\xi_1,\xi_2\in[a,b]$,使得 $f(\xi_1),f(\xi_2)$ 分别在区间 $[a,b]$ 上取得最小值 $m$ 和最大值 $M$. 若 $K=\max\{|M|,|m|\}$,则

$$|f(x)| \leqslant K$$

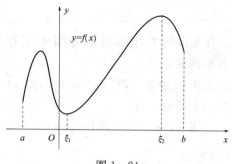

图 1—24

例如, $f(x)=\sin x$ 在 $\left[-\dfrac{\pi}{2},\dfrac{\pi}{2}\right]$ 上连续, $f\left(-\dfrac{\pi}{2}\right)=-1$ 是函数的最小值, $f\left(\dfrac{\pi}{2}\right)=1$ 是函数的最大值.

### 2. 介值定理

若存在 $x_0$, 使得 $f(x_0)=0$, 则称 $x_0$ 是函数 $f(x)$ 的一个零点.

**定理 5** (零点定理)若函数 $f(x)$ 在闭区间 $[a,b]$ 上连续, 且 $f(a) \cdot f(b)<0$, 则至少存在一点 $\xi \in (a,b)$, 使得

$$f(\xi)=0$$

证明从略.

从几何上看, 定理 5 表示:如果连续曲线 $y=f(x)$ 的两个端点位于 $x$ 轴的两侧, 那么这段曲线与 $x$ 轴至少有一个交点.

**例 10**    证明方程 $x^3+3x^2-1=0$ 在区间 $(0,1)$ 内至少有一个根.

**【证】**    设函数 $f(x)=x^3+3x^2-1$, 则 $f(x)$ 显然在 $[0,1]$ 上连续, 并且端点的函数值为
$$f(0)=-1<0, f(1)=3>0$$
由零点定理可知在 $(0,1)$ 内至少存在一个点 $\xi$, 使得 $f(\xi)=0$, 即 $\xi^3+3\xi^2-1=0, \xi \in (0,1)$.

这说明方程 $x^3+3x^2-1=0$ 在 $(0,1)$ 内至少有一个根.

**定理 6**    (介值定理)若函数 $f(x)$ 在闭区间 $[a,b]$ 上连续, $C$ 是介于 $f(x)$ 在 $[a,b]$ 上的最小值 $m$ 和最大值 $M$ 之间的任何实数, 即 $m<C<M$, 则在开区间 $(a,b)$ 内, 至少有一点 $\xi \in (a,b)$, 使得

$$f(\xi)=C$$

**思考题**

你有没有为自己制定目标? 如果有, 为之做了哪些努力?

# 项目二 导数与微分

◎ **知识图谱**

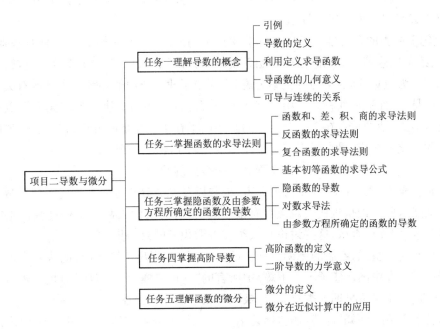

◎ **能力与素质**

## 生活中的导数与微分

在我们学习的内容当中,导数是探讨数学以及科学的有效工具,同时为我们生活中的很多问题提供了科学合理的答案,例如与我们生活密切相关的有关环境问题,工程造价最少问题,利润最大、用料最省、效率最高等有关优化的问题. 企业的市场发展中也需要用到导数的知识,如饮料瓶的大小会对公司的利润产生影响,通过对相关数据的分析、整理便可求得使公司利润最高的饮料瓶的半径;通过导数对海报进行尺寸设计还可以使海报四周空白面积最小,可以实现最佳利用等. 通过学习,利用导数与微分相关知识解决一个实际问题:

**例** 某一机械挂钟,钟摆的周期为 1 s. 在冬季摆长缩短了 0.01 cm,这只钟每天大约快多少?

**解** 根据 $T=2\pi\sqrt{\dfrac{l}{g}}$(单摆的周期公式,其中 $l$ 是摆长,$g$ 是重力加速度).

因为钟摆的周期为 1 s,所以 $\Delta T\approx dT=\dfrac{\pi}{\sqrt{gl}}dl$.

$$1=2\pi\sqrt{\dfrac{l}{g}},\text{即 } l=\dfrac{g}{(2\pi)^2}.$$

因此 $\Delta T \approx dT = \dfrac{\pi}{\sqrt{g \cdot \dfrac{g}{(2\pi)^2}}} dl = \dfrac{2\pi^2}{g} dl \approx \dfrac{2 \times (3.14)^2}{980} \times (-0.01) \approx -0.000\,2(\mathrm{s}).$

这就是说，由于摆长缩短了 0.01 cm，钟摆的周期便相应缩短了约 0.000 2 s，即每秒约快 0.000 2 s，从而每天约快 0.000 2×24×60×60＝17.28(s)．

### 人文素养——导数的起源

大约在 1629 年，法国数学家费马研究了作曲线的切线和求函数极值的方法；1637 年左右，他写一篇手稿《求最大值与最小值的方法》．在作切线时，他构造了差分 $f(A+E)-f(A)$，发现的因子 $E$ 就是我们所说的导数 $f'(A)$．

17 世纪生产力的发展推动了自然科学和技术的发展，在前人创造性研究的基础上，大数学家牛顿、莱布尼兹等从不同的角度开始系统地研究微积分．牛顿的微积分理论被称为"流数术"，他称变量为流量，称变量的变化率为流数，相当于我们所说的导数．牛顿的有关"流数术"的主要著作是《求曲边形面积》《运用无穷多项方程的计算法》和《流数术和无穷级数》，流数理论的实质概括为：他的重点在于一个变量的函数而不在于多变量的方程；在于自变量的变化与函数的变化的比的构成；最在于决定这个比当变化趋于零时的极限．

### 人文素养——微分的起源

早在希腊时期，人类已经开始讨论无穷、极限以及无穷分割等概念．这些都是微积分的中心思想．虽然这些讨论从现代的观点看有很多漏洞，有时现代人甚至觉得这些讨论的论证和结论都很荒谬，但无可否认，这些讨论是人类发展微积分的第一步．

例如公元前 5 世纪，希腊的德谟克利特(Democritus)提出了原子论：他认为宇宙万物由极细的原子构成．在中国，《庄子·天下篇》中所言的"一尺之棰，日取其半，万世不竭"，亦指零是无穷小量．这些都是最早期人类对无穷、极限等概念的原始描述．

其他关于无穷、极限的论述，还包括芝诺(Zeno)几个著名的悖论：其中一个悖论说一个人永远都追不上一只乌龟，因为当那个人追到乌龟的出发点时，乌龟已经向前爬行了一小段路，当他再追完这一小段，乌龟又已经再向前爬行了一小段路．芝诺说这样一追一赶永远重复下去，任何人都总追不上一只最慢的乌龟——当然，从现代的观点看，芝诺说的实在荒谬不过；他混淆了无限和无限可分的概念．人追乌龟经过的那段路纵然无限可分，其长度却是有限的；所以人仍然可以以有限的时间，走完这一段路．然而这些荒谬的论述，开启了人类对无穷、极限等概念的探讨，对后世发展微积分有深远的历史意义．

另外，值得一提的是，希腊时代的阿基米德(Archimedes)已经懂得用无穷分割的方法正确地计算一些面积，这跟现代积分的观念已经很相似．由此可见，在历史上，积分观念的形成比微分还要早——这跟课程上往往先讨论微分再讨论积分刚好相反．

想一想：魏晋时期数学家刘徽利用割圆术，将圆割成了 3 072 边形最终求出了圆周率 $\pi = 3.141\,6$ 的结果，我们也应该学习古代先贤这种追求科学、追求真理而努力拼搏的精神．

# 任务一　理解导数的概念

## 一、引例

### 1. 变速直线运动

设一质点做变速直线运动，$s$ 表示从某一时刻开始到时刻 $t$ 所经过的路程，则 $s=s(t)$. 当时间 $t$ 由 $t_0$ 改变到 $t_0+\Delta t$ 时，质点在 $\Delta t$ 这一段时间内的平均速度为

$$\bar{v}=\frac{\Delta s}{\Delta t}=\frac{s(t_0+\Delta t)-s(t_0)}{\Delta t}$$

若极限 $\lim\limits_{\Delta t\to 0}\dfrac{\Delta s}{\Delta t}$ 存在，则称此极限为质点在时刻 $t_0$ 的瞬间速度，即

$$v=\lim_{\Delta t\to 0}\frac{\Delta s}{\Delta t}=\lim_{\Delta t\to 0}\frac{s(t_0+\Delta t)-s(t_0)}{\Delta t}$$

### 2. 曲线切线的斜率

设曲线 $y=f(x)$ 的图形如图 2-1 所示，点 $M(x_0,y_0)$ 为曲线上一点，在曲线上另取一点 $N(x_0+\Delta x,y_0+\Delta y)$，作割线 $MN$，当 $N$ 沿曲线趋于点 $M$ 时，割线 $MN$ 绕点 $M$ 旋转而趋于极限位置 $MT$，则直线 $MT$ 称为曲线 $y=f(x)$ 在点 $M$ 处的切线.

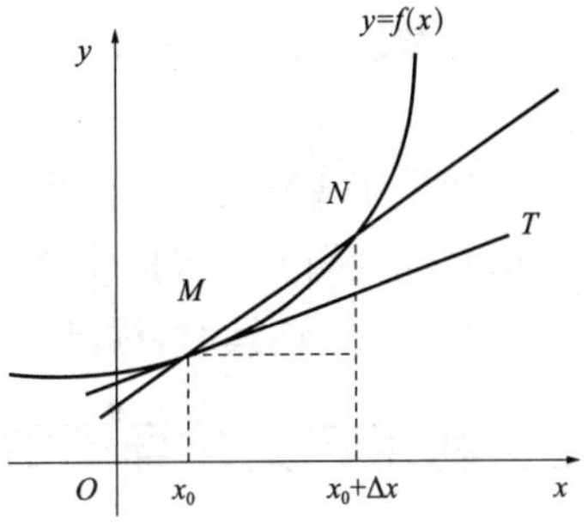

$MN$ 的斜率为

$$k_{MN}=\frac{\Delta y}{\Delta x}=\frac{f(x_0+\Delta x)-f(x_0)}{\Delta x}$$

图 2-1

如果点 $N$ 沿曲线趋于点 $M$，有 $\Delta x\to 0$，上式的极限如果存在，那么它就是切线的斜率，即

$$k_{MN}=\lim_{\Delta x\to 0}\frac{\Delta y}{\Delta x}=\lim_{\Delta x\to 0}\frac{f(x_0+\Delta x)-f(x_0)}{\Delta x}$$

## 二、导数的定义

**定义**　设函数 $y=f(x)$ 在点 $x_0$ 的某个邻域内有定义. 当自变量 $x$ 在 $x_0$ 处取得增量 $\Delta x$（点 $x_0+\Delta x$ 仍然在该邻域内）时，相应地，函数 $y$ 取得增量 $\Delta y=f(x_0+\Delta x)-f(x_0)$. 若 $\Delta y$ 与 $\Delta x$ 之比当 $\Delta x\to 0$ 时的极限存在，则称函数 $y=f(x)$ 在点 $x_0$ 处可导，其极限值称为函数 $y=f(x)$ 在点 $x_0$ 处的导数，记作 $f'(x_0)$，即

$$f'(x_0)=\lim_{\Delta x\to 0}\frac{\Delta y}{\Delta x}=\lim_{\Delta x\to 0}\frac{f(x_0+\Delta x)-f(x_0)}{\Delta x}$$

$f'(x_0)$ 也可以记作 $y'\big|_{x=x_0}$，$\dfrac{\mathrm{d}y}{\mathrm{d}x}\big|_{x=x_0}$，$\dfrac{\mathrm{d}f(x)}{\mathrm{d}(x)}\big|_{x=x_0}$.

令 $x=x_0+\Delta x$，则 $\Delta x\to 0$ 等价于 $x\to x_0$，于是导数又可以表示为

$$f'(x_0) = \lim_{x \to x_0} \frac{f(x) - f(x_0)}{x - x_0}$$

若极限 $\lim\limits_{\Delta x \to 0} \dfrac{\Delta y}{\Delta x} = \lim\limits_{\Delta x \to 0} \dfrac{f(x_0 + \Delta x) - f(x_0)}{\Delta x}$ 不存在,则称函数 $y = f(x)$ 在点 $x_0$ 处不可导.

如果函数 $y = f(x)$ 在开区间 $I$ 内每一点都可导,则称函数 $y = f(x)$ 在区间 $I$ 内可导,对应得到函数的导函数(简称导数),记作

$$y', \quad f'(x), \quad \frac{\mathrm{d}y}{\mathrm{d}x}, \quad \frac{\mathrm{d}f(x)}{\mathrm{d}x}$$

导函数的定义为

$$f'(x) = \lim_{\Delta x \to 0} \frac{f(x + \Delta x) - f(x)}{\Delta x}$$

在点 $x_0$ 的导函数 $f'(x_0)$ 可以看成导函数 $f'(x)$ 在 $x_0$ 处的函数值.

若极限 $\lim\limits_{\Delta x \to 0^-} \dfrac{\Delta y}{\Delta x} = \lim\limits_{\Delta x \to 0^-} \dfrac{f(x_0 + \Delta x) - f(x_0)}{\Delta x}$ 存在,则称此极限值为函数 $y = f(x)$ 在点 $x_0$ 处的左导数. 记作 $f'_-(x_0)$.

若极限 $\lim\limits_{\Delta x \to 0^+} \dfrac{\Delta y}{\Delta x} = \lim\limits_{\Delta x \to 0^+} \dfrac{f(x_0 + \Delta x) - f(x_0)}{\Delta x}$ 存在,则称此极限值为函数 $y = f(x)$ 在点 $x_0$ 处的右导数. 记作 $f'_+(x_0)$.

函数 $y = f(x)$ 在点 $x_0$ 处可导的充分必要条件是 $f(x)$ 在点 $x_0$ 处的左、右导数都存在且相等.

如果 $f(x)$ 在 $(a, b)$ 内可导,又 $f'_+(a)$,$f'_-(b)$ 存在,则称 $f(x)$ 在 $[a, b]$ 上可导,类似可以给出其他区间上可导的定义.

当 $f'(x)$ 连续时,称函数 $f(x)$ 连续可导.

## 三、利用定义求导函数

根据导数定义,求导数可以分为以下三步:

(1)求增量 $\Delta y = f(x + \Delta x) - f(x)$;

(2)算比值 $\dfrac{\Delta y}{\Delta x} = \dfrac{f(x + \Delta x) - f(x)}{\Delta x}$;

(3)取极值 $\lim\limits_{\Delta x \to 0} \dfrac{\Delta y}{\Delta x} = \lim\limits_{\Delta x \to 0} \dfrac{f(x + \Delta x) - f(x)}{\Delta x}$

**例 1** 求函数 $f(x) = C$($C$ 为常数)的导数.

【解】
$$\Delta y = f(x + \Delta x) - f(x) = C - C = 0$$
$$\frac{\Delta y}{\Delta x} = 0, \lim_{\Delta x \to 0} \frac{\Delta y}{\Delta x} = 0, \text{即 } C' = 0$$

**例 2** 设 $f(x) = x^n$($n \in \mathbf{N}$),求 $f'(x)$.

【解】
$$\Delta y = (x + \Delta x)^n - x^n$$
$$= \mathrm{C}_n^0 x^n + \mathrm{C}_n^1 x^{n-1} \Delta x + \mathrm{C}_n^2 x^{n-2} (\Delta x)^2 + \cdots + \mathrm{C}_n^n (\Delta x)^n - x^n$$
$$= \mathrm{C}_n^1 x^{n-1} \Delta x + \mathrm{C}_n^2 x^{n-2} (\Delta x)^2 + \cdots + (\Delta x)^n$$
$$\frac{\Delta y}{\Delta x} = \mathrm{C}_n^1 x^{n-1} + \mathrm{C}_n^2 x^{n-2} \Delta x + \cdots + (\Delta x)^{n-1}$$

$$f'(x) = \lim_{\Delta x \to 0} \frac{\Delta y}{\Delta x} = C_n^1 x^{n-1} = n x^{n-1}$$

即

$$(x^n)' = n x^{n-1}$$

一般地，对于幂函数 $f(x) = x^u$（$u$ 为常数，$u \in \mathbf{R}$）.

有

$$(x^u)' = u x^{u-1}$$

这就是幂函数的导数公式. 如

$u = \dfrac{1}{2}$ 时，$(x^{\frac{1}{2}})' = \dfrac{1}{2} x^{\frac{1}{2}-1} = \dfrac{1}{2} x^{\frac{1}{2}-1} = \dfrac{1}{2\sqrt{x}}$，即

$$(\sqrt{x})' = \frac{1}{2\sqrt{x}}$$

$u = -1$ 时，$(x^{-1})' = -x^{-1-1} = -x^{-2}$，即

$$\left(\frac{1}{x}\right)' = -\frac{1}{x^2}$$

**例 3** 设 $f(x) = \sin x$，求 $f'\left(\dfrac{\pi}{3}\right)$.

【解】
$$\Delta y = \sin(x + \Delta x) - \sin x = 2\cos\left(x + \frac{\Delta x}{2}\right)\sin\frac{\Delta x}{2}$$

$$\frac{\Delta y}{\Delta x} = \frac{\sin\frac{\Delta x}{2}}{\frac{\Delta x}{2}} \cdot \cos\left(x + \frac{\Delta x}{2}\right)$$

$$f'(x) = \lim_{\Delta x \to 0} \frac{\Delta y}{\Delta x} = \lim_{\Delta x \to 0} \frac{\sin\frac{\Delta x}{2}}{\frac{\Delta x}{2}} \cdot \cos\left(x + \frac{\Delta x}{2}\right) = \cos x$$

即

$$(\sin x)' = \cos x$$

于是

$$f'\left(\frac{\pi}{3}\right) = (\sin x)'\Big|_{x=\frac{\pi}{3}} = \cos\frac{\pi}{3} = \frac{1}{2}$$

类似地，有 $(\cos x)' = -\sin x$.

**例 4** 求 $f(x) = a^x$ 的导数.

【解】 $\Delta y = a^{x+\Delta x} - a^x = a^x(a^{\Delta x} - 1)$，令 $a^{\Delta x} - 1 = t$，则 $\Delta x = \log_a(1+t)$，$\Delta x \to 0$，$t \to 0$，于是

$$\frac{\Delta y}{\Delta x} = \frac{a^x(a^{\Delta x}-1)}{\Delta x} = a^x \cdot \frac{t}{\log_a(1+t)}$$

$$\lim_{\Delta x \to 0}\frac{\Delta y}{\Delta x} = \lim_{t \to 0} a^x \cdot \frac{t}{\log_a(1+t)} = a^x \cdot \lim_{t \to 0}\frac{t}{\log_a(1+t)}$$

$$= \frac{a^x}{\lim_{t \to 0}\log_a(1+t)^{\frac{1}{t}}} = \frac{a^x}{\log_a \mathrm{e}} = a^x \ln a$$

即

$$(a^x)' = a^x \ln a$$

特别地,有 $(e^x)' = e^x$.

类似地,可以求出对数函数的导数 $(\log_a x)' = \dfrac{1}{x \ln a}$. 特别地有 $(\ln x)' = \dfrac{1}{x}$.

**例 5**　讨论函数 $f(x) = |x| = \begin{cases} x, & x \geqslant 0 \\ -x, & x < 0 \end{cases}$ 在 $x = 0$ 处的可导性.

**【解】**　由于 $f(x)$ 在 $x = 0$ 的左、右两侧的表达式不同,因此 $f(x)$ 在 $x = 0$ 的可导性要用左、右导数的定义讨论.

$$f'_-(0) = \lim_{x \to 0^-} \frac{f(x) - f(0)}{x - 0} = \lim_{\Delta x \to 0^-} \frac{-x}{x} = -1$$

$$f'_+(0) = \lim_{x \to 0^+} \frac{f(x) - f(0)}{x - 0} = \lim_{x \to 0^+} \frac{x}{x} = 1$$

$f(x)$ 在 $x = 0$ 的左、右导数不相等,所以,$f(x)$ 在 $x = 0$ 处不可导.

## 四、导函数的几何意义

函数 $f(x)$ 在点 $x_0$ 处的导数 $f'(x_0)$ 在几何上表示曲线 $y = f(x)$ 在点 $M(x_0, f(x_0))$ 处的切线斜率.

当 $f'(x_0) \neq 0$ 时,曲线在点 $M$ 的切线方程为

$$y - f(x_0) = f'(x_0)(x - x_0)$$

曲线在点 $M$ 的法线方程为

$$y - f(x_0) = -\frac{1}{f'(x_0)}(x - x_0)$$

当 $f'(x_0) = 0$ 时,切线方程为 $y = f(x_0)$,法线方程为 $x = x_0$.

当 $f'(x_0) = \infty$ 时,切线方程为 $x = x_0$,法线方程为 $y = f(x_0)$.

**例 6**　求曲线 $y = \dfrac{1}{x}$ 在点 $(1,1)$ 处的切线方程和法线方程.

**【解】**　$y' = -\dfrac{1}{x^2}$,所以曲线在 $(1,1)$ 处的切线斜率为

$$k = y'|_{x=1} = -1$$

从而切线方程为

$$y - 1 = -(x - 1)$$

即

$$y + x - 2 = 0$$

法线方程为

$$y - 1 = x - 1$$

即

$$y - x = 0$$

## 五、可导与连续的关系

**定理**　若函数 $f(x)$ 在点 $x$ 处可导,则 $f(x)$ 在点 $x$ 处一定连续.

【证】 因为 $f(x)$ 在点 $x$ 处可导,所以

$$\lim_{\Delta x \to 0} \frac{\Delta y}{\Delta x} = f'(x)$$

$$\frac{\Delta y}{\Delta x} = f'(x) + \alpha$$

其中,$\alpha \to 0(\Delta x \to 0)$,于是

$$\Delta y = f'(x)\Delta x + \alpha \Delta x$$

当时 $\Delta x \to 0$,有 $\Delta y \to 0$,即 $f(x)$ 在点 $x$ 处一定连续.

此定理的逆定理不成立,即函数 $f(x)$ 在点 $x_0$ 处连续,但在点 $x_0$ 处不一定可导.

如例 5 中,$f(x) = |x|$ 在 $x = 0$ 处连续,但在 $x = 0$ 处不可导.

# 任务二   掌握函数的求导法则

一般情况下,直接用导数的定义求函数的导数是极为复杂和困难的,本次任务给出四则运算和复合函数的求导法则,利用它就能比较方便地求出初等函数的导数.

## 一、函数和、差、积、商的求导法则

**定理 1** 设函数 $u = u(x)$,$v = v(x)$ 都在点 $x$ 处可导,那么 $u(x) \pm v(x)$,$u(x)v(x)$,$\dfrac{u(x)}{v(x)}$ $(v(x) \neq 0)$ 都在点 $x$ 处可导,且

(1)$[u(x) \pm v(x)]' = u'(x) \pm v'(x)$.

(2)$[u(x)v(x)]' = u'(x)v(x) + v'(x)u(x)$.

(3)$[Cu(x)]' = Cu'(x)$($C$ 是常数).

(4)$\left[\dfrac{u(x)}{v(x)}\right]' = \dfrac{u'(x)v(x) - v'(x)u(x)}{v^2(x)}$.

【证】 仅给出法则 2 的证明,其他类似.

设 $f(x) = u(x) \cdot v(x)$,给定自变量 $x$ 的增加量 $\Delta x$,有

$$f'(x) = \lim_{\Delta x \to 0} \frac{f(x + \Delta x) - f(x)}{\Delta x} = \lim_{\Delta x \to 0} \frac{u(x + \Delta x)v(x + \Delta x) - u(x)v(x)}{\Delta x}$$

$$= \lim_{\Delta x \to 0} \frac{(u + \Delta u)(v + \Delta v) - uv}{\Delta x} = \lim_{\Delta x \to 0} \left(v \frac{\Delta u}{\Delta x} + u \frac{\Delta v}{\Delta x} + \Delta u \frac{\Delta v}{\Delta x}\right)$$

$$= u'(x)v(x) + u(x)v'(x)$$

定理 1 中的和、差、积求导法则可以推广到有限个函数的情形,并可以简记作

$$(u \pm v \pm w)' = u' \pm v' \pm w'$$

$$(uvw)' = u'vw + uv'w + uvw'$$

**例 1**   $y = x^4 + \sin x - \ln 3$,求 $y'$.

【解】 $y' = (x^4)' + (\sin x)' - (\ln 3)' = 4x^3 + \cos x$.

**例 2**   $f(x) = \dfrac{\cos 2x}{\cos x - \sin x}$,求 $f'\left(\dfrac{\pi}{2}\right)$.

【解】 $f(x) = \dfrac{\cos 2x}{\cos x - \sin x} = \dfrac{\cos^2 x - \sin^2 x}{\cos x - \sin x} = \cos x + \sin x$.

$$f'(x) = -\sin x + \cos x.$$

$$f'\left(\frac{\pi}{2}\right) = -\sin\frac{\pi}{2} + \cos\frac{\pi}{2} = -1.$$

**例 3**　$y = (x - x^3)\ln x$，求 $y'$.

【解】
$$y' = (x - x^3)'\ln x + (x - x^3)(\ln x)'$$
$$= (1 - 3x^2)\ln x + (x - x^3)\frac{1}{x}$$
$$= (1 - 3x^2)\ln x + 1 - x^2.$$

**例 4**　$y = \tan x$，求 $y'$.

【解】　$y' = \left(\dfrac{\sin x}{\cos x}\right)' = \dfrac{(\sin x)'\cos x - \sin x(\cos x)'}{\cos^2 x} = \dfrac{1}{\cos^2 x} = \sec^2 x.$

即
$$(\tan x)' = \sec^2 x$$

类似地，有
$$(\cot x)' = -\csc^2 x$$
$$(\sec x)' = \sec x \tan x$$
$$(\csc x)' = -\csc x \cot x$$

## 二、反函数的求导法则

**定理 2**　若函数 $x = f(y)$ 在区间 $I_y$ 内单调、可导，且 $f'(y) \neq 0$，则它的反函数 $y = f^{-1}(x)$ 在相应的区间 $I_x = \{x \mid x = f(y), y \in I_y\}$ 内也单调、可导，且

$$[f^{-1}(x)] = \frac{1}{f'(y)} \text{ 或 } \frac{dy}{dx} = \frac{1}{\dfrac{dx}{dy}}$$

【证】　任取 $x \in I$，给 $x$ 以增量 $\Delta x$，由 $y = f^{-1}(x)$ 的单调性，有
$$\Delta y = f^{-1}(x + \Delta x) - f^{-1}(x) \neq 0$$
又由连续性知，当 $\Delta x \to 0$ 时，$\Delta y \to 0$，于是
$$\lim_{\Delta x \to 0}\frac{\Delta y}{\Delta x} = \lim_{\Delta y \to 0}\frac{1}{\dfrac{\Delta x}{\Delta y}} = \frac{1}{f'(y)} \quad (f'(y) \neq 0)$$

存在．所以，反函数 $y = f^{-1}(x)$ 在 $x$ 处可导，由 $x$ 的任意性，可得 $y = f^{-1}(x)$ 在 $I_x$ 内可导，且
$$[f^{-1}(x)]' = \frac{1}{f'(y)}$$

**例 5**　设 $y = \arcsin x$，求 $y'$.

【解】　$y = \arcsin x$ 是 $x = \sin y$ 的反函数，$y \in \left(-\dfrac{\pi}{2}, \dfrac{\pi}{2}\right)$，故
$$y' = \frac{1}{(\sin y)'} = \frac{1}{\cos y} = \frac{1}{\sqrt{1 - \sin^2 y}} = \frac{1}{\sqrt{1 - x^2}}$$

即
$$(\arcsin x)' = \frac{1}{\sqrt{1 - x^2}}$$

类似地,可以求出下列导数公式

$$(\arccos x)'=-\frac{1}{\sqrt{1-x^2}}$$

$$(\arctan x)'=\frac{1}{1+x^2}$$

$$(\text{arccot } x)'=-\frac{1}{1+x^2}$$

## 三、复合函数的求导法则

**定理 3**　设函数 $u=g(x)$ 在点 $x$ 处可导,函数 $y=f(u)$ 在点 $u$ 处可导,则复合函数 $y=f[g(x)]$ 在点 $x$ 处可导,且其导数为

$$\frac{dy}{dx}=f'(u)\cdot g'(x) \text{ 或} \frac{dy}{dx}=\frac{dy}{du}\cdot\frac{du}{dx}$$

**【证】**　给自变量 $x$ 以增量 $\Delta x$,中间变量 $u$ 相应得到增量 $\Delta u$,由于

$$f'(u)=\lim_{\Delta u\to 0}\frac{\Delta y}{\Delta u}$$

从而

$$\frac{\Delta y}{\Delta x}=f'(u)+\alpha,\text{其中}\ \alpha\to 0(\Delta u\to 0)$$

当 $\Delta x\neq 0$ 时,若 $\Delta u\neq 0$,有 $\Delta y=f'(u)\Delta u+\alpha\Delta u$;若 $\Delta u=0$,规定这时 $\alpha=0$,则仍然有 $\Delta y=f'(u)\Delta u+\alpha\Delta u$. 于是

$$\frac{\Delta y}{\Delta x}=f'(u)\frac{\Delta u}{\Delta x}+\alpha\ \frac{\Delta u}{\Delta x}$$

又由于 $u=g(x)$ 在点 $x$ 处可导必连续,当 $\Delta x\to 0$ 时,$\Delta u\to 0$,从而 $\alpha\to 0$. 所以

$$\frac{dy}{dx}=\lim_{\Delta x\to 0}\frac{\Delta y}{\Delta u}=f'(u)\lim_{\Delta x\to 0}\frac{\Delta u}{\Delta x}=f'(u)g'(x)$$

复合函数的求导法则可以推广到有限个函数复合的情形. 若 $y=f(u),u=g(v),v=h(x)$ 都在相应点可导,则复合函数 $y=f\{g[h(x)]\}$ 在点 $x$ 处可导,且

$$\frac{dy}{dx}=\frac{dy}{du}\cdot\frac{du}{dv}\cdot\frac{dv}{dx}$$

**例 6**　设 $y=\ln \sin x$,求 $y'$.

**【解】**　$y=\ln \sin x$ 是由 $y=\ln u$ 和 $u=\sin x$ 复合而成的,则

$$y'=(\ln u)'(\sin x)'=\frac{1}{u}\cdot\cos x=\frac{\cos x}{\sin x}=\cot x$$

**例 7**　设 $y=\cos(3-2\sqrt{x})$,求 $\frac{dy}{dx}$.

**【解】**　$y=\cos(3-2\sqrt{x})$ 是由 $y=\cos u$ 和 $u=(3-2\sqrt{x})$ 复合而成的,则

$$\frac{dy}{dx}=\frac{dy}{du}\cdot\frac{du}{dx}=-\sin u\left(-2\times\frac{1}{2\sqrt{x}}\right)=\frac{1}{\sqrt{x}}\sin(3-2\sqrt{x})$$

熟练之后,计算时可以不写出中间变量,而直接写出结果.

**例 8**　设 $y=\sin\frac{2x}{1+x^2}$,求 $y'$.

【解】
$$y' = \cos\frac{2x}{1+x^2} \cdot \left(\frac{2x}{1+x^2}\right)'$$
$$= \cos\frac{2x}{1+x^2} \cdot \frac{2(1+x^2)-2x \cdot 2x}{(1+x^2)^2}$$
$$= \frac{2(1-x^2)}{(1+x^2)^2}\cos\frac{2x}{1+x^2}$$

例9　设 $y = \sqrt{1-x^2}$，求 $y'$.

【解】　$y' = \dfrac{1}{2\sqrt{1-x^2}}(1-x^2)' = \dfrac{-2x}{2\sqrt{1-x^2}} = \dfrac{-x}{\sqrt{1-x^2}}$.

例10　设 $y = \left(\arctan\dfrac{x}{2}\right)^2$，求 $y'$.

【解】
$$y' = 2\arctan\frac{x}{2} \cdot \left(\arctan\frac{x}{2}\right)'$$
$$= 2\arctan\frac{x}{2} \cdot \frac{1}{1+\left(\frac{x}{2}\right)^2}\left(\frac{x}{2}\right)'$$
$$= \frac{4}{4+x^2}\arctan\frac{x}{2}$$

例11　设 $y = e^{\sin\frac{1}{x}}$，求 $y'$.

【解】
$$y' = e^{\sin\frac{1}{x}} = e^{\sin\frac{1}{x}}\left(\sin\frac{1}{x}\right)'$$
$$= e^{\sin\frac{1}{x}}\left(\cos\frac{1}{x}\right)\left(\frac{1}{x}\right)'$$
$$= e^{\sin\frac{1}{x}}\cos\frac{1}{x}\left(-\frac{1}{x^2}\right)$$
$$= -\frac{1}{x^2}e^{\sin\frac{1}{x}}\cos\frac{1}{x}$$

例12　$y = \tan(1+\sqrt{x})$，求 $y'$.

【解】
$$y' = \sec^2(1+\sqrt{x})(1+\sqrt{x})'$$
$$= \frac{1}{2\sqrt{x}}\sec^2(1+\sqrt{x})$$

例13　设 $y = f(\cos^2 x)$，$f(u)$ 可导，求 $\dfrac{\mathrm{d}y}{\mathrm{d}x}$.

【解】
$$\frac{\mathrm{d}y}{\mathrm{d}x} = f'(\cos^2 x)(\cos^2 x)' = f'(\cos^2 x)2\cos x(\cos x)'$$
$$= f'(\cos^2 x)2\cos x(-\sin x) = -\sin 2x f'(\cos^2 x)$$

可以证明，可导的偶（奇）函数的导函数是奇（偶）函数.

例14　设 $y = \dfrac{\tan 2x}{\sqrt{x}}$，求 $y'$.

【解】　$y' = \dfrac{(\tan 2x)'\sqrt{x}-\tan 2x(\sqrt{x})'}{(\sqrt{x})^2} = \dfrac{2\sqrt{x}\sec^2 2x-\tan 2x\dfrac{1}{2\sqrt{x}}}{x} = \dfrac{4x\sec^2 2x-\tan 2x}{2x\sqrt{x}}$.

**例 15** 设 $y = \ln \dfrac{x+2}{\sqrt{x^2+3}}$，求 $y'$.

**【解】**
$$y = \ln \frac{x+2}{\sqrt{x^2+3}} = \ln(x+2) - \frac{1}{2}\ln(x^2+3)$$

$$y' = \frac{1}{x+2} - \frac{1}{2} \times \frac{2x}{x^2+3} = \frac{1}{2+x} - \frac{x}{x^2+3}$$

**例 16** 设 $y = \ln(x + \sqrt{1+x^2})$，求 $y'$.

**【解】**
$$y' = \frac{1}{x+\sqrt{1+x^2}}(x+\sqrt{1+x^2})' = \frac{1}{x+\sqrt{1+x^2}}\left(1 + \frac{1}{2}\frac{1}{\sqrt{1+x^2}} \cdot 2x\right)$$

$$= \frac{1}{x+\sqrt{1+x^2}} \cdot \frac{x+\sqrt{1+x^2}}{\sqrt{1+x^2}} = \frac{1}{\sqrt{1+x^2}}$$

# 四、基本初等函数的求导公式

前面我们推导了所有基本初等数的导数公式和函数和、差、积、商的求导法则及复合函数的求导法则，从而解决了初等函数的求导问题．基本初等函数的导数公式和各种求导法则是初等函数求导运算的基础，见表 2—1，表 2—2.

表 2—1

| 序号 | 公式 | 序号 | 公式 |
|------|------|------|------|
| (1) | $c' = 0$ | (10) | $(a^x)' = a^x \ln a$ |
| (2) | $x' = 1$ | (11) | $(e^x)' = e^x$ |
| (3) | $(x^\mu)' = \mu x^{\mu-1}$ | (12) | $(\log_a x)' = \dfrac{1}{x \ln a}$ |
| (4) | $(\sin x)' = \cos x$ | (13) | $(\ln|x|)' = \dfrac{1}{x}$ |
| (5) | $(\cos x)' = -\sin x$ | (14) | $(\arcsin x)' = \dfrac{1}{\sqrt{1-x^2}}$ |
| (6) | $(\tan x)' = \sec^2 x$ | (15) | $(\arccos x)' = -\dfrac{1}{\sqrt{1-x^2}}$ |
| (7) | $(\cot x)' = -\csc^2 x$ | (16) | $(\arctan x) = \dfrac{1}{1+x^2}$ |
| (8) | $(\sec x)' = \sec x \tan x$ | (17) | $(\text{arccot } x)' = -\dfrac{1}{1+x^2}$ |
| (9) | $(\csc x)' = -\csc x \cot x$ | | |

表 2—2

| (1) | $(u \pm v)' = u' \pm v'$（其中 $u = u(x), v = v(x)$，以下相同） |
|-----|------|
| (2) | $(uv)' = u'v + uv'$，$(Cu)' = Cu'$（$C$ 是常数） |

续表

| | |
|---|---|
| (3) | $\left(\dfrac{u}{v}\right)'=\dfrac{u'v-uv'}{v^2}(v\neq0)$ |
| (4) | 设 $y=f(u),u=\varphi(x)$ ,则复合函数 $y=f[\varphi(x)]$ 的求导法则为 $$y'_x=y'_u\cdot u'_x 或 \dfrac{\mathrm{d}y}{\mathrm{d}x}=\dfrac{\mathrm{d}y}{\mathrm{d}u}\cdot\dfrac{\mathrm{d}u}{\mathrm{d}x}$$ |

# 任务三　掌握隐函数及由参数方程所确定的函数的导数

## 一、隐函数的导数

前面所讨论的函数,其自变量 $x$ 与因变量 $y$ 之间的关系,可以表示成 $y=f(x)$ ,如 $y=x+3,y=3x^2-2x+5,y=e^x+1$ 等,这种形式的函数称为显函数. 以前我们所遇到的函数大都是显函数,有些函数的表达式却不是这样,例如 $2x-y^3+1=0$ 在区间 $(-\infty,+\infty)$ 内任给一值 $x$ ,相应地可以确定一个 $y$ 的值,因此根据函数的定义,这个方程在区间 $(-\infty,+\infty)$ 内也确定了一个 $y$ 关于 $x$ 的函数,由于 $y$ 没有明显地用 $x$ 的解析式表示,故称这样的函数为隐函数.

一般地,称由方程 $F(x,y)=0$ 所确定的函数为隐函数.

隐函数怎样求导呢? 一种做法是从方程 $F(x,y)=0$ 中解出 $x$ ,成为显式 $y=f(x)$ 再求导. 但隐函数的显化有时困难,甚至不可能,例如方程 $y^3+xy+x^4=0$ 就很难解出 $y=f(x)$ ,那么此时如何求导呢? 方法是:把方程中 $y$ 看成 $x$ 的函数 $y(x)$ ,方程两边对 $x$ 求导,然后解 $y'$ .下面举例说明.

**例1**　设方程 $y+x=e^{xy}$ 确定了函数 $y=y(x)$ ,求 $y'$ 及 $y'|_{x=0}$ .

**【解】**　方程两边对 $x$ 进行求导,注意 $y$ 是 $x$ 的函数

$$(y+x)'=(e^{xy})'$$

即

$$y'+1=e^{xy}(xy)'$$
$$y'+1=e^{xy}(y+xy')$$

解得

$$y'=\frac{ye^{xy}-1}{1-xe^{xy}}$$

因为 $x=0$ ,从原方程解得 $y=1$ ,代入上式得

$$y'|_{x=0}=0$$

**例2**　求椭圆 $\dfrac{x^2}{16}+\dfrac{y^2}{9}=1$ 在点 $\left(2,\dfrac{3\sqrt{3}}{2}\right)$ 处的切线方程.

**【解】**　方程两边关于 $x$ 求导,得

$$\left(\frac{x^2}{16}+\frac{y^2}{9}\right)'=0,\frac{2x}{16}+\frac{2y}{9}y'=0$$

于是

$$y' = -\frac{9x}{16y}$$

$$k = y'\Big|_{\substack{x=2 \\ y=\frac{3\sqrt{3}}{2}}} = -\frac{9 \times 2}{16 \times \frac{3}{2}\sqrt{3}} = -\frac{\sqrt{3}}{4}$$

所以切线的方程为

$$y - \frac{3}{2}\sqrt{3} = -\frac{\sqrt{3}}{4}(x-2)$$

即

$$\sqrt{3}x + 4y - 8\sqrt{3} = 0$$

利用隐函数求导法,也可以证明反三角函数及对数函数的导数公式.读者不妨自证.

## 二、对数求导法

对数求导法是先对函数 $y = f(x)$ 两边取对数( $f(x) > 0$ ),然后等式两边分别对 $x$ 求导,最后解出 $y'_x$ .下面通过例题介绍这种方法.

**例3**　求 $y = x^{\sin x}(x > 0)$ 的导数.

这个函数既不是幂函数,也不是指数函数,因此不能用这两种函数的导数公式求导数,形如 $y = [f(x)]^{g(x)}$ 的函数称为幂指数函数,求此类函数的导数可用对数求导法.

【解】　两边先取自然对数,

$$\ln y = \sin x \cdot \ln x$$

两端再关于 $x$ 求导,注意 $y$ 是 $x$ 的函数,得

$$\frac{1}{y} \cdot y' = \cos x \cdot \ln x + \sin x \cdot \frac{1}{x}$$

于是

$$y' = y\left(\cos x \ln x + \frac{\sin x}{x}\right) = x^{\sin x}\left(\cos x \ln x + \frac{\sin x}{x}\right)$$

**例4**　设 $y = \sqrt[3]{\dfrac{(x+1)^2}{(x-1)(x+2)}}$ ,求 $y'$ .

【解】　此题如果直接按复合函数求导法则解,是较麻烦的.先按对数求导法解.两边取自然对数,得

$$\ln y = \frac{1}{3}\big[2\ln(x+1) - \ln(x-1) - \ln(x+2)\big]$$

两边关于 $x$ 求导

$$\frac{1}{y} \cdot y' = \frac{1}{3}\left(\frac{2}{x+1} - \frac{1}{x-1} - \frac{1}{x+2}\right)$$

则

$$y' = \frac{y}{3}\left(\frac{2}{x+1} - \frac{1}{x-1} - \frac{1}{x+2}\right) = \frac{1}{3}\sqrt[3]{\frac{(x+1)^2}{(x-1)(x+2)}}\left(\frac{2}{x+1} - \frac{1}{x-1} - \frac{1}{x+2}\right)$$

由以上几例可知,对数求导法适用于幂指数函数及一些因子之幂的连乘积的函数.

## 三、由参数方程所确定的函数的导数

我们知道,一般情况下参数方程

$$\begin{cases} x = \varphi(t) \\ y = f(t) \end{cases}$$

确定了 $y$ 是 $x$ 的函数. 在实际问题中,有时需要我们求方程 $\begin{cases} x = \varphi(t) \\ y = f(t) \end{cases}$ 所确定的函数 $y$ 对 $x$ 的

导数. 但从方程 $\begin{cases} x = \varphi(t) \\ y = f(t) \end{cases}$ 中消去参数 $t$ 有时很困难,因此我们要找一种直接由方程

$\begin{cases} x = \varphi(t) \\ y = f(t) \end{cases}$ 来求导数的方法.

假设方程 $\begin{cases} x = \varphi(t) \\ y = f(t) \end{cases}$ 所确定的函数是 $y = F(x)$,那么函数 $y = f(t)$ 可以看出是由函数 $y =$

$F(x)$ 和 $x = \varphi(t)$ 复合而成的,即 $y = f(t) = F[\varphi(t)]$. 假定 $y = F(x)$ 和 $x = \varphi(t)$ 都可导,且 $\dfrac{dx}{dt} \neq$

0,于是根据复合函数的求导法则,就有

$$\frac{dy}{dt} = \frac{dy}{dx} \cdot \frac{dx}{dt}$$

$$\frac{dy}{dx} = \frac{\dfrac{dy}{dt}}{\dfrac{dx}{dt}}$$

**例 5** 已知圆的参数方程为

$$\begin{cases} x = a\cos\theta \\ y = a\sin\theta \end{cases} \quad (a > 0, \theta \text{ 为参数})$$

求 $\dfrac{dy}{dx}$.

**【解】** 因为

$$\frac{dx}{d\theta} = -a\sin\theta$$

$$\frac{dy}{d\theta} = a\cos\theta$$

所以

$$\frac{dy}{dx} = \frac{\dfrac{dy}{d\theta}}{\dfrac{dx}{d\theta}} = \frac{a\cos\theta}{-a\sin\theta} = -\cot\theta$$

**例 6** 设摆线的参数方程为 $\begin{cases} x = t - \sin t \\ y = 1 - \cos t \end{cases}$,求 $t = \dfrac{\pi}{2}$ 时的切线方程.

**【解】** 当 $t = \dfrac{\pi}{2}$ 时,摆线上的点坐标为 $\left( \dfrac{\pi}{2} - 1, 1 \right)$,又

$$\frac{\mathrm{d}y}{\mathrm{d}x} = \frac{(1-\cos t)'}{(t-\sin t)'} = \frac{\sin t}{1-\cos t}$$

从而切线的斜率为

$$k = \frac{\mathrm{d}y}{\mathrm{d}x}\Big|_{t=\frac{\pi}{2}} = 1$$

切线方程为

$$y - 1 = x - \left(\frac{\pi}{2} - 1\right)$$

即

$$y - x + \frac{\pi}{2} - 2 = 0$$

# 任务四    掌握高阶导数

## 一、高阶函数的定义

设 $y=f(x)$ 的导数 $y'=f'(x)$ 仍然是 $x$ 的可导函数,则称 $y'=f'(x)$ 的导数为 $y=f(x)$ 在点 $x$ 处的二阶导数,记作 $y''=\dfrac{\mathrm{d}^2 y}{\mathrm{d}x^2}$,即

$$y'' = f''(x) = \lim_{\Delta x \to 0} \frac{f'(x+\Delta x) - f'(x)}{\Delta x}$$

$f''(x)$ 的导数 $[f''(x)]'$ 称为 $f(x)$ 的三阶导数,记作 $y'''$,$f'''(x)$ 或 $\dfrac{\mathrm{d}^3 y}{\mathrm{d}x^3}$.

$f'''(x)$ 的导数 $[f'''(x)]'$ 称为 $f(x)$ 的四阶导数,记作 $y^{(4)}$,$f^{(4)}(x)$ 或 $\dfrac{\mathrm{d}^4 y}{\mathrm{d}x^4}$.

$$\cdots$$

$f^{(n-1)}(x)$ 的导数 $[f^{(n-1)}(x)]'$ 称为 $f(x)$ 的 $n$ 阶导数,记作 $y^{(n)}$,$f^{(n)}(x)$ 或 $\dfrac{\mathrm{d}^n y}{\mathrm{d}x^n}$.

二阶及二阶以上的导数统称为高阶导数,同时 $f(x)$ 的导数 $f'(x)$ 称为一阶导数.

**例 1**    $y=ax+b$    $(a \neq 0)$,求 $y''$.

**【解】** $y'=a$,$y''=0$.

**例 2**    设 $y=\arctan 2x$,求 $y''$.

**【解】**

$$y' = \frac{2}{1+4x^2}$$

$$y'' = -\frac{2(1+4x^2)'}{(1+4x^2)^2} = -\frac{16x}{(1+4x^2)^2}$$

**例 3**    求 $y=x^n$ 的 $n$ 阶导数($n$ 为正整数).

**【解】**

$$y' = nx^{n-1}$$

$$y'' = n(n-1)x^{n-2}$$

$$\cdots$$

$$y^{(n)} = n!$$

$$y^{(n+1)} = 0$$

**例 4** 求 $y = e^x$ 的 $n$ 阶导数.

**【解】** $y' = e^x, y'' = e^x, \cdots, y^{(n)} = e^x,$ 即 $(e^x)^{(n)} = e^x.$

**例 5** 求 $y = \ln(x+1)$ 的 $n$ 阶导数.

**【解】**

$$y' = \frac{1}{1+x} = (1+x)^{-1}$$

$$y'' = \frac{-1}{(1+x)^2}$$

$$y''' = \frac{2}{(1+x)^3}$$

$$y^{(4)} = \frac{-1 \times 2 \times 3}{(1+x)^4}$$

$$\cdots$$

$$y^{(n)} = \frac{(-1)^{n-1}(n-1)!}{(1+x)^n}$$

即

$$[\ln(1+x)]^{(n)} = \frac{(-1)^{n-1}(n-1)!}{(1+x)^n}$$

**例 6** 求 $y = \sin x$ 的 $n$ 阶导数.

**【解】**

$$y' = \cos x = \sin\left(x + \frac{1}{2}\pi\right)$$

$$y'' = -\sin x = \sin(x + \pi)$$

$$y''' = -\cos x = \sin\left(x + \frac{3}{2}\pi\right)$$

$$y^{(4)} = \sin x = \sin(x + 2\pi)$$

$$\cdots$$

$$y^{(n)} = \sin\left(x + \frac{n}{2}\pi\right)$$

即

$$(\sin x)^{(n)} = \sin\left(x + \frac{n}{2}\pi\right)$$

类似地,有

$$(\cos x)^{(n)} = \cos\left(x + \frac{n}{2}\pi\right)$$

## 二、二阶导数的力学意义

设物体做变速直线运动,其运动方程为 $s = s(t)$,则物体运动的速度是路程 $s$ 对时间 $t$ 的导数,即 $v = s'(t) = \dfrac{\mathrm{d}s}{\mathrm{d}t}$,此时,若速度 $v$ 仍是时间 $t$ 的函数,我们可以求速度 $v$ 对时间 $t$ 的导数,用 $a$ 来表示,就是 $a = v'(t) = s''(t) = \dfrac{\mathrm{d}^2 s}{\mathrm{d}t^2}$. 在力学中,$a$ 叫作物体运动加速度,也就是说,物体运动的加速度 $a$ 是路程 $s$ 对时间 $t$ 的二阶导数.

**例 7** 已知物体做变速直线运动,其运动方程为

$$s = A\cos(\omega t + \varphi)a \quad (A, \varphi, \omega \text{ 是常数})$$

求物体运动的加速度.

**【解】** 因为 $s = A\cos(\omega t + \varphi)$，所以

$$v = s' = -A\omega\sin(\omega t + \varphi)$$

$$a = s'' = -A\omega^2\cos(\omega t + \varphi)$$

**例 8** 已知自由落体运动方程 $s = \dfrac{1}{2}gt^2$，求落体的速度 $v$ 以及加速度 $a$.

**【解】**

$$v = \frac{\mathrm{d}s}{\mathrm{d}t} = \left(\frac{1}{2}gt^2\right)' = gt$$

$$a = \frac{\mathrm{d}v}{\mathrm{d}t} = \frac{\mathrm{d}}{\mathrm{d}t}\left(\frac{\mathrm{d}s}{\mathrm{d}t}\right) = (gt)' = g$$

# 任务五　理解函数的微分

## 一、微分的定义

**引例** 设正方形金属薄片的边长为 $x$，则面积 $A = x^2$. 假定它受热而膨胀，边长增加 $\Delta x$，于是面积的增量为

$$\Delta A = (x + \Delta x)^2 - x^2 = 2x\Delta x + (\Delta x)^2$$

上式中面积的增量由两部分构成：一部分是 $\Delta x$ 的线性函数 $2x\Delta x$，如图 2-2 阴影部分所示；另一部分 $(\Delta x)^2$ 是 $\Delta x$ 的高阶无穷小. 当 $\Delta x$ 很小时，由近似公式

$$\Delta A \approx 2x\Delta x$$

**定义** 设函数 $y = f(x)$ 在 $x_0$ 处的某邻域内有定义，给定 $x$ 的增量 $\Delta x$（$x + \Delta x$ 在该邻域中），若函数在 $x_0$ 处的增量 $\Delta y = f(x_0 + \Delta x) - f(x_0)$ 可以表示为

$$\Delta y = A\Delta x + o(\Delta x)$$

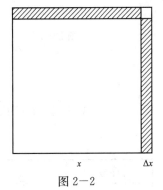

图 2-2

其中，$A$ 是与 $\Delta x$ 无关的常数，则称函数 $y = f(x)$ 在 $x_0$ 处可微，并称 $A\Delta x$ 为函数 $f(x)$ 在点 $x_0$ 处的微分，记作 $\mathrm{d}y$，即

$$\mathrm{d}y = A\Delta x$$

由定义可知，当 $|\Delta x|$ 很小时，微分是函数增量的主要部分，所以微分又称作函数增量的线性主部.

**定理** 函数 $y = f(x)$ 在点 $x_0$ 处可微的充分必要条件是 $y = f(x)$ 在点 $x_0$ 处可导.

**【证】** 若函数 $y = f(x)$ 在点 $x_0$ 处可微，则 $\Delta y = A\Delta x + o(\Delta x)$. 于是

$$\lim_{\Delta x \to 0} \frac{\Delta y}{\Delta x} = \lim_{\Delta x \to 0}\left[A + \frac{o(\Delta x)}{\Delta x}\right]$$

即

$$f'(x_0)\Delta x$$

所以，函数 $y = f(x)$ 在 $x_0$ 处可导，且

$$dy = f'(x_0)\Delta x$$

若函数 $y = f(x)$ 在 $x_0$ 处可导，则 $\lim\limits_{\Delta x \to 0} \dfrac{\Delta y}{\Delta x} = f'(x_0)$，于是

$$\frac{\Delta y}{\Delta x} = f'(x_0) + \alpha \quad \Delta x \to 0 \text{ 时},\alpha \to 0$$

则

$$\Delta y = f'(x_0)\Delta x + \alpha\Delta x$$

由于 $f'(x_0)$ 与 $\Delta x$ 无关，$\alpha\Delta x = o(\Delta x)$，所以函数 $y = f(x)$ 在 $x_0$ 处可微.

通常把自变量的增量 $\Delta x$ 称为自变量的微分，记作 $dx$，则函数 $y = f(x)$ 的微分可以记作

$$dy = f'(x)dx$$

从而有

$$f'(x) = \frac{dy}{dx}$$

即函数 $y = f(x)$ 的导数等于函数的微分 $dy$ 与自变量的微分 $dx$ 之商，简称微商.

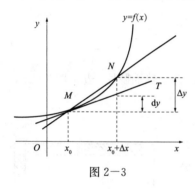

图 2—3

微分的几何意义：曲线 $y = f(x)$ 在点 $M(x_0, f(x_0))$ 处的切线为 $MT$，$dy$ 就是曲线的切线上点的纵坐标的相应增量，如图 2—3 所示. 当 $|\Delta x|$ 很小时，有

$$\Delta y \approx dy$$

**例 1**　求函数 $y = f(x) = x^2$，当 $x$ 由 1 改变到 1.01 时的微分.

**【解】**　函数的微分为

$$dy = 2x\Delta x$$

由条件 $x = 1, \Delta x = 0.01$，故

$$dy \Big|_{\substack{x=1 \\ \Delta x = 0.01}} = 2 \times 1 \times 0.01 = 0.02$$

表 2—3，表 2—4 所示为微分的基本公式和四则运算法则.

表 2—3

| 序号 | 公式 | 序号 | 公式 |
|---|---|---|---|
| (1) | $d(c) = 0$ | (7) | $d(\sec x) = \sec x \cdot \tan x dx$ |
| (2) | $d(x^\mu) = \mu x^{\mu-1} dx$ | (8) | $d(\csc x) = -\csc x \cdot \cot x dx$ |
| (3) | $d(\sin x) = \cos x dx$ | (9) | $d(e^x) = e^x dx$ |
| (4) | $d(\cos x) = -\sin x dx$ | (10) | $d(a^x) = a^x \ln a dx$ |
| (5) | $d(\tan x) = \sec^2 x dx$ | (11) | $d(\ln x) = \dfrac{1}{x} dx$ |
| (6) | $d(\cot x) = -\csc^2 x dx$ | (12) | $d(\log_a x) = \dfrac{1}{x \ln a} dx$ |

| 序号 | 公式 | 序号 | 公式 |
|---|---|---|---|
| (13) | $d(\arcsin x)=\dfrac{1}{\sqrt{1-x^2}}dx$ | (15) | $d(\arctan x)=\dfrac{1}{1+x^2}dx$ |
| (14) | $d(\arccos x)=-\dfrac{1}{\sqrt{1-x^2}}dx$ | (16) | $d(\text{arccot } x)=-\dfrac{1}{1+x^2}dx$ |

表 2—4

| | |
|---|---|
| $(u\pm v)'=u'\pm v'$ | $d(u\pm v)=du\pm dv$ |
| $(uv)'=u'v+uv'$ | $d(uv)=vdu+udv$ |
| $(cu)'=cu'$ | $d(cu)=cdu$ |
| $\left(\dfrac{u}{v}\right)'=\dfrac{u'v-uv'}{v^2}$ | $d\left(\dfrac{u}{v}\right)=\dfrac{vdu-udv}{v^2}$ |
| 其中,$u=u(x),v=v(x),c$ 为常数 | |

复合函数的微分法则:

设函数 $y=f(u),u=g(x)$ 都可导,则复合函数 $y=f[g(x)]$ 的微分为

$$dy=df[g(x)]=f'[g(x)]g'(x)dx$$

又由于

$$du=g'(x)dx$$

因此

$$dy=f'(u)du$$

这个结果表明:无论 $u$ 是自变量,还是中间变量,函数 $y=f(u)$ 的微分形式都是一样的,即函数的微分等于函数对这个变量的导数乘以这个变量的微分,这就是所谓的微分形式不变性.

**例 2**　求 $y=e^{\arctan\sqrt{x}}$ 的微分.

**【解法 1】**　先求导数,再写成微分.

$$y'=e^{\arctan\sqrt{x}}(\arctan\sqrt{x})'=e^{\arctan\sqrt{x}}\frac{1}{1+x}(\sqrt{x})'=\frac{1}{1+x}e^{\arctan\sqrt{x}}\frac{1}{2\sqrt{x}}$$

所以

$$dy=\frac{e^{\arctan\sqrt{x}}}{2\sqrt{x}(1+x)}dx$$

**【解法 2】**　用微分形式不变性.

$$dy=e^{\arctan\sqrt{x}}d(\arctan\sqrt{x})=e^{\arctan\sqrt{x}}\frac{1}{1+x}d(\sqrt{x})=\frac{1}{1+x}e^{\arctan\sqrt{x}}\frac{1}{2\sqrt{x}}dx=\frac{e^{\arctan\sqrt{x}}}{2\sqrt{x}(1+x)}dx$$

## 二、微分在近似计算中的应用

如果 $y=f(x)$ 在点 $x_0$ 处可导,且 $f'(x_0)\neq0$,当 $|\Delta x|$ 很小时,有

$$\Delta y=f(x_0+\Delta x)-f(x_0)\approx f'(x_0)\Delta x$$

即 $f(x_0+\Delta x)\approx f(x_0)+f'(x_0)\Delta x$.

**例 3**　计算 $\sin 29°$ 的近似值

**【解】** 设 $f(x)=\sin x$，则 $f'(x)=\cos x$，由于 $29°=\dfrac{\pi}{6}-\dfrac{\pi}{180}$，取 $x_0=\dfrac{\pi}{6}$，$\Delta x=-\dfrac{\pi}{180}$，从而有

$$\sin 29°=f(x_0+\Delta x)\approx f(x_0)+f'(x_0)\Delta x$$

$$=\sin\dfrac{\pi}{6}+\cos\dfrac{\pi}{6}\cdot\left(-\dfrac{\pi}{180}\right)=\dfrac{1}{2}-\dfrac{\sqrt{3}}{2}\dfrac{\pi}{180}\approx 0.484\ 9$$

**例 4** 计算 $\sqrt{2}$ 的近似值.

**【解】** 令 $f(x)=\sqrt{x}$，$f'(x)=\dfrac{1}{2\sqrt{x}}$，取 $x_0=1.96$，$\Delta x=0.04$，有

$$\sqrt{2}=f(x_0)+f'(x_0)\Delta x=\sqrt{1.96}+\dfrac{1}{2\sqrt{1.96}}\times 0.04\approx 1.414$$

在近似计算公式中，取 $x_0=0$，若 $f'(0)\neq 0$，$|x|$ 很小，则有

$$f(x)\approx f(0)+f'(0)x$$

从而有下列常用近似公式

(1) $\sin x\approx x$；

(2) $\tan x\approx x$；

(3) $\mathrm{e}^x\approx 1+x$；

(4) $\ln(1+x)\approx x$.

**思考题**

进行了项目二的学习之后，你是否从其中体会到拼搏、奋斗的精神？

# 项目三　中值定理与导数的应用

◎ 知识图谱

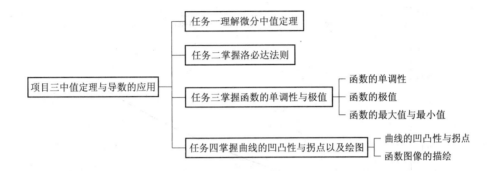

◎ 能力与素质

## 生活中的导数

导数是与实际应用联系着发展起来的,它在天文学、力学、化学、生物学、工程学、经济学等自然科学、社会科学及应用科学等多个分支中,有越来越广泛的应用. 特别是计算机的发明更有助于这些应用的不断发展.

客观世界的一切事物,小至粒子,大至宇宙,始终都在运动和变化着. 因此在数学中引入了变量的概念后,就有可能把运动现象用数学来加以描述了. 通过学习,利用中值定理与导数相关知识解决一个实际问题:

**例**　假设 $P(t)$ 代表在时刻 $t$ 某公司的股票价格,请根据以下叙述判定 $P(t)$ 的一阶、二阶导数的正负号:

(1)股票价格上升得越来越慢;

(2)股票价格接近最低点;

(3)图 3—1(b)所示为某种股票某天的价格走势曲线,请说明该股票当天的走势.

**解**　(1)股票价格上升得越来越慢,一方面说明股票价格在上升,即 $\dfrac{\mathrm{d}P}{\mathrm{d}t}>0$,另一方面说明上升的速度是单调减少的,即 $\dfrac{\mathrm{d}^2P}{\mathrm{d}t^2}<0$,如图 3—1(a)所示.

(2)股票价格接近最低点时,应满足 $\dfrac{\mathrm{d}P}{\mathrm{d}t}=0$.

(3)由如图 3—1(b)所示的某股票中某天的价格走势曲线可以看出,此曲线是单调上升且为凹的,即 $\dfrac{\mathrm{d}P}{\mathrm{d}t}>0$,且 $\dfrac{\mathrm{d}^2P}{\mathrm{d}t^2}>0$. 这说明该股票当日的价格上升得越来越快.

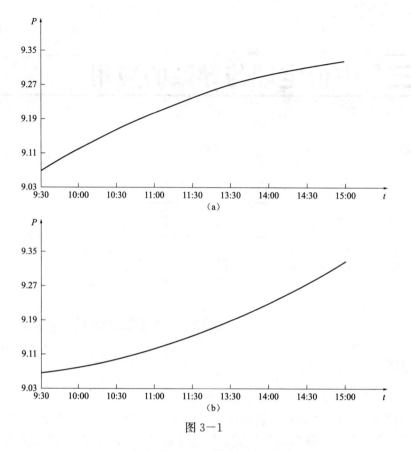

图 3—1

**人文素养——中值定理的起源**

拉格朗日中值定理又称拉氏定理,是微分学中的基本定理之一,它反映了可导函数在闭区间上的整体的平均变化率与区间内某点的局部变化率的关系.拉格朗日中值定理是罗尔定理的推广,同时也是柯西中值定理的特殊情形,是泰勒公式的弱形式(一阶展开).法国数学家拉格朗日于 1797 年在其著作《解析函数论》的第六章提出了该定理,并进行了初步证明,因此人们将该定理命名为拉格朗日中值定理.

想一想:函数有极大值和最大值,在现实生活中我们是否也在追求人生的"极大值"和"最大值"? 想要达到极大值和最大值,我们就需要通过不懈的努力来完成人生的目标.

# 任务一　理解微分中值定理

**定理 1**　(罗尔中值定理) 若函数 $f(x)$ 在闭区间 $[a,b]$ 上连续,在开区间 $(a,b)$ 内可导,又 $f(a)=f(b)$,则至少存在一点 $\xi \in (a,b)$,使得

$$f'(\xi)=0$$

【证】　由于函数 $f(x)$ 在闭区间 $[a,b]$ 上连续,因此必存在最大值 $M$ 和最小值 $m$.

如果 $M=m$,那么函数 $f(x)$ 在闭区间 $[a,b]$ 上为常数,则在 $(a,b)$ 内任何一点都可以作为 $\xi$,其导数都为零.

如果 $M>m$,不妨设 $\xi \in (a,b)$,有 $f(\xi)=M$,如图 3—2 所示. 下面证明 $f'(\xi)=0$.

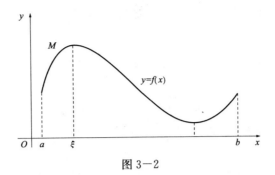

图 3—2

由于 $f(\xi)$ 是最大值,因此必存在 $\xi$ 的一个邻域 $U(\xi,\delta)$,在此邻域内,有

$$f(\xi+\Delta x) \leqslant f(\xi)$$

那么

$$f'_+(\xi) = \lim_{\Delta x \to 0^+} \frac{f(\xi+\Delta x) - f(\xi)}{\Delta x} \leqslant 0$$

$$f'_-(\xi) = \lim_{\Delta x \to 0^-} \frac{f(\xi+\Delta x) - f(\xi)}{\Delta x} \geqslant 0$$

由于 $f'(\xi)$ 存在,故 $f'(\xi) = f'_+(\xi) = f'_-(\xi)$,所以

$$f'(\xi) = 0$$

罗尔中值定理中的三个条件是结论成立的充分条件,如果有一个条件不满足,结论不一定成立.

**定理 2** (拉格朗日中值定理)若函数 $f(x)$ 在闭区间 $[a,b]$ 上连续,在开区间 $(a,b)$ 内可导,则至少存在一点 $\xi \in (a,b)$,使得

$$f(b) - f(a) = f'(\xi)(b-a)$$

**【证】** 如图 3—3 所示,弦 $AB$ 的斜率为 $\dfrac{f(b)-f(a)}{b-a}$,则只要证明有平行 $AB$ 的切线,即

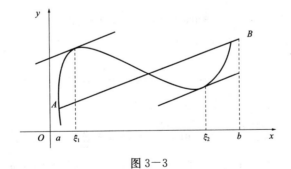

图 3—3

有一点的导数为 $\dfrac{f(b)-f(a)}{b-a}$. 构造辅助函数,设

$$\varphi(x) = f(x) - \frac{f(b)-f(a)}{b-a}x$$

则 $\varphi(x)$ 在闭区间 $[a,b]$ 上连续,在开区间 $(a,b)$ 内可导,且

$$\varphi(a) = \varphi(b)$$

由罗尔中值定理,存在 $\xi \in (a,b)$,使得

$$\varphi'(\xi)=0$$

即

$$f'(\xi)-\frac{f(b)-f(a)}{b-a}=0$$

从而

$$f(b)-f(a)=f'(\xi)(b-a)$$

若在 $[a,b]$ 上任取两点 $x,x+\Delta x$，则又有

$$f(x+\Delta x)-f(x)=f'(\xi)\Delta x$$

左端 $\Delta y=f(x+\Delta x)-f(x)$ 是函数的增量，因此，拉格朗日中值定理又称为有限增量定理.

**推论** 若函数 $f(x)$ 在区间 $I$ 上的导数恒为零，那么 $f(x)$ 在区间 $I$ 上是一个常数.

**【证】** 在区间 $I$ 上任取两点 $x_1,x_2(x_1<x_2)$，由拉格朗日中值定理，得

$$f(x_2)-f(x_1)=f'(\xi)(x_2-x_1)(x_1<\xi<x_2)$$

由假设，$f'(\xi)=0$，所以 $f(x_2)-f(x_1)=0$，即

$$f(x_2)=f(x_1)$$

由 $x_1,x_2$ 的任意性，所以 $f(x)$ 在区间 $I$ 上是一个常数.

**例 1** 证明等式：$\arcsin x+\arccos x=\dfrac{\pi}{2}$.

**【证】** 设 $f(x)=\arcsin x+\arccos x,x\in[-1,1]$，

当 $x=\pm1$ 时，

$$\arcsin x+\arccos x=\frac{\pi}{2}$$

当 $x\in(-1,1)$ 时，

$$f'(x)=\frac{1}{\sqrt{1-x^2}}-\frac{1}{\sqrt{1-x^2}}=0$$

则在区间 $(-1,1)$ 内，$f(x)=C.$ 取 $x=0$，有

$$C=\arcsin 0+\arccos 0=\frac{\pi}{2}$$

即

$$\arcsin x+\arccos x=\frac{\pi}{2}$$

总之，当 $x\in[-1,1]$ 时，

$$\arcsin x+\arccos x=\frac{\pi}{2}$$

**例 2** 已知 $f(x)$ 在 $[0,1]$ 上连续，在 $(0,1)$ 内可导，且 $f(1)=0$，求证：在 $(0,1)$ 内，至少存在一点 $\xi$，使得

$$f'(\xi)=-\frac{f(\xi)}{\xi}$$

**【证】** 设 $\varphi(x)=xf(x)$，显然 $\varphi(x)$ 在 $[0,1]$ 上连续，在 $(0,1)$ 内可导，又由罗尔中值定理，存在 $\xi\in(0,1)$，使得 $\varphi'(\xi)=0$，而

$$\varphi'(x)=f(x)+xf'(x)$$

即

$$\varphi'(\xi) = f(\xi) + \xi f'(\xi) = 0$$

于是

$$f'(\xi) = -\frac{f(\xi)}{\xi}$$

将拉格朗日中值定理进行推广,可得柯西中值定理.

**定理 3** (柯西中值定理)设函数 $f(x)$ 与 $F(x)$ 在闭区间 $[a,b]$ 上连续,在开区间 $(a,b)$ 内可导,且 $F'(x) \neq 0$,则至少存在一点 $\xi \in (a,b)$,使得

$$\frac{f(b)-f(a)}{F(b)-F(a)} = \frac{f'(\xi)}{F'(\xi)}$$

证明从略.

很明显,若取 $F(x)=x$,则 $F(b)-F(a)=b-a$,$F'(x)=1$,而柯西定理结论就可以写成

$$f(b)-f(a) = f'(\xi)(b-a), \xi \in (a,b)$$

这就是拉格朗日定理的结论.

罗尔中值定理、拉格朗日中值定理、柯西中值定理统称为中值定理.

利用拉格朗日中值定理可以证明某些不等式.

**例 3** 证明当 $x>0$ 时,

$$\frac{x}{1+x} < \ln(1+x) < x$$

**【证】** 设 $f(x)=\ln(1+x)$,显然 $f(x)$ 在 $[0,x]$ 上满足拉格朗日中值定理的条件,根据定理有

$$f(x)-f(0) = f'(\xi)(x-0)$$

由于 $f(0)=0$,$f'(x)=\dfrac{1}{1+x}$,因此上式即为

$$\ln(1+x) = \frac{x}{1+\xi}$$

又由 $\xi \in (0,x)$,有

$$\frac{x}{1+x} < \frac{x}{1+\xi} < x$$

即

$$\frac{x}{1+x} < \ln(1+x) < x$$

**注意**:此题后面还有其他证明方法.

# 任务二 掌握洛必达法则

在项目一中求函数的极限时,曾经遇到过无穷小之比和无穷大之比的形式的极限.这两种类型的极限既可能存在,也可能不存在,通常称作未定式,简记"$\dfrac{0}{0}$""$\dfrac{\infty}{\infty}$"型.

很明显,上述两种未定式不能用"商的极限运算法则"来求.

下面就 $x \to a$ 时,讨论"$\dfrac{0}{0}$"型未定式.

定理 （洛必达法则）设 $\lim\limits_{x \to a} f(x) = 0$, $\lim\limits_{x \to a} F(x) = 0$; 在 $\overset{\circ}{U}(a, \delta)$ 内, $f(x)$, $F(x)$ 都可导, 且 $F'(x) \neq 0$; $\lim\limits_{x \to a} \dfrac{f'(x)}{F'(x)}$ 存在 (或为无穷大), 则

$$\lim\limits_{x \to a} \frac{f(x)}{F(x)} = \lim\limits_{x \to a} \frac{f'(x)}{F'(x)}$$

【证】 因为 $\lim\limits_{x \to a} \dfrac{f(x)}{F(x)}$ 与 $f(x)$, $F(x)$ 在点 $a$ 处有无定义无关, 所以设 $f(a) = F(a) = 0$, 于是 $f(x)$, $F(x)$ 在点 $a$ 处都连续, 取 $x \in \overset{\circ}{U}(a, \delta)$, 由柯西中值定理, 有

$$\frac{f(x)}{F(x)} = \frac{f(x) - f(a)}{F(x) - F(a)} = \frac{f'(\xi)}{F'(\xi)} (\xi \text{ 介于 } x \text{ 和 } a \text{ 之间})$$

当 $x \to a$ 时, 有 $\xi \to a$, 于是得

$$\lim\limits_{x \to a} \frac{f(x)}{F(x)} = \lim\limits_{x \to a} \frac{f'(x)}{F'(x)}$$

对于 $x \to \infty$ 时, "$\dfrac{0}{0}$" 型或 $x \to a$ (或 $x \to \infty$) 时, "$\dfrac{\infty}{\infty}$" 型未定式, 也有相应的洛必达法则.

使用完一次洛必达法则后, 若函数的极限还是未定式, 则可以继续使用洛必达法则.

**例 1** 求 $\lim\limits_{x \to 0} \dfrac{\mathrm{e}^x - 1}{x^2 - x}$.

【解】 这是 "$\dfrac{0}{0}$" 型, 则

$$\lim\limits_{x \to 0} \frac{\mathrm{e}^x - 1}{x^2 - x} = \lim\limits_{x \to 0} \frac{\mathrm{e}^x}{2x - 1} = -1$$

**例 2** 求 $\lim\limits_{x \to \infty} \dfrac{\dfrac{\pi}{2} - \arctan x}{\dfrac{1}{x}}$.

【解】 当 $x \to +\infty$ 时, $\dfrac{1}{x} \to 0$, $\dfrac{\pi}{2} - \arctan x \to 0$, 于是

$$\lim\limits_{x \to \infty} \frac{\dfrac{\pi}{2} - \arctan x}{\dfrac{1}{x}} = \lim\limits_{x \to \infty} \frac{-\dfrac{1}{1 + x^2}}{-\dfrac{1}{x^2}} = \lim\limits_{x \to \infty} \frac{x^2}{1 + x^2} = 1$$

**例 3** 求 $\lim\limits_{x \to 0} \dfrac{x - \sin x}{x \sin^2 x}$.

【解】 直接使用洛必达法则, 分母的导数较繁, 所以可以先使用等价无穷小代换.

$$\lim\limits_{x \to 0} \frac{x - \sin x}{x \sin^2 x} = \lim\limits_{x \to 0} \frac{x - \sin x}{x^3} = \lim\limits_{x \to 0} \frac{1 - \cos x}{3x^2} = \lim\limits_{x \to 0} \frac{\sin x}{6x} = \frac{1}{6}$$

**例 4** 求 $\lim\limits_{x \to +\infty} \dfrac{\ln x}{x}$.

【解】 这是 "$\dfrac{\infty}{\infty}$" 型未定式, 则

$$\lim\limits_{x \to +\infty} \frac{\ln x}{x} = \lim\limits_{x \to +\infty} \frac{\dfrac{1}{x}}{1} = \lim\limits_{x \to +\infty} \frac{1}{x} = 0$$

除"$\dfrac{0}{0}$""$\dfrac{\infty}{\infty}$"型未定式外,还有"$0 \cdot \infty$""$\infty - \infty$""$0^0$""$\infty^0$""$1^\infty$"等未定式,这些未定式经过初等变形可转化为"$\dfrac{0}{0}$"或"$\dfrac{\infty}{\infty}$"型,再使用洛必达法则.

**例 5**   求 $\lim\limits_{x \to 0}\left(\dfrac{1}{x} - \dfrac{1}{e^x - 1}\right)$.

**【解】**   此极限为"$\infty - \infty$"型,一般先通分化成"$\dfrac{0}{0}$"型.

$$\lim_{x \to 0}\left(\frac{1}{x} - \frac{1}{e^x - 1}\right) = \lim_{x \to 0}\frac{e^x - 1 - x}{x(e^x - 1)} = \lim_{x \to 0}\frac{e^x - 1 - x}{x^2} = \lim_{x \to 0}\frac{e^x - 1}{2x} = \frac{1}{2}$$

**例 6**   求 $\lim\limits_{x \to 0^+} x^2 \ln x$.

**【解】**   此极限是"$0 \cdot \infty$"型,化为"$\dfrac{\infty}{\infty}$"型.

$$\lim_{x \to 0^+} x^2 \ln x = \lim_{x \to 0^+}\frac{\ln x}{\dfrac{1}{x^2}} = \lim_{x \to 0^+}\frac{\dfrac{1}{x}}{-\dfrac{2}{x^3}} = -\lim_{x \to 0^+}\frac{x^2}{2} = 0$$

**例 7**   求 $\lim\limits_{x \to 0^+} x^x$.

**【解】**   这是"$0^0$"型未定型.

$$\lim_{x \to 0^+} x^x = \lim_{x \to 0^+} e^{\ln x^x} = \lim_{x \to 0^+} e^{x \ln x} = e^{\lim\limits_{x \to 0^+} x \ln x}$$

$\lim\limits_{x \to 0^+} x \ln x = 0$ 是"$0 \cdot \infty$"型未定型,应用例 6 结果,有 $\lim\limits_{x \to 0^+} x \ln x = 0$,于是

$$\lim_{x \to 0^+} x^x = e^0 = 1$$

**例 8**   求 $\lim\limits_{x \to \infty}\dfrac{x + \sin x}{x}$.

**【解】**   此极限是"$\dfrac{\infty}{\infty}$"型,若用洛必达法则,

$$\lim_{x \to \infty}\frac{x + \sin x}{x} = \lim_{x \to \infty}(1 + \cos x)$$

显然极限不存在. 但原极限是存在的,

$$\lim_{x \to \infty}\frac{x + \sin x}{x} = \lim_{x \to \infty}\left(1 + \frac{\sin x}{x}\right) = 1$$

# 任务三   掌握函数的单调性与极值

## 一、函数的单调性

在项目一中已经介绍了函数在区间上单调性的概念,现在利用导数来对函数的单调性进行研究.

如果函数 $y = f(x)$ 在 $[a, b]$ 上单调增加(或单调减少),则它的图像是一条沿 $x$ 轴上升(或下降)的曲线,如图 3-4 所示,这时,曲线上各点处的切线斜率是正的(或负的),即 $y' = f'(x) > 0$

（或 $y'=f'(x)<0$）．由此可见，函数的单调性与导数的符号有着密切的联系．

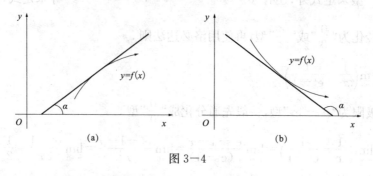

图 3—4

反过来，能否用导数的符号来判定函数的单调性呢？我们给出下面的定理：

**定理 1**　设函数 $f(x)$ 在开区间 $(a,b)$ 内可导．

（1）如果 $x\in(a,b)$ 时恒有 $f'(x)>0$，则 $f(x)$ 在 $(a,b)$ 内单调增加．

（2）如果 $x\in(a,b)$ 时恒有 $f'(x)<0$，则 $f(x)$ 在 $(a,b)$ 内单调减少．

**【证】**　（1）设 $f'(x)>0$，$x_1,x_2$ 为 $(a,b)$ 内任意两点，不妨设 $x_1<x_2$．由拉格朗日中值定理有

$$f(x_2)-f(x_1)=f'(\xi)(x_2-x_1),\xi\in(x_1,x_2)$$

已知 $f'(x)>0$，且 $x_2-x_1>0$，于是

$$f(x_2)>f(x_1),(x_1<x_2)$$

即 $f(x)$ 在 $(a,b)$ 内单调增加．

同理可证（2）．

如果 $f'(x_0)=0$，则称 $x_0$ 为 $f(x)$ 的驻点．

**例 1**　讨论 $f(x)=3x-x^3$ 的单调性．

**【解】**　函数的定义域为 $(-\infty,+\infty)$．

$$f'(x)=3-3x^2=3(1-x^2)$$

令 $f'(x)=0$，得 $x_1=1,x_2=1$．

当 $x\in(-\infty,-1)\bigcup(1,+\infty)$ 时，$f'(x)<0$．此时 $f(x)$ 单调减少．

当 $x\in(-1,1)$ 时，$f'(x)>0$，此时 $f(x)$ 单调增加．

由本例可知，$x=\pm1$ 是函数 $f(x)$ 单调区间的驻点．

通常，我们列表讨论函数的单调性，如表 3—1 所示．表中 ↗ 表示函数单调增加，↘ 表示函数单调减少．

表 3—1

| $x$ | $(-\infty,-1)$ | $(-1,1)$ | $(1,+\infty)$ |
|---|---|---|---|
| $f'(x)$ | $-$ | $+$ | $-$ |
| $f(x)$ | ↘ | ↗ | ↘ |

**例 2**　确定函数 $f(x)=\sqrt[3]{x^2}$ 的单调区间．

**【解】**　该函数定义域为 $(-\infty,+\infty)$．

当 $x \neq 0$ 时，$f'(x) = \dfrac{2}{3\sqrt[3]{x}}$；当 $x=0$ 时，函数的导数不存在，但 $x=0$ 把 $(-\infty,+\infty)$ 分成两个区间 $(-\infty,0)$ 及 $(0,+\infty)$．其单调性如表 3—2 所示．

表 3—2

| $x$ | $(-\infty,0)$ | $(0,+\infty)$ |
|---|---|---|
| $f'(x)$ | $-$ | $+$ |
| $f(x)$ | ↘ | ↗ |

由表 3—2 可知，该函数导数不存在的点 $x=0$，也是函数单调区间的分界点．

综上所述，求函数 $y=f(x)$ 的单调区间步骤如下：

(1)确定 $f(x)$ 的定义域；

(2)求出 $f'(x)$；

(3)求出 $f(x)$ 单调区间的所有可能的分界点（包括 $f'(x)=0$ 的点和 $f'(x)$ 不存在的点），并根据分界点把定义域划分成几个小区间；

(4)列表判断 $f'(x)$ 在各小区间内的符号，从而判断函数在各区间内的单调性．

利用函数的单调性可以证明一些不等式．

**例 3**　当 $x>0$ 时，$\dfrac{x}{1+x} < \ln(1+x) < x$．

**【证】**　令 $f(x) = \ln(1+x) - \dfrac{x}{1+x}$，$f(x)$ 在 $[0,+\infty)$ 内连续．当 $x>0$ 时，

$$f'(x) = \frac{1}{1+x} - \frac{1+x-x}{(1+x)^2} = \frac{x}{(1+x)^2} > 0$$

而 $f(0)=0$，所以 $f(x)$ 在 $[0,+\infty)$ 内从 0 开始单调增加．因而当 $x>0$ 时，恒有 $f(x)>0$，即

$$\ln(1+x) > \frac{x}{1+x}$$

同样，设 $\varphi(x) = \ln(1+x) - x$，可以证明 $\varphi(x)$ 在 $[0,+\infty)$ 内是从 0 开始单调减少的．因此，当 $x>0$ 时恒有 $\varphi(x)<0$，即

$$\ln(1+x) < x$$

综上所述，可知

$$\frac{x}{1+x} < \ln(1+x) < x \quad (x>0)$$

此例表明，运用单调性证明不等式的关键在于构造适当的辅助函数，并研究它在指定区间内的单调性．

## 二、函数的极值

**定义**　设函数 $f(x)$ 在点 $x_0$ 的某邻域内有定义，如果对于 $x_0$ 的去心邻域内的任意 $x$，有
$$f(x) < f(x_0) \quad (\text{或} \ f(x) > f(x_0))$$
则称 $f(x_0)$ 是函数 $f(x)$ 的一个极大值（极小值）．

函数的极大值和极小值统称为函数的极值，使函数取得极值的点称为极值点．

函数的极值概念是局部性的,只是在 $x_0$ 的一个邻域范围来说.若就 $f(x)$ 的整个定义域来说,极值不一定是函数的最值.如图 3—5 所示,极值点为 $x_1$、$x_2$、$x_4$,最大值点为 $b$,最小值点为 $x_1$,而点 $x_3$ 处函数不取极值. $x_0$ 称为极大值点(极小值点).

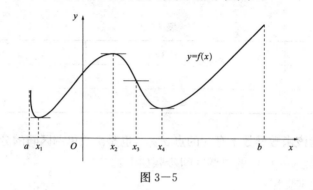

图 3—5

**定理 2** (必要条件)设函数 $f(x)$ 在点 $x_0$ 处可导,且在点 $x_0$ 处取得极值,那么

$$f'(x)=0$$

由定理 2 可知,可导函数的极值点一定是驻点,但驻点不一定是极值点,例如, $f(x)=x^3$,在 $x=0$ 处, $f'(0)=0$,但 $f(0)=0$ 不是极值.

又如,函数 $f(x)=|x|$,在 $x=0$ 处有极小值,但 $f'(0)$ 不存在,所以导数不存在的点也可能是函数的极值点.

怎样判定函数在驻点和不可导点处究竟是否取得极值?如果取得极值,是极大值还是极小值?下面给出两个充分条件.

**定理 3** (第一充分条件)设函数 $f(x)$ 在 $x_0$ 处连续,且在 $x_0$ 的某去心邻域 $\overset{\circ}{U}(x_0,\delta)$ 内可导.

(1)当 $x\in(x_0-\delta,x_0)$ 时, $f'(x)>0$;当 $x\in(x_0,x_0+\delta)$ 时, $f'(x)<0$,则 $f(x)$ 在 $x_0$ 处取得极大值.

(2)当 $x\in(x_0-\delta,x_0)$ 时, $f'(x)<0$;当 $x\in(x_0,x_0+\delta)$ 时, $f'(x)>0$,则 $f(x)$ 在 $x_0$ 处取得极小值.

(3)当 $x$ 在 $x_0$ 的去心邻域时, $f'(x)$ 的符号不变,则 $f(x)$ 在 $x_0$ 处不取极值.

**【证】** 只证(1),其他类似.

当 $x\in(x_0-\delta,x_0)$ 时, $f'(x)>0$, $f(x)$ 在 $(x_0-\delta,x_0)$ 内单调增加,有 $f(x)<f(x_0)$;当 $x\in(x_0,x_0+\delta)$ 时, $f'(x)<0$, $f(x)$ 在 $[x_0,x_0+\delta)$ 内单调减少, $f(x_0)>f(x)$.由极值的定义可知, $f(x_0)$ 是 $f(x)$ 的一个极大值.

**例 4** 求函数 $f(x)=(x-1)\sqrt[3]{x^2}$ 的极值.

**【解】** 函数的定义域为 $(-\infty,+\infty)$,且

$$f'(x)=\sqrt[3]{x^2}+(x-1)\cdot\frac{2}{3\sqrt[3]{x}}=\frac{5x-2}{3\sqrt[3]{x}}(x\neq0)$$

令 $f'(x)=0$,得驻点 $x_1=\frac{2}{5}$.不可导点 $x_2=0$.

当 $x\in(-\infty,0)$ 时, $f'(x)>0$;当 $x\in\left(0,\frac{2}{5}\right)$ 时, $f'(x)<0$. $x=0$ 是 $f(x)$ 的极大值点,极

大值为 $f(0)=0$.

当 $x \in \left(0, \dfrac{2}{5}\right)$ 时，$f'(x)<0$；当 $x \in \left(\dfrac{2}{5}, +\infty\right)$ 时，$f'(x)>0$. $x=\dfrac{2}{5}$ 是 $f(x)$ 的极小值点，极小值为 $f\left(\dfrac{2}{5}\right)=-\dfrac{3}{25}\sqrt[3]{20}$.

当函数 $f(x)$ 在其驻点处二阶导数存在且不为零时，有下列第二充分条件.

**定理 4**　（第二充分条件）设函数 $f(x)$ 在点 $x_0$ 处具有二阶导数，且 $f'(x_0)=0$，$f''(x_0)\neq 0$，则

（1）当 $f''(x_0)<0$ 时，函数 $f(x)$ 在点 $x_0$ 处取得极大值；

（2）当 $f''(x_0)>0$ 时，函数 $f(x)$ 在点 $x_0$ 处取得极小值.

证明从略.

**例 5**　求函数 $f(x)=(x^2-1)^3+1$ 的极值.

**【解】**　$f(x)$ 的定义域为 $(-\infty, +\infty)$，且 $f'(x)=6x(x^2-1)^2$，令 $f'(x)=0$，得驻点
$$x_1=-1, x_2=0, x_3=1$$

又
$$f''(x)=6(x^2-1)(5x^2-1)$$

由 $f''(0)=6>0$，知 $x=0$ 是 $f(x)$ 的极小值点，且极小值为 $f(0)=0$.

又 $f''(-1)=f''(1)=0$，定理 4 失效. 使用定理 3 可得在 $x=\pm 1$ 的左右两侧，$f'(x)$ 均不变符号，所以，$x=\pm 1$ 均不是 $f(x)$ 的极值点.

## 三、函数的最大值与最小值

若函数 $f(x)$ 在闭区间 $[a,b]$ 上连续，则 $f(x)$ 在 $[a,b]$ 上一定存在最大值和最小值，最值既可能在 $(a,b)$ 内取得，也可能在两个端点取得. 而在区间 $(a,b)$ 内的最值也是极值，所以，只要求出函数所有的驻点，不可导点及两个端点的函数值，对它们进行比较，最大者就是最大值，最小者就是最小值.

$f(x)$ 在 $[a,b]$ 上的最大值与最小值的求法归纳如下：

（1）求出区间 $(a,b)$ 内 $f'(x)=0$ 及 $f'(x)$ 不存在的点 $x$；

（2）求出 $f(x)$ 及区间端点的函数值 $f(a)$，$f(b)$；

（3）比较上述各函数值的大小，其中最大者是 $f(x)$ 在 $[a,b]$ 上的最大值，最小者即是最小值.

**例 6**　求函数 $f(x)=2x^3+3x^2-12x+14$ 在 $[-3,4]$ 上的最大值与最小值.

**【解】**　$f(x)$ 在 $[-3,4]$ 上连续可导.
$$f'(x)=6x^3+6x-12=6(x+2)(x-1)$$

令 $f'(x)=0$，得驻点 $x_1=-2$，$x_2=1$，由于
$$f(-3)=2(-3)^2+3(-3)^2-12(-3)+14=23$$
$$f(-2)=34, f(1)=7, f(4)=142$$

比较可知 $f(x)$ 在 $x=4$ 处取得 $[-3,4]$ 上的最大值 $f(4)=142$，在 $x=1$ 处取得最小值 $f(1)=7$.

注意下面两种特殊情况：

(1)在闭区间 $[a,b]$ 上单调增加的函数 $f(x)$，在左端点 $a$ 处取得最小值 $f(a)$，在右端点 $b$ 处取得最大值 $f(b)$；而在闭区间 $[a,b]$ 上单调减少的函数 $f(x)$，在左端点 $a$ 处取得最大值 $f(a)$，在右端点 $b$ 处取得最小值 $f(b)$.

(2)连续函数 $f(x)$ 在开区间 $(a,b)$ 内有且仅有一个极值点，若此极值点为极大值点，则函数在该点必取得最大值；若此极值点为极小值点，则函数在该值点必取得最小值，如图 $3-6$ 所示.

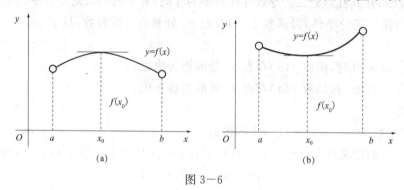

图 $3-6$

在实际问题中，如果在 $(a,b)$ 内部 $f(x)$ 有唯一的驻点 $x_0$ 且从实际问题本身又知，在 $(a,b)$ 内必有最大值或最小值，则 $f(x_0)$ 就是所要求的最大值或最小值.

下面举一些实际问题的例子，这些问题都可以归结为求函数的最大值或最小值问题.

**例 7** 设有一块边长为 $a$ 的正方形铁皮，从其各角截去同样的小正方形，做成一个无盖的方匣，问：截去多少，方能使做成匣子的容积最大？

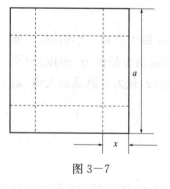

图 $3-7$

【解】 如图 $3-7$ 所示，设截去的小正方形边长为 $x$，则做成的方匣容积为

$$y=(a-2x)^2 x\left(0<x<\frac{a}{2}\right)$$

于是问题就归结为求函数 $y=(a-2x)^2$ 在 $\left(0,\frac{a}{2}\right)$ 中的最大值问题了.

令

$$y'=(a-2x)(a-6x)=0$$

得

$$x=\frac{a}{6}$$

所以截去边长为 $x=\frac{a}{6}$ 的小正方形时，所做匣子的容积最大.

**例 8** 铁路线上 $AB$ 段的长度为 $100$ km，工厂 $C$ 距 $A$ 处为 $20$ km，$AC$ 垂直于 $AB$（见图 $3-8$），欲在 $AB$ 段上选定一点 $D$ 向工厂修筑一条公路，已知铁路与公路每千米货运费之比是 $3:5$，为了使货物从 $B$ 运到工厂 $C$ 的运费最少，问：点 $D$ 应选在何处？

【解】 设 $AD=x$ km，则 $BD=100-x$，$CD=\sqrt{20^2+x^2}$，由已知条件，从 $B$ 到 $C$ 的总运费为

$$y=5a\sqrt{400+x^2}+3a(100-x),x\in[0,100],(a>0)$$

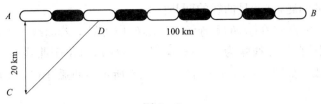

图 3—8

$$y'=a\left(\frac{5x}{\sqrt{400+x^2}}-3\right)$$

令 $y'=0$，得驻点 $x=15$.

因为驻点唯一，故 $x=15$ km 时运费最少.

**例 9**　一个灯泡悬吊在半径为 $r$ 的圆桌的正上方，如图 3—9 所示. 桌上任一点受到的照度与光线的入射角 $\theta$ 的余弦值成正比（入射角是光线与桌面垂线之间的夹角），而与光源的距离的平方成反比，欲使桌子的边缘得到最强的照度，问：灯泡应挂在桌子上方多高？

**【解】**　如图 3—9 所示，在桌子边缘的照度

$$A=k\frac{\cos\theta}{R^2}$$

其中，$k$ 为比例常数；$R$ 为灯到桌子的边缘. 设 $h$ 为灯到桌面的垂直距离，于是

$$R^2=r^2+h^2,\cos\theta=\frac{h}{R}=\frac{h}{\sqrt{r^2+h^2}}$$

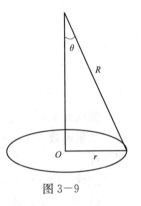

图 3—9

所以

$$A=k\frac{h}{(r^2+h^2)^{3/2}}$$

对 $h$ 求导，得

$$A'=k\frac{(r^2+h^2)^{3/2}-h\cdot\frac{3}{2}(r^2+h^2)^{\frac{1}{2}}\cdot 2h}{(r^2+h^2)^3}$$

令 $A'=0$，得 $h=\frac{\sqrt{2}}{2}r$.

此时只有一个驻点，所以在唯一驻点处照度最强. 即灯泡挂在桌子上方 $\frac{\sqrt{2}}{2}r$ 处，照度最强.

做了这道题后，当您在晚上读书写字时，是否考虑设计一下您的书桌的位置，使您在工作时得到最佳照度？

# 任务四　掌握曲线的凹凸性与拐点以及绘图

## 一、曲线的凹凸性与拐点

函数的单调性反映在图形上，就是曲线的上升或下降. 但是，曲线在上升或下降过程中，

还有一个弯曲方向的问题,这就是曲线的凹凸性.

**定义** 设函数 $y=f(x)$ 在 $[a,b]$ 上连续,在 $(a,b)$ 内可导. 若曲线 $y=f(x)$ 总位于曲线每一点切线的上方,则称此段曲线弧为凹弧;若曲线 $y=f(x)$ 总位于曲线每一点切线的下方,则称此段曲线弧为凸弧. 如图 3—10 所示,图 3—10(a)所示为凹弧,图 3—10(b)所示为凸弧.

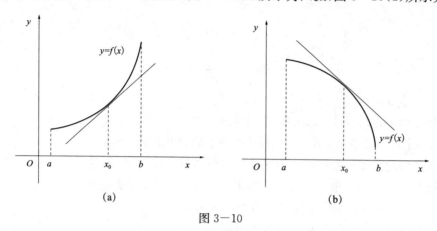

图 3—10

曲线弧上凹弧与凸弧的分界点称为曲线的拐点.

如果函数 $y=f(x)$ 在 $[a,b]$ 上具有二阶导数,那么可以利用二阶导数的符号来判断曲线的凹凸性.

**定理** 设 $f(x)$ 在 $[a,b]$ 上连续,在 $(a,b)$ 内二阶可导,那么

(1)若在 $(a,b)$ 内 $f''(x)>0$,则 $f(x)$ 在 $[a,b]$ 上的图形是凹的;

(2)若在 $(a,b)$ 内 $f''(x)<0$,则 $f(x)$ 在 $[a,b]$ 上的图形是凸的.

证明从略.

**例 1** 判断曲线 $y=\ln x$ 的凹凸性.

**【解】** $y'=\dfrac{1}{x}$,$y''=-\dfrac{1}{x^2}$,所以在函数 $y=\ln x$ 的定义域 $(0,+\infty)$ 内,$y''<0$,故曲线 $y=\ln x$ 是凸的.

**例 2** 求函数 $y=3x^4-4x^3+1$ 的凹凸区间及拐点.

**【解】** 函数的定义域为 $(-\infty,+\infty)$,求导数

$$y'=12x^3-12x^2,\ y''=12x(3x-2)$$

令 $y''=0$,得 $x_1=0$,$x_2=\dfrac{2}{3}$. 其凹凸性如表 3—3 所示.

表 3—3

| $x$ | $(-\infty,0)$ | $0$ | $\left(0,\dfrac{2}{3}\right)$ | $\dfrac{2}{3}$ | $\left(\dfrac{2}{3},+\infty\right)$ |
|---|---|---|---|---|---|
| $y''$ | + | 0 | − | 0 | + |
| $y$ | 凹 | 拐点 | 凸 | 拐点 | 凹 |

曲线在 $(-\infty,0)$ 与 $\left(\dfrac{2}{3},+\infty\right)$ 内是凹的,在 $\left(0,\dfrac{2}{3}\right)$ 内是凸的. 点 $(0,1)$,$\left(\dfrac{2}{3},\dfrac{11}{27}\right)$ 都是曲线的

拐点.

**例3** 讨论曲线 $y=(x-1)\sqrt[3]{x}$ 的凹凸性,并求拐点.

**【解】** 函数的定义域为 $(-\infty,+\infty)$,且

$$y'=\frac{4x-1}{3\sqrt[3]{x^2}},\ y''=\frac{2(2x+1)}{9\sqrt[3]{x^5}}(x\neq0)$$

令 $y''=0$,得 $x=-\dfrac{1}{2}$;当 $x=0$ 时,$y''$ 不存在. 其凹凸性如表 3-4 所示.

表 3-4

| $x$ | $\left(-\infty,-\dfrac{1}{2}\right)$ | $-\dfrac{1}{2}$ | $\left(-\dfrac{1}{2},0\right)$ | $0$ | $(0,+\infty)$ |
|---|---|---|---|---|---|
| $y''$ | $+$ | $0$ | $-$ | 不存在 | $+$ |
| $y$ | 凹 | 拐点 | 凸 | 拐点 | 凹 |

曲线在 $\left(-\infty,-\dfrac{1}{2}\right)$ 与 $(0,+\infty)$ 内是凹弧,在 $\left(-\dfrac{1}{2},0\right)$ 内是凸弧,点 $\left(-\dfrac{1}{2},\dfrac{3}{2\sqrt[3]{2}}\right)$,$(0,0)$ 都是曲线的拐点.

**例4** 设 $y=x^4$. 讨论曲线的凹凸性和拐点的存在性.

**【解】** $y'=4x^3$,$y''=12x^2$,除 $x=0$ 时,$y'=0$ 外,其他点 $y''>0$,曲线是凹的. 点 $(0,0)$ 也不是拐点,曲线无拐点.

**注意:**

(1)对于二阶可导函数 $y=f(x)$,如果 $(x_0,f(x_0))$ 是曲线的拐点,那么必有 $f''(x_0)=0$;

(2)在拐点 $(x_0,f(x_0))$ 处,$f''(x_0)=0$ 或者 $f''(x_0)$ 不存在;

(3)$f''(x_0)=0$,$(x_0,f(x_0))$ 也不一定是曲线的拐点.

## 二、函数图像的描绘

前面讨论了函数的一、二阶导数与函数图形变化形态的关系,这些讨论都可用于函数作图. 要比较准确地描绘出函数的图形,除了要掌握函数的增减、凹凸、极值和拐点外,还需要知道曲线无限延伸时的走向和趋势,为此下面讨论曲线的渐近线.

### 1. 曲线的渐近线

在平面上,当曲线向无穷远延伸时,若该曲线与某些直线无限靠近,那么这样的直线叫曲线的渐近线,如平面解析几何中的双曲线 $\dfrac{x^2}{a^2}-\dfrac{y^2}{b^2}=1$ 与两条直线 $y=\pm\dfrac{b}{a}x$ 就有这样的关系. 渐近线对于函数作图也是很必要的.

**定义** 若曲线 $y=f(x)$ 上的动点 $M(x,y)$ 沿曲线无限远离坐标原点时,该曲线与某直线 $L$ 的距离趋于零,则称直线 $L$ 是该曲线的渐近线.

渐近线分为斜渐近线、水平渐近线和垂直渐近线三种. 这里只讨论水平渐近线和垂直渐近线.

考察函数 $y=e^x$ 的图像. 如图 $3-11$ 所示,当 $x\rightarrow-\infty$ 时,曲线越来越接近于水平直线 $y=0$. 对于这种情况有下列定义.

**定义** 如果 $\lim\limits_{x\rightarrow-\infty}f(x)=b$ 或 $\lim\limits_{x\rightarrow+\infty}f(x)=b(b$ 为确定常数),则称直线 $y=b$ 为曲线 $y=f(x)$ 的水平渐近线.

**例 5** 求 $y=\arctan x$ 的水平渐近线.

**【解】** 按水平渐近线定义,

$$\lim_{x\rightarrow-\infty}\arctan x=-\frac{\pi}{2},\ \lim_{x\rightarrow+\infty}\arctan x=\frac{\pi}{2}$$

所以曲线 $y=\arctan x$ 有两条水平渐近线:$y=-\dfrac{\pi}{2}$ 和 $y=\dfrac{\pi}{2}$,如图 $3-12$ 所示.

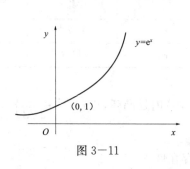

图 $3-11$

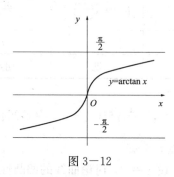

图 $3-12$

水平渐近线反映了当动点 $M(x,y)$ 沿曲线无限远离坐标原点时,曲线 $y=f(x)$ 无限接近于平行 $x$ 轴的直线 $y=b$,所以 $y=b$ 称为水平渐近线.

考察函数 $y=\dfrac{1}{x}$ 的图像. 如图 $3-13$ 所示,$x=0$ 是其间断点. 当 $x\rightarrow0$ 时,曲线越来越接近于垂直 $x$ 轴的直线 $x=0$. 对于这种情况,有下列定义.

**定义** 设 $x=x_0$ 是函数 $y=f(x)$ 的间断点或定义区间的端点,如果

$$\lim_{x\rightarrow x_0^+}f(x)=\infty\ \text{或}\ \lim_{x\rightarrow x_0^-}f(x)=\infty$$

则称直线 $x=x_0$ 为曲线的垂直渐近线.

**例 6** 求 $y=\dfrac{1}{x-1}$ 的垂直渐近线.

**【解】** $x=1$ 是函数的间断点,

$$\lim_{x\rightarrow1^+}\frac{1}{x-1}=+\infty,\ \lim_{x\rightarrow1^-}\frac{1}{x-1}=-\infty$$

所以曲线有垂直渐近线 $x=1$,如图 $3-14$ 所示.

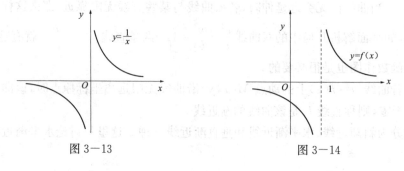

图 $3-13$          图 $3-14$

垂直渐近线 $x=x_0$ 反映了当动点 $M(x,y)$ 沿曲线无限远离坐标原点时,曲线 $y=f(x)$ 无限接近于垂直 $x$ 轴的直线 $x=x_0$,所以 $x=x_0$ 叫作垂直渐近线.

## 2. 函数图像的描绘

前面已经讨论了函数的单调性、极值、凹凸性、拐点,以及曲线的渐近线. 这些讨论有助于我们画出 $y=f(x)$ 的函数图像. 利用导数描绘函数图形的一般步骤为:

(1)确定函数的定义域,讨论其奇偶性、有界性、周期性等;

(2)求出函数的一阶导数 $f'(x)$ 和二阶导数 $f''(x)$,解出 $f'(x)=0$ 和 $f''(x)=0$ 时在定义区间内的全部实根以及 $f'(x)$ 和 $f''(x)$ 不存在的点,这些点将定义域分成若干个区间;

(3)列表讨论 $f'(x)$,$f''(x)$ 在各区间内的符号,由此确定函数的单调性、极值、凹凸性与拐点;

(4)求曲线的水平渐近线和垂直渐近线;

(5)求辅助点,如曲线 $y=f(x)$ 与坐标轴的交点等;

(6)描点作图.

**例 7**　作出函数 $y=\dfrac{1}{\sqrt{2\pi}}e^{-\frac{x^2}{2}}$ 的图像.

**【解】**　定义域为 $(-\infty,+\infty)$,且为偶函数,又根据指数函数性质知 $y>0$,所以图像只能在 $x$ 轴上方.

$$y'=-\frac{x}{\sqrt{2\pi}}e^{-\frac{x^2}{2}}, y''=\frac{(x+1)(x-1)}{\sqrt{2\pi}}e^{-\frac{x^2}{2}}$$

令 $y'=0$,得驻点 $x=0$;令 $y''=0$,得 $x=\pm 1$.

该函数的极值、凹凸性、拐点等情况列于表 3-5 中.

表 3-5

| $x$ | $(-\infty,-1)$ | $-1$ | $(-1,0)$ | $0$ | $(0,1)$ | $1$ | $(1,+\infty)$ |
|---|---|---|---|---|---|---|---|
| $y'$ | $+$ | $+$ | $+$ | $0$ | $-$ | $-$ | $-$ |
| $y''$ | $+$ | $0$ | $-$ | | $-$ | $0$ | $+$ |
| 曲线 $y$ | ↗ | 拐点 $\left(-1,\dfrac{1}{\sqrt{2\pi}}e^{-\frac{1}{2}}\right)$ | ↗ | 极大值 $\dfrac{1}{\sqrt{2\pi}}$ | ↘ | 拐点 $\left(1,\dfrac{1}{\sqrt{2\pi}}e^{-\frac{1}{2}}\right)$ | ↘ |

由

$$\lim_{x\to\infty}\frac{1}{\sqrt{2\pi}}e^{-\frac{x^2}{2}}=0$$

知 $y=0$ 是水平渐近线. 因为在定义域内,$y\leqslant\dfrac{1}{\sqrt{2\pi}}$,所以无垂直渐近线.

描点作图:曲线通过拐点 $\left(-1,\dfrac{1}{\sqrt{2\pi e}}\right)\approx(-1,0.2)$,$\left(1,\dfrac{1}{\sqrt{2\pi e}}\right)\approx(1,0.2)$. 极值点 $\left(0,\dfrac{1}{\sqrt{2\pi}}\right)\approx(0,0.4)$,并以 $y=0$ 为水平渐近线,根据这些点以及表 3-5 中表示的曲线的性

态,描出其图像,如图 3−15 所示.

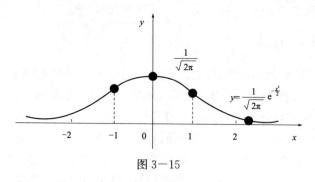

图 3−15

这条曲线就是概率论标准正态分布曲线.

**注意:**此函数是偶函数,图像关于 $y$ 轴对称,因此,作图时也可只先作出 $(-\infty, 0)$ 或 $(0, +\infty)$ 内的图像,另一半图像根据对称性完成.

**例 8** 作出函数 $y = \dfrac{x-1}{(x-2)^2} - 1$ 的图像.

【解】 定义域为 $(-\infty, 2)$ 和 $(2, +\infty)$.

$$y' = -\frac{x}{(x-2)^3}, \quad y'' = -\frac{2(x+1)}{(x-2)^4}$$

令 $y' = 0$,得驻点 $x = 0$;令 $y'' = 0$,得 $x = -1$.

函数图像的极值、拐点、凹凸性列于表 3−6 中.

表 3−6

| $x$ | $(-\infty, -1)$ | $-1$ | $(-1, 0)$ | $0$ | $(0, 2)$ | $(2, +\infty)$ |
|---|---|---|---|---|---|---|
| $y'$ | $-$ | $-$ | $-$ | $0$ | $+$ | $-$ |
| $y''$ | $-$ | $0$ | $+$ | $+$ | $+$ | $+$ |
| $y$ | ⤵ | 拐点 $\left(-1, -\dfrac{11}{9}\right)$ | ⤵ | 极小值 $\left(0, -\dfrac{5}{4}\right)$ | ⤴ | ⤷ |

由

$$\lim_{x \to 2^+}\left[\frac{x-1}{(x-2)^2} - 1\right] = \lim_{x \to 2^-}\left[\frac{x-1}{(x-2)^2} - 1\right] = +\infty$$

知 $x = 2$ 是垂直渐近线,由

$$\lim_{x \to +\infty}\left[\frac{x-1}{(x-2)^2} - 1\right] = -1, \quad \lim_{x \to -\infty}\left[\frac{x-1}{(x-2)^2} - 1\right] = -1$$

知 $y = -1$ 是水平渐近线.

描点作图:曲线通过拐点 $\left(-1, -\dfrac{11}{9}\right) \approx (-1, 1.22)$,极小值点为 $\left(0, -\dfrac{5}{4}\right) = (0, -1.25)$,

再计算出曲线与坐标轴的交点,$\left(\dfrac{5-\sqrt{5}}{2}, 0\right) \approx (1.38, 0)$,$\left(\dfrac{5+\sqrt{5}}{2}, 0\right) \approx (3.6, 0)$. 根据这些点以

及表 3-6 中所表示的曲线的性态,描绘其图形,如图 3-16 所示.

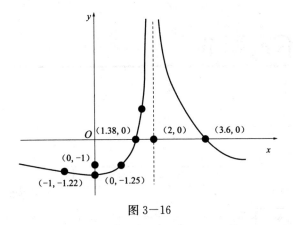

图 3-16

**思考题**

进行了项目三的学习之后,你是否想要下定决心努力追求自己的"极大值"和"最大值".

# 项目四 不定积分

◎ 知识图谱

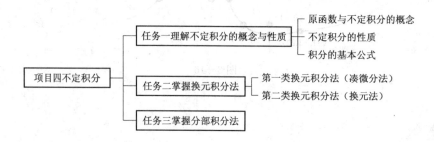

◎ 能力与素质

### 生活中不定积分的应用

在生活中,不定积分有许多的用途,例如在物理学上的应用:计算结冰厚度、电流强度等,在经济学上的应用:计算成本、利润、收益等. 通过学习,利用不定积分相关知识解决一个实际问题:

**例** 1970—1990 年世界石油消耗率增长指数大约为 0.07.1970 年年初,消耗率大约为每年 161 亿桶. 设 $R(t)$ 表示从 1970 年起第 $t$ 年的石油消耗率,则 $R(t)=161\mathrm{e}^{0.07t}$(亿桶). 试用此式估算 1970—1990 年石油消耗的总量.

**解** 设 $T(t)$ 表示从 1970 年起($t=0$)直到第 $t$ 年的石油消耗总量. 我们要求从 1970 年到 1990 年间石油消耗的总量,即求 $T(20)$. 由于 $T(t)$ 是石油消耗的总量,因此 $T'(t)$ 就是石油消耗率 $R(t)$,即 $T'(t)=R(t)$,则 $T(t)$ 就是 $R(t)$ 的一个原函数.

$$T(t) = \int R(t)\mathrm{d}t = \int 161\mathrm{e}^{0.07t}\mathrm{d}t = \frac{161}{0.07}\mathrm{e}^{0.07t} + C = 2\,300\mathrm{e}^{0.07t} + C$$

因为 $T(0)=0$,所以 $C=-2\,300$,易得 $T(t)=2\,300(\mathrm{e}^{0.07t}-1)$.

1970—1990 年石油消耗的总量为

$$T(20) = 2\,300(\mathrm{e}^{0.07\times20}-1) \approx 7.027(亿桶)$$

想一想:在不定积分的学习过程中,会用到多种方法来求解,你在生活中是否也可以创新思维,从多角度思考解决问题的方法?

## 任务一 理解不定积分的概念与性质

### 一、原函数与不定积分的概念

**定义** 如果在区间 $I$ 上,可导函数 $F(x)$ 的导函数为 $f(x)$,即对 $x\in I$,都有

$$F'(x)=f(x) \text{ 或 } dF(x)=f(x)dx$$

则称函数 $F(x)$ 为 $f(x)$ 在区间 $I$ 上的一个原函数.

例如,当 $x\in(0,+\infty)$ 时,$(\sin x)'=\cos x$,故 $\sin x$ 是 $\cos x$ 在区间 $(-\infty,+\infty)$ 内的一个原函数.

又如,当 $x\in(0,+\infty)$ 时,$(\ln x)'=\dfrac{1}{x}$,所以 $\ln x$ 是 $\dfrac{1}{x}$ 在区间 $(0,+\infty)$ 内的一个原函数.

**定理** (原函数存在定理)如果函数 $f(x)$ 在区间 $I$ 上连续,则在区间 $I$ 上存在可导函数 $F(x)$,使对任意 $x\in I$,都有

$$F'(x)=f(x)$$

即连续函数必存在原函数.

由于 $[F(x)+C]'=f(x)$,则 $F(x)+C$ 也是 $f(x)$ 的原函数,因此原函数不唯一.

如果 $F(x)$ 和 $G(x)$ 都是 $f(x)$ 的原函数,那么有 $[F(x)-G(x)]'=0$,由中值定理推论 $F(x)=G(x)+C$,故函数的任意两个原函数之间只相差一个常数.可以证明 $F(x)+C$ 包含了 $f(x)$ 的所有原函数.

**定义** 在区间 $I$ 上,函数 $f(x)$ 的所有原函数称为 $f(x)$ 在区间 $I$ 上的不定积分,记作

$$\int f(x)dx$$

其中,$\int$ 称为积分号;$f(x)$ 称为被积函数;$f(x)dx$ 称为被积表达式;$x$ 称为积分变量.

若 $F'(x)=f(x)$,则有

$$\int f(x)dx = F(x)+C$$

其中,$C$ 为任意常数.

从不定积分的定义可知,$f(x)$ 的不定积分是一簇函数,而不是一个函数.在几何上,$f(x)$ 的一个原函数的图形表示一条曲线,称为 $f(x)$ 的一条积分曲线.而 $f(x)$ 的不定积分 $\int f(x)dx = F(x)+C$ 的图形是 $f(x)$ 的一簇积分曲线,如图 4—1所示,它们对同一 $x$,切线斜率相同,即为 $f(x)$.

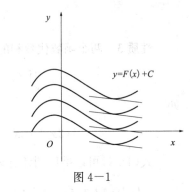

图 4—1

**例1** 求 $\int 3x^2 dx$.

**【解】** 因为 $(x^3)'=3x^2$,所以

$$\int 3x^2 dx = x^3+C$$

**例2** 求 $\int \sin x dx$.

**【解】** 由于 $(-\cos x)'=\sin x$,因此 $-\cos x$ 是 $\sin x$ 的一个原函数.因此

$$\int \sin x dx = -\cos x+C$$

**例3** 求过点 $(1,2)$,且其切线的斜率为 $2x$ 的曲线方程.

**【解】** 由

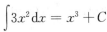

$$\int 2x \mathrm{d}x = x^2 + C$$

得积分曲线簇 $y = x^2 + C$,将 $x = 1, y = 2$ 代入该式,有

$$2 = 1 + C$$

得 $C = 1$,所以

$$y = x^2 + 1$$

是所求曲线方程.

## 二、不定积分的性质

**性质 1**    求不定积分与求导数(或微分)互为逆运算.

$$\left(\int f(x)\mathrm{d}x\right)' = f(x) \ 或 \ \mathrm{d}\left(\int f(x)\mathrm{d}x\right) = f(x)\mathrm{d}x \qquad (4-1)$$

$$\int f'(x)\mathrm{d}x = f(x) + C \ 或 \int \mathrm{d}f(x) = f(x) + C \qquad (4-2)$$

也就是说,不定积分的导数(或微分)等于被积函数(或被积表达式),如

$$\left(\int \sin x \mathrm{d}x\right)' = (-\cos x + C)' = \sin x$$

对于一个函数的导数(或微分)求不定积分,其结果与此函数仅相差一个积分常数.

$$\int \mathrm{d}(\sin x) = \int \cos x \mathrm{d}x = \sin x + C$$

**性质 2**    不为零的常数因子可以提到积分号之前,即

$$\int k f(x)\mathrm{d}x = k \int f(x)\mathrm{d}x (常数 \ k \neq 0) \qquad (4-3)$$

如

$$\int 2\mathrm{e}^x \mathrm{d}x = 2\int \mathrm{e}^x \mathrm{d}x = 2\mathrm{e}^x + C$$

**性质 3**    两个函数代数和的不定积分等于它们不定积分的代数和,即

$$\int [f(x) \pm g(x)]\mathrm{d}x = \int f(x)\mathrm{d}x \pm \int g(x)\mathrm{d}x \qquad (4-4)$$

如

$$\int (2x + \cos x)\mathrm{d}x = \int 2x\mathrm{d}x + \int \cos x \mathrm{d}x = x^2 + \sin x + C$$

式(4-4)可以推广到任意有限多个函数的代数和的情形,即

$$\int [f_1(x) \pm f_2(x) \pm \cdots \pm f_n(x)]\mathrm{d}x = \int f_1(x)\mathrm{d}x \pm \int f_2(x)\mathrm{d}x \pm \cdots \pm \int f_n(x)\mathrm{d}x$$

$$(4-5)$$

## 三、积分的基本公式

因为求不定积分是求导数的逆运算,所以由基本导数公式对应地可以得到基本积分公式:

(1) $\int 0\mathrm{d}x = C$;

(2) $\int \mathrm{d}x = x + C$;

(3) $\int x^a \mathrm{d}x = \dfrac{1}{a+1} x^{a+1} + C (a \neq -1)$;

(4) $\int \mathrm{e}^x \mathrm{d}x = \mathrm{e}^x + C$;

(5) $\displaystyle\int a^x \mathrm{d}x = \frac{1}{\ln a}a^x + C(a > 0$ 且 $a \neq 1)$ ;

(6) $\displaystyle\int \frac{1}{x}\mathrm{d}x = \ln|x| + C(x \neq 0)$ ;

(7) $\displaystyle\int \cos x\mathrm{d}x = \sin x + C$ ;

(8) $\displaystyle\int \sin x\mathrm{d}x = -\cos x + C$ ;

(9) $\displaystyle\int \sec^2 x\mathrm{d}x = \tan x + C$

(10) $\displaystyle\int \csc^2 x\mathrm{d}x = -\cot x + C$ ;

(11) $\displaystyle\int \sec x\tan x\mathrm{d}x = \sec x + C$ ;

(12) $\displaystyle\int \csc x\cot x\mathrm{d}x = -\csc x + C$ ;

(13) $\displaystyle\int \frac{1}{\sqrt{1-x^2}}\mathrm{d}x = \arcsin x + C$ ;

(14) $\displaystyle\int \frac{1}{1+x^2}\mathrm{d}x = \arctan x + C$ .

利用不定积分的性质和基本积分公式,可求出一些简单函数的不定积分,通常把这些积分法称为直接积分法.

**例 4** 求 $\displaystyle\int \frac{1}{x^2}\mathrm{d}x$ .

【解】 $\displaystyle\int \frac{1}{x^2}\mathrm{d}x = \int x^{-2}\mathrm{d}x = \frac{1}{-2+1}x^{-2+1} + C = -\frac{1}{x} + C$ .

**例 5** 求 $\displaystyle\int x^2\sqrt{x}\,\mathrm{d}x$ .

【解】 $\displaystyle\int x^2\sqrt{x}\,\mathrm{d}x = \int x^{2+\frac{1}{2}}\mathrm{d}x = \frac{1}{\frac{5}{2}+1}x^{\frac{5}{2}+1} + C = \frac{2}{7}x^{\frac{7}{2}} + C$ .

**例 6** 求 $\displaystyle\int (\sqrt{x}-2)x\mathrm{d}x$ .

【解】 $\displaystyle\int (\sqrt{x}-2)x\mathrm{d}x = \int (x^{\frac{3}{2}}-2x)\mathrm{d}x = \frac{2}{5}x^{\frac{5}{2}} - x^2 + C$ .

**例 7** 求 $\displaystyle\int \frac{(x-1)^3}{x^2}\mathrm{d}x$ .

【解】 $\displaystyle\int \frac{(x-1)^3}{x^2}\mathrm{d}x = \int \frac{x^3-3x^2+3x-1}{x^2}\mathrm{d}x = \int \left(x-3+\frac{3}{x}-\frac{1}{x^2}\right)\mathrm{d}x = \frac{1}{2}x^2 - 3x +$

$3\ln|x| + \dfrac{1}{x} + C$ .

**例 8** 求 $\displaystyle\int (\mathrm{e}^x - 3\cos x)\mathrm{d}x$ .

【解】 $\displaystyle\int (\mathrm{e}^x - 3\cos x)\mathrm{d}x = \int \mathrm{e}^x\mathrm{d}x - 3\int \cos x\mathrm{d}x = \mathrm{e}^x - 3\sin x + C$ .

**例 9** 求 $\displaystyle\int \frac{1+x+x^2}{x(1+x^2)}\mathrm{d}x$ .

【解】 先对被积函数进行拆项,将其变成基本积分表中的函数,再逐项积分.

$\displaystyle\int \frac{1+x+x^2}{x(1+x^2)}\mathrm{d}x = \int \frac{x+(1+x^2)}{x(1+x^2)}\mathrm{d}x = \int \left(\frac{1}{1+x^2}+\frac{1}{x}\right)\mathrm{d}x = \arctan x + \ln|x| + C$ .

**例 10** 求 $\displaystyle\int \tan^2 x\mathrm{d}x$ .

【解】 $\displaystyle\int \tan^2 x\mathrm{d}x = \int (\sec^2 x - 1)\mathrm{d}x = \int \sec^2 x\mathrm{d}x - \int 1\mathrm{d}x = \tan x - x + C$ .

**例 11** 求 $\displaystyle\int\frac{1}{\sin^2 x\cos^2 x}\mathrm{d}x$.

**【解】** $\displaystyle\int\frac{1}{\sin^2 x\cos^2 x}\mathrm{d}x=\int\frac{\sin^2 x+\cos^2 x}{\sin^2 x\cos^2 x}\mathrm{d}x=\int\left(\frac{1}{\cos^2 x}+\frac{1}{\sin^2 x}\right)\mathrm{d}x=\tan x-\cot x+C$.

# 任务二　掌握换元积分法

直接利用基本积分公式和性质计算不定积分的机会是很少的,本次任务是把复合函数的求导法则反过来用于不定积分,得到不定积分的换元积分法.

## 一、第一类换元积分法（凑微分法）

若被积函数 $g(x)$ 可以写成

$$g(x)=f[\varphi(x)]\cdot\varphi'(x)$$

则可以令 $u=\varphi(x)$,由复合函数的微分法,有

$$\int g(x)\mathrm{d}x=\int f[\varphi(x)]\varphi'(x)\mathrm{d}x=\int f(u)\mathrm{d}u\mid_{u=\varphi(x)}$$

于是有下述定理.

**定理 1** 设 $f(u)$ 具有原函数 $F(u)$,$u=\varphi(x)$ 可导,则有换元公式

$$\int f[\varphi(x)]\varphi'(x)\mathrm{d}x=\int f(u)\mathrm{d}u=F[\varphi(x)]+C$$

第一类换元积分法实际上是将 $\varphi'(x)\mathrm{d}x$ 凑成微分 $\varphi'(x)\mathrm{d}x=\mathrm{d}\varphi(x)$,因此第一类换元积分法也称作凑微分法.

**例 1** 求 $\displaystyle\int\mathrm{e}^{2x}\mathrm{d}x$.

**【解】** 因为 $\mathrm{e}^{2x}=\dfrac{1}{2}\mathrm{e}^{2x}\cdot 2$,若令 $u=2x$,则 $u'=2$,

$$\mathrm{e}^{2x}\mathrm{d}x=\frac{1}{2}\mathrm{e}^{2x}\mathrm{d}(2x)=\frac{1}{2}\mathrm{e}^u\mathrm{d}u$$

$$\int\mathrm{e}^{2x}\mathrm{d}x=\frac{1}{2}\int\mathrm{e}^{2x}\mathrm{d}(2x)=\frac{1}{2}\int\mathrm{e}^u\mathrm{d}u=\frac{1}{2}\mathrm{e}^u+C=\frac{1}{2}\mathrm{e}^{2x}+C$$

**例 2** 求 $\displaystyle\int\frac{1}{3x+2}\mathrm{d}x$.

**【解】** 因为 $\dfrac{1}{3x+2}=\dfrac{1}{3}\cdot\dfrac{1}{3x+2}\cdot(3x+2)'$,令 $u=3x+2$,则

$$\int\frac{1}{3x+2}\mathrm{d}x=\frac{1}{3}\int\frac{1}{3x+2}(3x+2)'\mathrm{d}x=\frac{1}{3}\int\frac{1}{u}\mathrm{d}u=\frac{1}{3}\ln\mid u\mid+C=\frac{1}{3}\ln\mid 3x+2\mid+C$$

由以上两例,有下列一般形式

$$\int f(ax+b)\mathrm{d}x=\frac{1}{a}\int f(ax+b)\mathrm{d}(ax+b)(a\neq 0)$$

熟练凑微分法以后,可以不写出中间变量 $u$.

**例 3** 求 $\displaystyle\int x\mathrm{e}^{x^2}\mathrm{d}x$.

【解】 $\displaystyle\int x\mathrm{e}^{x^2}\mathrm{d}x=\frac{1}{2}\int \mathrm{e}^{x^2}\mathrm{d}x^2=\frac{1}{2}\mathrm{e}^{x^2}+C.$

**例 4** 求 $\displaystyle\int 3x^2\sqrt{1-x^3}\mathrm{d}x.$

【解】 $\displaystyle\int 3x^2\sqrt{1-x^3}\mathrm{d}x=\int\sqrt{1-x^3}\mathrm{d}x^3=-\int\sqrt{1-x^3}\mathrm{d}(1-x^3)=-\frac{2}{3}(1-x^3)^{\frac{3}{2}}+C.$

一般地

$$\int x^{a-1}f(x^a)\mathrm{d}x=\frac{1}{a}\int f(x^a)\mathrm{d}x^a$$

**例 5** 求 $\displaystyle\int\tan x\mathrm{d}x.$

【解】 $\displaystyle\int\tan x\mathrm{d}x=\int\frac{1}{\cos x}\cdot\sin x\mathrm{d}x=-\int\frac{1}{\cos x}\mathrm{d}\cos x=-\ln|\cos x|+C.$

则

$$\int\tan x\mathrm{d}x=-\ln|\cos x|+C$$

同理

$$\int\cot x\mathrm{d}x=\ln|\sin x|+C$$

**例 6** 求 $\displaystyle\int\sin^3 x\mathrm{d}x.$

【解】 $\displaystyle\int\sin^2 x\cdot\sin x\mathrm{d}x=-\int(1-\cos^2 x)\mathrm{d}\cos x=-\left(\cos x-\frac{1}{3}\cos^3 x\right)+C.$

一般地

$$\int\sin xf(\cos x)\mathrm{d}x=-\int(\cos x)\mathrm{d}\cos x$$

$$\int\cos xf(\sin x)\mathrm{d}x=\int(\sin x)\mathrm{d}\sin x$$

**例 7** 求 $\displaystyle\int\frac{1}{\sqrt{x}}\sin\sqrt{x}\mathrm{d}x.$

【解】 因为 $\mathrm{d}\sqrt{x}=\dfrac{1}{2\sqrt{x}}\mathrm{d}x,$所以

$$\int\frac{1}{\sqrt{x}}\sin\sqrt{x}\mathrm{d}x=2\int\sin\sqrt{x}\mathrm{d}\sqrt{x}=-2\cos\sqrt{x}+C$$

一般地

$$\int\frac{1}{\sqrt{x}}f(\sqrt{x})\mathrm{d}x=2\int f(\sqrt{x})\mathrm{d}\sqrt{x}$$

**例 8** 求 $\displaystyle\int\frac{1}{x(1+2\ln x)}\mathrm{d}x.$

【解】 $\displaystyle\int\frac{1}{x(1+2\ln x)}\mathrm{d}x=\int\frac{1}{1+2\ln x}\mathrm{d}\ln x=\frac{1}{2}\int\frac{1}{1+2\ln x}\mathrm{d}(2\ln x+1)=\frac{1}{2}\ln|1+2\ln x|+C.$

一般地

$$\int \frac{1}{x} f(\ln x) \mathrm{d}x = \int f(\ln x) \mathrm{d}\ln x$$

**例 9** 求 $\int \frac{\mathrm{e}^x}{1-\mathrm{e}^x} \mathrm{d}x$.

**【解】** $\int \frac{\mathrm{e}^x}{1-\mathrm{e}^x} \mathrm{d}x = \int \frac{1}{1-\mathrm{e}^x} \mathrm{d}\mathrm{e}^x = -\int \frac{1}{1-\mathrm{e}^x} \mathrm{d}(1-\mathrm{e}^x) = -\ln|1-\mathrm{e}^x| + C.$

一般地

$$\int \mathrm{e}^x f(\mathrm{e}^x) \mathrm{d}x = \int f(\mathrm{e}^x) \mathrm{d}\mathrm{e}^x$$

**例 10** 求 $\int \sec^4 x \mathrm{d}x$.

**【解】** $\int \sec^4 x \mathrm{d}x = \int \sec^2 \cdot \sec^2 x \mathrm{d}x = \int (1+\tan^2 x) \mathrm{d}\tan x = \tan x + \frac{1}{3}\tan^3 x + C.$

一般地

$$\int \sec^2 x f(\tan x) \mathrm{d}x = \int f(\tan x) \mathrm{d}\tan x$$

**例 11** 求 $\int \frac{1}{a^2 - x^2} \mathrm{d}x (a > 0)$.

**【解】**
$$\begin{aligned}
\int \frac{1}{a^2 - x^2} \mathrm{d}x &= \int \frac{1}{(a+x)(a-x)} \mathrm{d}x \\
&= \frac{1}{2a} \int \frac{(a+x)+(a-x)}{(a+x)(a-x)} \mathrm{d}x \\
&= \frac{1}{2a} \int \left( \frac{1}{a-x} + \frac{1}{a+x} \right) \mathrm{d}x \\
&= \frac{1}{2a} \left( \int \frac{1}{a-x} \mathrm{d}x + \int \frac{1}{a+x} \mathrm{d}x \right) \\
&= \frac{1}{2a} (-\ln|a-x| + \ln|a+x|) + C \\
&= \frac{1}{2a} \ln \left| \frac{a+x}{a-x} \right| + C
\end{aligned}$$

类似可得

$$\int \frac{1}{x^2 - a^2} \mathrm{d}x = \frac{1}{2a} \ln \left| \frac{x-a}{x+a} \right| + C$$

**例 12** 求 $\int \frac{1}{a^2 + x^2} \mathrm{d}x (a \neq 0)$.

**【解】** $\int \frac{1}{a^2 + x^2} \mathrm{d}x = \int \frac{1}{a^2 \left[ 1 + \left( \frac{x}{a} \right)^2 \right]} \mathrm{d}x = \frac{1}{a} \int \frac{1}{1 + \left( \frac{x}{a} \right)^2} \mathrm{d} \frac{x}{a} = \frac{1}{a} \arctan \frac{x}{a} + C.$

## 二、第二类换元积分法（换元法）

**定理 2** 设 $x = \psi(t)$ 是单调、可导的函数，且 $\psi'(t) \neq 0$，又设 $f[\psi(t)]\psi'(t)$ 具有原函数 $F(t)$，则有换元公式

$$\int f(x) \mathrm{d}x = \int f[\psi(t)]\psi'(t) \mathrm{d}t = F(t) + C = F[\psi^{-1}(x)] + C$$

其中,$\psi^{-1}(x)$是$x=\psi(t)$的反函数.

证明从略.

**例 13** 求$\displaystyle\int\frac{\mathrm{d}x}{2+\sqrt{x}}$.

【解】 设$\sqrt{x}=t$,则$x=t^2$,$\mathrm{d}x=2t\mathrm{d}t$,于是

$$\int\frac{\mathrm{d}x}{2+\sqrt{x}}=\int\frac{2t}{2+t}\mathrm{d}t=2\int\frac{(t+2)-2}{t+2}\mathrm{d}t=2\int\left(1-\frac{2}{t+2}\right)\mathrm{d}t$$
$$=2[t-2\ln(t+2)]+C=2\sqrt{x}-4\ln(\sqrt{x}+2)+C$$

**例 14** 求$\displaystyle\int\sqrt{a^2-x^2}\mathrm{d}x(a>0)$.

【解】 设$x=a\sin t\left(-\frac{\pi}{2}\leqslant t\leqslant\frac{\pi}{2}\right)$,则$\mathrm{d}x=a\cos t\mathrm{d}t$,

$$\sqrt{a^2-x^2}=\sqrt{a^2-a^2\sin^2 t}=a\cos t$$
$$\int\sqrt{a^2-x^2}\mathrm{d}x=\int a\cos t\cdot a\cos t\mathrm{d}t=a^2\int\cos^2 t\mathrm{d}t=a^2\int\frac{1+\cos 2t}{2}\mathrm{d}t$$
$$=a^2\left(\frac{1}{2}t+\frac{1}{4}\sin 2t\right)+C=a^2\left(\frac{1}{2}t+\frac{1}{2}\sin t\cos t\right)+C$$

为了便于将$t$换回$x$的函数,由$\sin t=\dfrac{x}{a}$作辅助三角形,如图 4-2 所示,易得$\cos t=\dfrac{\sqrt{a^2-x^2}}{a}$,于是

$$\int\sqrt{a^2-x^2}\mathrm{d}x=\frac{a^2}{2}\arcsin\frac{x}{a}+\frac{x}{2}\sqrt{a^2-x^2}+C$$

**例 15** 求$\displaystyle\int\frac{1}{\sqrt{a^2+x^2}}\mathrm{d}x(a>0)$.

【解】 $x=a\tan t\left(-\frac{\pi}{2}\leqslant t\leqslant\frac{\pi}{2}\right)$,则$\mathrm{d}x=a\sec^2 t\mathrm{d}t$,

$$\sqrt{a^2+x^2}=\sqrt{a^2+a^2\tan^2 t}=a\sec t$$
$$\int\frac{1}{\sqrt{a^2+x^2}}\mathrm{d}x=\int\frac{1}{a\sec t}a\sec^2 t\mathrm{d}t=\int\sec t\mathrm{d}t=\ln|\sec t+\tan t|+C_1$$

由$\tan t=\dfrac{x}{a}$,作辅助三角形,如图 4-3 所示,得$\sec t=\dfrac{\sqrt{a^2+x^2}}{a}$,于是

$$\int\frac{1}{\sqrt{a^2+x^2}}\mathrm{d}x=\ln\left|\frac{x}{a}+\frac{\sqrt{a^2+x^2}}{a}\right|+C_1$$
$$=\ln\left|x+\sqrt{a^2+x^2}\right|+C$$

其中$C=C_1-\ln a$.

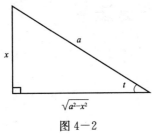

图 4-2

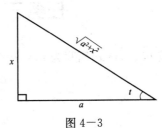

图 4-3

**例 16** 求 $\int \dfrac{1}{\sqrt{x^2-a^2}}\mathrm{d}x\ (a>0)$.

【解】 当 $x>a$ 时,设 $x=a\sec t\left(0<t<\dfrac{\pi}{2}\right)$,则 $\mathrm{d}x=a\sec t\cdot\tan t\mathrm{d}t$,

$$\sqrt{x^2-a^2}=\sqrt{a^2\sec^2 t-a^2}=a\tan t$$

$$\int \frac{1}{\sqrt{x^2-a^2}}\mathrm{d}x=\int \frac{1}{a\tan t}a\sec t\tan t\mathrm{d}t=\int \sec t\mathrm{d}t=\ln|\sec t+\tan t|+C_1$$

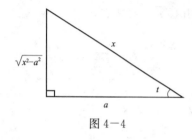

图 4-4

由 $\sec t=\dfrac{x}{a}$,作辅助三角形,如图 4-4 所示,得 $\tan t=$

$\dfrac{\sqrt{x^2-a^2}}{a}$,于是

$$\int \frac{1}{\sqrt{x^2-a^2}}\mathrm{d}x=\ln\left|\frac{x}{a}+\frac{\sqrt{x^2-a^2}}{a}\right|+C_1$$

$$=\ln\left|x+\sqrt{x^2-a^2}\right|+C$$

其中 $C=C_1-\ln a$.

当 $x<-a$ 时,同样可得

$$\int \frac{1}{\sqrt{x^2-a^2}}\mathrm{d}x=\ln\left|-x-\sqrt{x^2-a^2}\right|+C$$

综合起来,有

$$\int \frac{1}{\sqrt{x^2-a^2}}\mathrm{d}x=\ln\left|x+\sqrt{x^2-a^2}\right|+C$$

通过上述三个例子可以看到,当被积函数含有 $\sqrt{a^2-x^2}$,$\sqrt{a^2+x^2}$,$\sqrt{x^2-a^2}$ 时,可以分别代换 $x=a\sin t$,$x=a\tan t$,$x=a\sec t$,从而化去根式.

对于被积函数含有根式 $\sqrt{ax+b}\ (a\neq 0)$,可以采用代换 $\sqrt{ax+b}=t$.

**例 17** 求 $\int \dfrac{\sqrt[3]{x}}{x(\sqrt{x}+\sqrt[3]{x})}\mathrm{d}x$.

【解】 令 $\sqrt[6]{x}=t$,则 $x=t^6$,$\mathrm{d}x=6t^5\mathrm{d}t$,

$$\int \frac{\sqrt[3]{x}}{x(\sqrt{x}+\sqrt[3]{x})}\mathrm{d}x=\int \frac{t^2}{t^6(t^3+t^2)}\cdot 6t^5\mathrm{d}t=\int \frac{6}{t(t+1)}\mathrm{d}t=6\int\left(\frac{1}{t}-\frac{1}{t+1}\right)\mathrm{d}t$$

$$=6(\ln|t|-\ln|t+1|)+C=\ln\frac{x}{(\sqrt[6]{x}+1)^6}+C$$

# 任务三　掌握分部积分法

设函数 $u(x)$,$v(x)$ 简写为 $u$,$v$,由微分公式得

$$\mathrm{d}(uv)=u\mathrm{d}v+v\mathrm{d}u$$

移项,得

$$u\mathrm{d}v=\mathrm{d}(uv)-v\mathrm{d}u$$

两边积分,则有

$$\int u\mathrm{d}v = \int \mathrm{d}(uv) - \int v\mathrm{d}u$$

即

$$\int u\mathrm{d}v = uv - \int v\mathrm{d}u$$

这个公式称为分部积分公式,如果右边的积分 $\int v\mathrm{d}u$ 比左边积分 $\int u\mathrm{d}v$ 容易,那么使用此公式就有意义.

下面举例来说明其应用.

**例 1** 求 $\int x\cos x\mathrm{d}x$.

**【解】** 设 $u=x,\mathrm{d}v=\cos x\mathrm{d}x=\mathrm{d}\sin x$,于是

$$\mathrm{d}u=\mathrm{d}x,v=\sin x$$

这时

$$\int x\cos x\mathrm{d}x = x\sin x - \int \sin x\mathrm{d}x = x\sin x + \cos x + C$$

**例 2** 求 $\int x\mathrm{e}^{-2x}\mathrm{d}x$.

**【解】** 设 $u=x,\mathrm{d}v=\mathrm{e}^{-2x}\mathrm{d}x=\mathrm{d}\left(-\dfrac{1}{2}\mathrm{e}^{-2x}\right)$,于是

$$\mathrm{d}u=\mathrm{d}x,v=-\dfrac{1}{2}\mathrm{e}^{-2x}$$

这时

$$\int x\mathrm{e}^{-2x}\mathrm{d}x = -\dfrac{1}{2}x\mathrm{e}^{-2x} + \dfrac{1}{2}\int \mathrm{e}^{-2x}\mathrm{d}x = -\dfrac{1}{2}x\mathrm{e}^{-2x} - \dfrac{1}{4}\mathrm{e}^{-2x} + C$$

**例 3** 求 $\int \ln x\mathrm{d}x$.

**【解】** 这里被积函数可看作 $\ln x$ 与 1 的乘积. 设 $u=\ln x,\mathrm{d}v=\mathrm{d}x$,于是

$$\mathrm{d}u=\dfrac{1}{x}\mathrm{d}x,v=x$$

$$\int \ln x\mathrm{d}x = x\ln x - \int x\cdot\dfrac{1}{x}\mathrm{d}x = x\ln x - x + C$$

当运算熟练之后,分部积分的替换过程可以省略.

**例 4** 求 $\int x\arctan x\mathrm{d}x$.

**【解】**
$$\int x\arctan x\mathrm{d}x = \int \dfrac{1}{2}\arctan x\mathrm{d}(x^2)$$

$$= \dfrac{1}{2}x^2\arctan x - \dfrac{1}{2}\int \dfrac{x^2}{1+x^2}\mathrm{d}x$$

$$= \dfrac{1}{2}x^2\arctan x - \dfrac{1}{2}\int \left(1-\dfrac{1}{1+x^2}\right)\mathrm{d}x$$

$$= \dfrac{1}{2}x^2\arctan x - \dfrac{1}{2}x + \dfrac{1}{2}\arctan x + C$$

$$= \dfrac{1}{2}(x^2+1)\arctan x - \dfrac{1}{2}x + C$$

**例 5**  求 $\int x^2 \sin \dfrac{x}{3} \mathrm{d}x$ .

**【解】**  $\int x^2 \sin \dfrac{x}{3} \mathrm{d}x = -3\int x^2 \mathrm{d}\left(\cos \dfrac{x}{3}\right) = -3x^2 \cos \dfrac{x}{3} + 6\int x\cos \dfrac{x}{3} \mathrm{d}x$ .

积分 $\int x\cos \dfrac{x}{3} \mathrm{d}x$ 仍不能立即求出，还需要再次运用分部积分公式．

$$\int x\cos \dfrac{x}{3} \mathrm{d}x = 3\int x\mathrm{d}\left(\sin \dfrac{x}{3}\right) = 3x\sin \dfrac{x}{3} - 3\int \sin \dfrac{x}{3} \mathrm{d}x = 3x\sin \dfrac{x}{3} + 9\cos \dfrac{x}{3} + C$$

所以

$$\int x^2 \sin \dfrac{x}{3} \mathrm{d}x = -3x^2 \cos \dfrac{x}{3} + 18x\sin \dfrac{x}{3} + 54\cos \dfrac{x}{3} + C$$

由例 5 可以看出，对某些不定积分，有时需要连续几次运用分部积分公式．

**例 6**  求 $\int \mathrm{e}^x \sin x\mathrm{d}x$ .

**【解】**  设 $u = \sin x, \mathrm{d}v = \mathrm{e}^x \mathrm{d}x$ ,则 $\mathrm{d}u = \cos x\mathrm{d}x, v = \mathrm{e}^x$ ,

$$\int \mathrm{e}^x \sin x\mathrm{d}x = \mathrm{e}^x \sin x - \int \mathrm{e}^x \cos x\mathrm{d}x$$

对右端积分再用一次分部积分公式．

设 $u = \cos x, \mathrm{d}v = \mathrm{e}^x \mathrm{d}x$ ,则 $\mathrm{d}u = -\sin x\mathrm{d}x, v = \mathrm{e}^x$ ,

$$\int \mathrm{e}^x \cos x\mathrm{d}x = \mathrm{e}^x \cos x + \int \mathrm{e}^x \sin x\mathrm{d}x$$

将 $\int \mathrm{e}^x \cos x\mathrm{d}x$ 代入上式得

$$\int \mathrm{e}^x \sin x\mathrm{d}x = \mathrm{e}^x \sin x - \mathrm{e}^x \cos x - \int \mathrm{e}^x \sin x\mathrm{d}x$$

移项得

$$2\int \mathrm{e}^x \sin x\mathrm{d}x = \mathrm{e}^x \sin x - \mathrm{e}^x \cos x + C$$

$$\int \mathrm{e}^x \sin x\mathrm{d}x = \dfrac{1}{2}\mathrm{e}^x (\sin x - \cos x) + C$$

说明：

(1)在例 6 中，连续两次应用分部积分公式，而且第一次取 $u = \sin x$ ,第二次必须取 $u = \cos x$ ,即两次所取的 $u(x)$ 一定要是同类函数；假若第二次取的 $u(x)$ 为 $\mathrm{e}^x$ ,即 $u(x) = \mathrm{e}^x$ ,则计算结果将回到原题．

(2)分部积分公式中 $u(x), v'(x)$ 的选择是以积分运算简便易求为原则的，即选择的 $v'(x)$ 要容易找到一个原函数，且 $\int v(x)u'(x)\mathrm{d}x$ 要比 $\int u(x)v'(x)\mathrm{d}x$ 容易求积分．总结上面例子知，遇到下列被积分式时，凑微分如下：

$P(x)\mathrm{e}^x \mathrm{d}x = P(x)\mathrm{d}\mathrm{e}^x (P(x)$ 为多项式，下同)；

$P(x)\sin x\mathrm{d}x$ 或 $P(x)\cos x\mathrm{d}x$ 凑为 $-P(x)\mathrm{d}\cos x$ 或 $P(x)\mathrm{d}\sin x$ ；

$P(x)\ln x\mathrm{d}x$ 或 $P(x)\arcsin x\mathrm{d}x$ 把 $P(x)\mathrm{d}x$ 凑成微分，如 $x^2 \ln x\mathrm{d}x = \dfrac{1}{3}\ln x\mathrm{d}x^3$ 或

$x\arcsin x\mathrm{d}x = \dfrac{1}{2}\arcsin x\mathrm{d}x^2$ ；

$e^{ax}\cos bx\mathrm{d}x$ 或 $e^{ax}\sin bx\mathrm{d}x$ 把 $e^{ax}\mathrm{d}x$ 凑成微分或把 $\cos bx\mathrm{d}x,\sin bx\mathrm{d}x$ 凑成微分都可以.

**思考题**

进行了项目四的学习之后,你有没有在实际生活中通过多角度思考解决问题的例子? 向老师及同学分享一下.

# 项目五 定积分及其应用

◎ 知识图谱

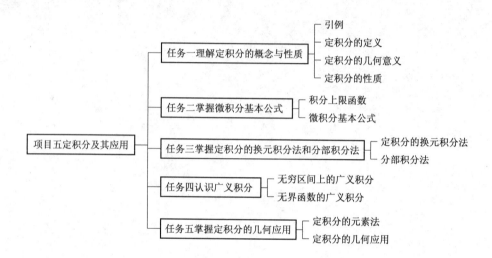

◎ 能力与素质

### 定积分在生活中的应用

定积分在生活中有着许许多多的应用,例如经济学上的应用:由经济函数的边际,求经济函数在区间上的增量,由贴现率求总贴现值在时间区间上的增量;物理学上的应用:求变速直线运动的路程.通过学习,利用导数与微分相关知识解决一个实际问题:

**例** 某工厂排出大量废气,造成了严重空气污染,于是工厂通过减产来控制废气的排放量,若第 $t$ 年废弃的排放量为 $C(t)=\dfrac{20\ln(t+1)}{(t+1)^2}$,求该厂在 $t=0$ 到 $t=5$ 年间派出的总废气量.

**解** 因为该厂在第 $[t,t+\Delta t]$ 排出的废气量(废气量微元)为

$$dW=\frac{20\ln(t+1)}{(t+1)^2}dt$$

所以该厂在 $t=0$ 到 $t=5$ 年间排出的总废气量为

$$W=\int_0^5 \frac{20\ln(t+1)}{(t+1)^2}dt=20\int_0^5 \ln(t+1)d\left(-\frac{1}{t+1}\right)$$

$$=\left[-\frac{20}{t+1}\ln(t+1)\right]\Big|_0^5+20\int_0^5 \frac{1}{t+1}d\ln(t+1)$$

$$=-\frac{20}{6}\ln 6+20\int_0^5 \frac{1}{(t+1)^2}dt=-\frac{20}{6}\ln 6-20\left(\frac{1}{t+1}\right)\Big|_0^5$$

$$\approx 10.694\ 1$$

古希腊时期阿基米德在公元前240年左右,就曾用求和的方法计算出抛物线弓形及其他图形的面积.公元263年我国刘徽提出的割圆术,也是同一思想.在历史上,积分观念的形成比微分要早.但是直到牛顿和莱布尼兹的工作出现之前,有关定积分的种种结果还是孤立零散的,比较完整的定积分理论还未能形成.直到牛顿——莱布尼兹公式建立之后,计算问题得以解决,定积分才迅速建立发展起来.

想一想:定积分是一种化整为零的思想,你能否将所学的知识应用在生活中,能够将复杂的问题分成小而简单的问题去解决?

# 任务一　理解定积分的概念与性质

## 一、引例

### 1. 求曲边梯形的面积

在初等数学中,已经求过平面直边图形的面积,如三角形、矩形等.而平面上还有一种图形——曲边梯形,它是由三条直角边和一条曲线围成的,现在来求它的面积.

设 $y=f(x)$ 在区间 $[a,b]$ 上非负、连续,求由直线 $x=a,x=b,y=0$ 及曲线 $y=f(x)$ 围成的曲边梯形(见图5—1)的面积.

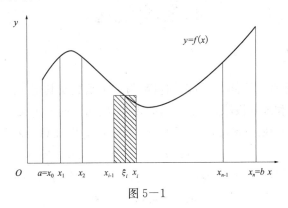

图 5—1

在区间 $[a,b]$ 任意插入若干个分点
$$a=x_0<x_1<x_2<\cdots<x_{n-1}<x_n=b$$
把 $[a,b]$ 分成 $n$ 个小区间 $[x_0,x_1],[x_1,x_2],\cdots,[x_{n-1},x_n]$,每个区间的长度表示为
$$\Delta x_i=x_i-x_{i-1}(i=1,2,\cdots,n)$$
曲边梯形随着底的分割,被分成了 $n$ 个窄曲边梯形,在每个小区间 $[x_{i-1},x_i]$ 上任取一点 $\xi_i(i=1,2,3,\cdots,n)$,以 $[x_{i-1},x_i]$ 为底,$f(\xi_i)$ 为高的窄矩形的面积近似代替第 $i$ 个窄曲边梯形的面积 $\Delta A_i$,则
$$\Delta A_i\approx f(\xi_i)\Delta x_i$$
把 $n$ 个窄曲边梯形的面积相加,得到曲边梯形面积的近似值

$$A = \sum_{i=1}^{n} f(\xi_i) \Delta x_i$$

取 $\lambda = \max\{\Delta x_1, \Delta x_2, \cdots, \Delta x_n\}$，则当 $\lambda \to 0$ 时，得到的曲边梯形的面积

$$A = \lim_{\lambda \to 0} \sum_{i=1}^{n} f(\xi_i) \Delta x_i$$

### 2. 求变速直线运动的路程

设物体做变速直线运动，其速度 $v = v(t)$ 在时间间隔 $[T_1, T_2]$ 上连续，求其在 $[T_1, T_2]$ 上运动的路程 $S$.

将时间间隔 $[T_1, T_2]$ 分成 $n$ 个小的时间间隔 $[t_0, t_1], [t_1, t_2], \cdots, [t_{n-1}, t_n]$，每个小时间间隔的长度记作

$$\Delta t_i = t_i - t_{i-1} (t = 1, 2, \cdots, n)$$

任取 $\xi_i \in [t_{i-1}, t_i]$，速度 $v(\xi_i)$ 可以近似看成物体在 $[t_{i-1}, t_i]$ 上做匀速运动的速度，则这段时间路程近似为

$$\Delta S_i \approx v(\xi_i) \Delta t_i$$

物体的总路程

$$S \approx \sum_{i=1}^{n} v(\xi_i) \Delta t_i$$

取 $\lambda = \max\{\Delta t_1, \Delta t_2, \cdots, \Delta t_n\}$，则当 $\lambda \to 0$ 时，得到的路程为

$$S = \lim_{\lambda \to 0} \sum_{i=1}^{n} v(\xi_i) \Delta t_i$$

## 二、定积分的定义

上面两个问题实际意义不同，但所求的量都与一个函数及其定义区间有关，最后结果的运算形式相同，都是一种和式的极限，为了求出此极限，给出下面的定义.

**定义** 设函数 $f(x)$ 在区间 $[a, b]$ 上有界，在区间 $[a, b]$ 中任意插入若干个分点

$$a = x_0 < x_1 < x_2 < \cdots < x_{n-1} < x_n = b$$

把 $[a, b]$ 分成 $n$ 个小区间，$[x_0, x_1], [x_1, x_2], \cdots, [x_{n-1}, x_n]$，每个小区间的长度表示为

$$\Delta x_i = x_i - x_{i-1} (i = 1, 2, \cdots, n)$$

在每个小区间 $[x_{i-1}, x_i]$ 上任取一点 $\xi_i (i = 1, 2, \cdots, n)$，作乘积 $f(\xi_i) \Delta x_i$，并作和

$$\sum_{i=1}^{n} f(\xi_i) \Delta x_i$$

记 $\lambda = \max\{\Delta x_1, \Delta x_2, \cdots, \Delta x_n\}$，如果不论对 $[a, b]$ 怎么分，也不论 $\xi_i$ 怎么取，极限

$$\lim_{\lambda \to 0} \sum_{i=1}^{n} f(\xi_i) \Delta x_i$$

总是确定 $l$，则称极限 $l$ 为函数 $f(x)$ 在区间 $[a, b]$ 上的定积分，记作 $\int_a^b f(x) \mathrm{d}x$，即

$$\int_a^b f(x) \mathrm{d}x = \lim_{\lambda \to 0} \sum_{i=1}^{n} f(\xi_i) \Delta x_i$$

其中，$f(x)$ 叫作被积函数；$f(x)\mathrm{d}x$ 叫作被积表达式；$x$ 叫作积分变量；$a$ 叫作积分下限；$b$ 叫作

积分上限;$[a,b]$叫作积分区间.

当和式的极限存在时,$\int_a^b f(x)\mathrm{d}x$ 与被积函数 $f(x)$ 和区间$[a,b]$有关,而与积分变量无关,即

$$\int_a^b f(x)\mathrm{d}x = \int_a^b f(t)\mathrm{d}t = \int_a^b f(u)\mathrm{d}u$$

当 $\int_a^b f(x)\mathrm{d}x$ 存在时,就称函数 $f(x)$ 在区间$[a,b]$上可积. $\sum_{i=1}^n f(\xi_i)\Delta x_i$ 称为 $f(x)$ 的积分和.

下面给出定积分的存在定理:

**定理 1** 若 $f(x)$ 在闭区间$[a,b]$上连续,则 $f(x)$ 在$[a,b]$上可积.

**定理 2** 设 $f(x)$ 在闭区间$[a,b]$上有界,且只有有限个间断点,则 $f(x)$ 在$[a,b]$上可积.

## 三、定积分的几何意义

(1)当 $f(x)$ 在$[a,b]$上连续,且 $f(x) \geqslant 0$ 时,定积分 $\int_a^b f(x)\mathrm{d}x$ 表示以$[a,b]$为底,$x=a$、$x=b$ 及曲线 $y=f(x)$ 为曲边的曲边梯形面积,即

$$\int_a^b f(x)\mathrm{d}x = A$$

(2)当 $f(x)$ 在$[a,b]$上连续,且 $f(x) \leqslant 0$ 时,以$[a,b]$为底,$x=a$、$x=b$ 及曲线 $y=f(x)$ 为曲边的曲边梯形在 $x$ 轴的下方,定积分 $\int_a^b f(x)\mathrm{d}x$ 表示该曲边梯形面积的负值,即

$$\int_a^b f(x)\mathrm{d}x = -A$$

(3)当 $f(x)$ 在$[a,b]$上连续,且 $f(x)$ 有正有负时,将在 $x$ 轴上方的部分面积赋予"＋"号,将在 $x$ 轴下方部分面积赋予"－"号,则定积分 $\int_a^b f(x)\mathrm{d}x$ 表示这些面积的代数和(见图 5－2).

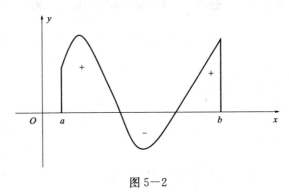

图 5－2

## 四、定积分的性质

当 $f(x)$ 在$[a,b]$上可积时,规定

$$\int_a^b f(x)\mathrm{d}x = -\int_b^a f(x)\mathrm{d}x$$

由此规定能推出

$$\int_a^a f(x)\mathrm{d}x = 0$$

**性质 1** $\int_a^b [f(x) \pm g(x)]\mathrm{d}x = \int_a^b f(x)\mathrm{d}x \pm \int_a^b g(x)\mathrm{d}x.$

**性质 2** $\int_a^b [kf(x)]\mathrm{d}x = k\int_a^b f(x)\mathrm{d}x$（$k$ 为常数）.

**性质 3** （可加性）若 $a<c<b$，则

$$\int_a^b f(x)\mathrm{d}x = \int_a^c f(x)\mathrm{d}x + \int_c^b f(x)\mathrm{d}x$$

需要指出的是上式的成立与 $c$ 的位置无关.

**性质 4** $\int_a^b \mathrm{d}x = b-a.$

**性质 5** 若 $f(x) \leqslant g(x), x \in [a,b]$，则

$$\int_a^b f(x)\mathrm{d}x \leqslant \int_a^b g(x)\mathrm{d}x$$

**性质 6** （估值定理）设 $f(x)$ 在 $[a,b]$ 上的最大值和最小值分别为 $M$ 和 $m$，则

$$m(b-a) \leqslant \int_a^b f(x)\mathrm{d}x \leqslant M(b-a)$$

**性质 7** （积分中值定理）设函数 $f(x)$ 在 $[a,b]$ 上连续，则至少存在一点 $\xi \in [a,b]$，使

$$\int_a^b f(x)\mathrm{d}x = f(\xi)(b-a)$$

称 $\dfrac{1}{b-a}\int_a^b f(x)\mathrm{d}x$ 为函数 $f(x)$ 在 $[a,b]$ 上的平均值.

**例 1** 求 $\int_0^1 \sqrt{1-x^2}\,\mathrm{d}x.$

如图 5—3 中阴影部分，而这块面积恰好是单位圆面积的 $\dfrac{1}{4}$，则

$$\int_0^1 \sqrt{1-x^2}\,\mathrm{d}x = \frac{\pi}{4}$$

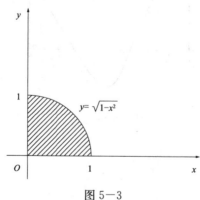

图 5—3

**例 2** 比较定积分 $\int_0^1 \mathrm{e}^x \mathrm{d}x$ 与 $\int_0^1 (1+x)\mathrm{d}x$ 的大小.

**【解】** 设 $f(x) = \mathrm{e}^x - 1 - x, f'(x) = \mathrm{e}^x - 1$，当 $0 \leqslant x \leqslant 1$ 时，$f(x)$ 在 $[0,1]$ 上单调增加，即

$f(x) > f(0) = 0$，从而 $e^x > 1 + x$，则

$$\int_0^1 e^x dx > \int_0^1 (1+x) dx$$

**例 3** 证明 $\dfrac{1}{e} \leqslant \displaystyle\int_0^1 e^{-x^2} dx \leqslant 1$.

【**解**】 设 $f(x) = e^{-x^2}$，则 $f'(x) = -2x e^{-x^2} < 0 (x \in [0,1])$，从而

$$\frac{1}{e} = f(1) \leqslant f(x) = e^{-x^2} \leqslant f(0) = 1$$

则

$$\frac{1}{e} \leqslant \int_0^1 e^{-x^2} dx \leqslant 1$$

# 任务二 掌握微积分基本公式

## 一、积分上限函数

设 $f(x)$ 在 $[a,b]$ 上连续，在 $[a,b]$ 上任取一点 $x$，则 $\displaystyle\int_a^x f(t) dt$ 有确定的值与 $x$ 对应，因此 $\displaystyle\int_a^x f(t) dt$ 在 $[a,b]$ 上确定了一个函数，称为积分上限函数，记作 $\Phi(x)$，即

$$\Phi(x) = \int_a^x f(t) dt$$

**定理 1** 设 $f(x)$ 在 $[a,b]$ 上连续，则积分上限函数

$$\Phi(x) = \int_a^x f(t) dt$$

在 $[a,b]$ 上具有导数，且 $\Phi'(x) = f(x)$.

【**证**】 设 $x \in (a,b)$，给 $x$ 以增量 $\Delta x$，且 $x + \Delta x \in (a,b)$，则

$$\Phi(x + \Delta x) - \Phi(x) = \int_a^{x+\Delta x} f(t) dt - \int_a^x f(t) dt = \int_x^{x+\Delta x} f(t) dt$$

$$= f(\xi) \Delta x \, (\xi \text{ 介于 } x \text{ 与 } x + \Delta x \text{ 之间})$$

$$\Phi'(x) = \lim_{\Delta x \to 0} \frac{\Phi(x+\Delta x) - \Phi(x)}{\Delta x} = \lim_{\Delta x \to 0} \frac{f(\xi) \Delta x}{\Delta x} = f(x)$$

当 $x = a$ 时，取 $\Delta x > 0$，可证 $\Phi'_+(a) = f(a)$；当 $x = b$ 时，取 $\Delta x < 0$，可证 $\Phi'_-(b) = f(b)$.

**定理 2** 若 $f(x)$ 在 $[a,b]$ 上连续，$\Phi(x) = \displaystyle\int_a^x f(t) dt$，就是 $f(x)$ 在 $[a,b]$ 上的一个原函数.

若 $f(x)$ 在 $[a,b]$ 上连续，$u(x)$ 在 $[a,b]$ 上可导，则有求导公式：

(1) $\left( \displaystyle\int_a^{u(x)} f(t) dt \right)' = f[u(x)] u'(x)$；

(2) $\left( \displaystyle\int_v^b f(t) dt \right)' = -f[v(x)] v'(x)$.

**例 1** 求函数 $f(x) = \displaystyle\int_0^x t \sin^2 t \, dt$ 在 $x = \dfrac{\pi}{2}$ 处的导数.

【**解**】 $f'(x) = x \sin^2 x$.

$$f'\left(\frac{\pi}{2}\right)=\frac{\pi}{2}\sin^2\frac{\pi}{2}=\frac{\pi}{2}.$$

**例 2**　求 $\dfrac{\mathrm{d}}{\mathrm{d}x}\displaystyle\int_0^{x^2}\sqrt{1+t^2}\mathrm{d}t$ .

**【解】**　$\dfrac{\mathrm{d}}{\mathrm{d}x}\displaystyle\int_0^{x^2}\sqrt{1+t^2}\mathrm{d}t=\sqrt{1+x^4}(x^2)'=2x\sqrt{1+x^4}$ .

**例 3**　计算 $\lim\limits_{x\to0}\dfrac{\displaystyle\int_0^x\sin t\mathrm{d}t}{\sin^2 x}$ .

**【解】**　$\lim\limits_{x\to0}\dfrac{\displaystyle\int_0^x\sin t\mathrm{d}t}{\sin^2 x}=\lim\limits_{x\to0}\dfrac{\displaystyle\int_0^x\sin t\mathrm{d}t}{x^2}=\lim\limits_{x\to0}\dfrac{\sin x}{2x}=\dfrac{1}{2}$ .

## 二、微积分基本公式

**定理 3**　若函数 $F(x)$ 是连续函数 $f(x)$ 在 $[a,b]$ 上的一个原函数,则

$$\int_a^b f(x)\mathrm{d}x=F(b)-F(a)$$

**【证】**　因为 $f(x)$ 在 $[a,b]$ 上连续,所以 $\Phi(x)=\displaystyle\int_a^x f(t)\mathrm{d}t$ 也是 $f(x)$ 的原函数,则

$$F(x)-\int_a^x f(t)\mathrm{d}t=C$$

令 $x=a$,得

$$F(a)=C$$

再令 $x=b$,得

$$F(b)-\int_a^b f(t)\mathrm{d}t=C$$

即

$$\int_a^b f(x)\mathrm{d}x=F(b)-F(a)$$

上述公式通常表示为

$$\int_a^b f(x)\mathrm{d}x=F(x)\Big|_a^b=F(b)-F(a)$$

此公式为微积分基本公式或牛顿－莱布尼兹公式,简计 $N-L$ 公式.

**例 4**　计算 $\displaystyle\int_0^{\frac{\pi}{2}}\sin x\mathrm{d}x$ .

**【解】**　因为 $(-\cos x)'=\sin x$,则

$$\int_0^{\frac{\pi}{2}}\sin x\mathrm{d}x=-\cos x\Big|_0^{\frac{\pi}{2}}$$

$$=\cos 0-\cos\frac{\pi}{2}=1$$

**例 5** 计算 $\displaystyle\int_0^1\dfrac{x^2}{1+x^2}\mathrm{d}x$ .

**【解】**　$\displaystyle\int_0^1\dfrac{x^2}{1+x^2}\mathrm{d}x=\int_0^1\dfrac{x^2+1-1}{x^2+1}\mathrm{d}x$

$$= \int_0^1 \mathrm{d}x - \int_0^1 \frac{1}{1+x^2} \mathrm{d}x$$

$$= x \Big|_0^1 - \arctan x \Big|_0^1$$

$$= 1 - \arctan 1 + \arctan 0 = 1 - \frac{\pi}{4}$$

**例 6**  计算 $\int_{-1}^3 |x-1| \mathrm{d}x$.

**【解】**  被积函数是分段函数

$$|x-1| = \begin{cases} 1-x, & x \leqslant 1 \\ x-1, & x > 1 \end{cases}$$

由定积分区间的可加性

$$\int_{-1}^3 |x-1| \mathrm{d}x = \int_{-1}^1 (1-x)\mathrm{d}x + \int_1^3 (x-1)\mathrm{d}x$$

$$= \left(x - \frac{1}{2}x^2\right)\Big|_{-1}^1 + \left(\frac{1}{2}x^2 - x\right)\Big|_1^3 = 4$$

# 任务三　掌握定积分的换元积分法和分部积分法

## 一、定积分的换元积分法

**定理 1**  设函数 $f(x)$ 在 $[a,b]$ 上连续，$x = \varphi(t)$ 在 $[a,b]$ 上连续可导，当 $t$ 由 $\alpha$ 变到 $\beta$ 时，$\varphi(t)$ 从 $\varphi(\alpha) = a$ 单调地变到 $\varphi(\beta) = b$，则有

$$\int_a^b f(x)\mathrm{d}x = \int_\alpha^\beta f[\varphi(t)]\varphi'(t)\mathrm{d}t$$

证明从略.

**例 1**  求 $\int_0^4 \frac{x+2}{\sqrt{2x+1}}\mathrm{d}x$.

**【解】**  令 $\sqrt{2x+1} = t$，则 $x = \frac{1}{2}(t^2-1)$，$\mathrm{d}x = t\mathrm{d}t$，当 $x = 0$ 时，$t = 1$；当 $x = 4$ 时，$t = 3$，

$$\int_0^4 \frac{x+2}{\sqrt{2x+1}}\mathrm{d}x = \int_1^3 \frac{\frac{1}{2}(t^2-1)+2}{t} t\mathrm{d}t$$

$$= \frac{1}{2}\int_1^3 (t^2+3)\mathrm{d}t$$

$$= \frac{1}{2}\left[\frac{1}{3}t^3 + 3t\right]_1^3 = \frac{22}{3}$$

定积分的换元积分法和不定积分的换元积分法所用的换元函数都是一样的，不同在于：定积分换元的同时，要将积分的上下限换成新积分变量的上下限，求出原函数后，不用回代，直接用新变量的上下限代入原函数中求值.

**例 2**  $\int_{-a}^a \frac{\mathrm{d}x}{(a^2+x^2)^{\frac{3}{2}}} (a > 0)$.

**【解】** 设 $x = a\tan t\left(-\dfrac{\pi}{4} \leqslant t \leqslant \dfrac{\pi}{4}\right)$，则

$$\int_{-a}^{a} \frac{\mathrm{d}x}{(a^2 + x^2)^{\frac{3}{2}}} = \int_{-\frac{\pi}{4}}^{\frac{\pi}{4}} \frac{a\sec^2 t}{(a^2 + a^2\tan^2 t)^{\frac{3}{2}}} \mathrm{d}t = \frac{1}{a^2} \int_{-\frac{\pi}{4}}^{\frac{\pi}{4}} \frac{\sec^2 t}{\sec^3 t} \mathrm{d}t$$

$$= \frac{1}{a^2} \int_{-\frac{\pi}{4}}^{\frac{\pi}{4}} \cos t\,\mathrm{d}t = \frac{1}{a^2}(\sin t) \Big|_{-\frac{\pi}{4}}^{\frac{\pi}{4}} = \frac{\sqrt{2}}{a^2}$$

**例 3** 求 $\displaystyle\int_{0}^{\frac{\pi}{2}} 4\sin^3 x\cos x\,\mathrm{d}x$.

**【解】** 令 $u = \sin x$，当 $x = 0$ 时，$u = 0$；当 $x = \dfrac{\pi}{2}$ 时，$u = 1$. 于是

$$\int_{0}^{\frac{\pi}{2}} 4\sin^3 x\cos x\,\mathrm{d}x = \int_{0}^{\frac{\pi}{2}} 4\sin^3 x\,\mathrm{d}\sin x = \int_{0}^{1} 4u^3\,\mathrm{d}u = u^4 \Big|_{0}^{1} = 1$$

**例 4** 证明：若 $f(x)$ 在 $[-a, a]$ 上连续，则

(1) $\displaystyle\int_{-a}^{a} f(x)\mathrm{d}x = \int_{0}^{a} [f(x) + f(-x)]\mathrm{d}x$；

(2) 若 $f(x)$ 是偶函数，则

$$\int_{-a}^{a} f(x)\mathrm{d}x = 2\int_{0}^{a} f(x)\mathrm{d}x$$

(3) 若 $f(x)$ 是奇函数，则

$$\int_{-a}^{a} f(x)\mathrm{d}x = 0$$

**【证】** (1) $\displaystyle\int_{-a}^{a} f(x)\mathrm{d}x = \int_{-a}^{0} f(x)\mathrm{d}x + \int_{0}^{a} f(x)\mathrm{d}x$.

对积分 $\displaystyle\int_{-a}^{0} f(x)\mathrm{d}x$ 作代换 $x = -t$，则

$$\int_{-a}^{0} f(x)\mathrm{d}x = -\int_{a}^{0} f(-t)\mathrm{d}t = \int_{0}^{a} f(-t)\mathrm{d}t = \int_{0}^{a} f(-x)\mathrm{d}x$$

于是

$$\int_{-a}^{a} f(x)\mathrm{d}x = \int_{0}^{a} f(-x)\mathrm{d}x + \int_{0}^{a} f(x)\mathrm{d}x$$

$$= \int_{0}^{a} [f(-x) + f(x)]\mathrm{d}x$$

(2) 当 $f(x)$ 为偶函数时，有

$$f(x) + f(-x) = 2f(x)$$

从而

$$\int_{-a}^{a} f(x)\mathrm{d}x = 2\int_{0}^{a} f(x)\mathrm{d}x$$

(3) 当 $f(x)$ 为奇函数时，有

$$f(x) + f(-x) = 0$$

从而

$$\int_{-a}^{a} f(x)\mathrm{d}x = 0$$

**例 5** 求 $\displaystyle\int_{-1}^{1} \frac{x^3 + \sin x + 1}{1 + x^2}\mathrm{d}x$.

【解】 因为$\dfrac{x^3+\sin x}{1+x^2}$是奇函数,所以

$$\int_{-1}^{1}\frac{x^3+\sin x+1}{1+x^2}\mathrm{d}x=\int_{-1}^{1}\frac{x^3+\sin x}{1+x^2}\mathrm{d}x+\int_{-1}^{1}\frac{1}{1+x^2}\mathrm{d}x$$

$$=0+2\int_{0}^{1}\frac{1}{1+x^2}\mathrm{d}x$$

$$=2\arctan x\Big|_{0}^{1}=\frac{\pi}{2}$$

## 二、分部积分法

对应不定积分的分部积分法,定积分也有分部积分法,先看一个例子.

**例 6** 计算$\int_{0}^{1}x\mathrm{e}^x\mathrm{d}x$.

【解】 先用分部积分法求$x\mathrm{e}^x$的原函数:

$$\int x\mathrm{e}^x\mathrm{d}x=\int x\mathrm{d}\mathrm{e}^x=x\mathrm{e}^x-\int \mathrm{e}^x\mathrm{d}x=\mathrm{e}^x(x-1)+C$$

于是

$$原式=\int_{0}^{1}x\mathrm{e}^x\mathrm{d}x=\mathrm{e}^x(x-1)\Big|_{0}^{1}=1$$

**定理 2** (定积分的分部积分公式)若函数$u'(x),v'(x)$在区间$[a,b]$上连续,则

$$\int_{a}^{b}u(x)\mathrm{d}v(x)=[u(x)v(x)]\Big|_{a}^{b}-\int_{a}^{b}v(x)\mathrm{d}u(x)$$

【证】 对微分恒等式

$$u(x)\mathrm{d}v(x)=\mathrm{d}[u(x)v(x)]-v(x)\mathrm{d}u(x)$$

在区间$[a,b]$上积分,得到

$$\int_{a}^{b}u(x)\mathrm{d}v(x)=\int_{a}^{b}\mathrm{d}[u(x)v(x)]-\int_{a}^{b}v(x)\mathrm{d}u(x)$$

根据牛顿—布莱尼兹公式,便得

$$\int_{a}^{b}u(x)\mathrm{d}v(x)=[u(x)v(x)]\Big|_{a}^{b}-\int_{a}^{b}v(x)\mathrm{d}u(x)$$

**例 7** 求$\int_{0}^{1}x\mathrm{e}^x\mathrm{d}x$.

【解】 $\int_{0}^{1}x\mathrm{e}^x\mathrm{d}x=\int_{0}^{1}x\mathrm{d}\mathrm{e}^x=x\mathrm{e}^x\Big|_{0}^{1}-\int_{0}^{1}\mathrm{e}^x\mathrm{d}x$

$$=\mathrm{e}-\mathrm{e}^x\Big|_{0}^{1}=\mathrm{e}-(\mathrm{e}-1)=1.$$

**例 8** 计算$\int_{1}^{\mathrm{e}}\ln x\mathrm{d}x$.

【解】 原式$=x\ln x\Big|_{1}^{\mathrm{e}}-\int_{1}^{\mathrm{e}}x\mathrm{d}\ln x=\mathrm{e}-\int_{1}^{\mathrm{e}}\mathrm{d}x=\mathrm{e}-x\Big|_{1}^{\mathrm{e}}=\mathrm{e}(\mathrm{e}-1)=1.$

**例 9** 计算$\int_{0}^{\frac{\pi}{2}}x^2\sin x\mathrm{d}x$.

【解】 原式$=-\int_{0}^{\frac{\pi}{2}}x^2\mathrm{d}\cos x=-x^2\cos x\Big|_{0}^{\frac{\pi}{2}}+2\int_{0}^{\frac{\pi}{2}}x\cos x\mathrm{d}x$

$$= 0 + 2\int_0^{\frac{\pi}{2}} x\mathrm{d}\sin x = 2x\sin x\Big|_0^{\frac{\pi}{2}} - 2\int_0^{\frac{\pi}{2}} \sin x\mathrm{d}x = \pi - 2.$$

**例 10** 计算 $\int_0^1 \arctan x\mathrm{d}x$.

**【解】** 原式 $= x\arctan x\Big|_0^1 - \int_0^1 x\mathrm{d}\arctan x$

$$= \frac{\pi}{4} - \int_0^1 \frac{x}{1+x^2}\mathrm{d}x = \frac{\pi}{4} - \frac{1}{2}\int_0^1 \frac{1}{1+x^2}\mathrm{d}(x^2+1)$$

$$= \frac{\pi}{4} - \frac{1}{2}\ln(x^2+1)\Big|_0^1 = \frac{\pi}{4} - \frac{1}{2}\ln 2.$$

# 任务四　认识广义积分

定积分定义中的基本假设,是被积函数在积分区间上有界. 但实际问题中常遇到的积分区间为无穷区间,或者被积函数在积分区间上无界的积分. 针对这两种情况介绍一个新的概念——广义积分.

## 一、无穷区间上的广义积分

**定义** 设函数 $f(x)$ 在区间 $[a, +\infty)$ 内连续,$b > a$,如果极限 $\lim\limits_{b \to +\infty}\int_a^b f(x)\mathrm{d}x$ 存在,则称此极限为函数 $f(x)$ 在无穷区间 $[a, +\infty)$ 内的**广义积分**,记作 $\int_a^{+\infty} f(x)\mathrm{d}x$,即

$$\int_a^{+\infty} f(x)\mathrm{d}x = \lim\limits_{b \to +\infty}\int_a^b f(x)\mathrm{d}x$$

这时也称广义积分 $\int_a^{+\infty} f(x)\mathrm{d}x$ **收敛**.

如果上述极限不存在,则称函数 $f(x)$ 在无穷区间 $[a, +\infty)$ 内的广义积分 $\int_a^{+\infty} f(x)\mathrm{d}x$ **发散或不存在**.

类似地,可以定义 $(-\infty, b]$ 和 $(-\infty, +\infty)$ 内的广义积分:

$$\int_{-\infty}^b f(x)\mathrm{d}x = \lim\limits_{a \to -\infty}\int_a^b f(x)\mathrm{d}x$$

$$\int_{-\infty}^{+\infty} f(x)\mathrm{d}x = \int_{-\infty}^0 f(x)\mathrm{d}x + \int_0^{+\infty} f(x)\mathrm{d}x = \lim\limits_{a \to -\infty}\int_a^0 f(x)\mathrm{d}x + \lim\limits_{b \to +\infty}\int_0^b f(x)\mathrm{d}x$$

上述三种情况统称为无穷区间上的**广义积分**.

在广义积分的计算中,如果 $f(x)$ 有一个原函数是 $F(x)$,则可采用如下简记形式:

$$\int_a^{+\infty} f(x)\mathrm{d}x = F(x)\Big|_a^{+\infty} = \lim\limits_{x \to +\infty} F(x) - F(a)$$

类似地,有

$$\int_{-\infty}^b f(x)\mathrm{d}x = F(x)\Big|_{-\infty}^b = F(b) - \lim\limits_{x \to -\infty} F(x)$$

$$\int_{-\infty}^{+\infty} f(x)\mathrm{d}x = F(x)\Big|_{-\infty}^{+\infty} = \lim\limits_{x \to +\infty} F(x) - \lim\limits_{x \to -\infty} F(x)$$

**例 1** 计算广义积分 $\int_0^{+\infty} \mathrm{e}^{-3x}\mathrm{d}x$.

**【解】** $\int_0^{+\infty} \mathrm{e}^{-3x}\mathrm{d}x = -\dfrac{1}{3}\mathrm{e}^{-3x}\Big|_0^{+\infty} = \lim_{x\to+\infty}\left(-\dfrac{1}{3}\mathrm{e}^{-3x}\right) + \dfrac{1}{3} = \dfrac{1}{3}$.

**例 2** 计算广义积分 $\int_{-\infty}^{+\infty} \dfrac{1}{1+x^2}\mathrm{d}x$.

**【解】** $\int_{-\infty}^{+\infty} \dfrac{1}{1+x^2}\mathrm{d}x = (\arctan x)\Big|_{-\infty}^{+\infty} = \lim_{x\to+\infty}(\arctan x) - \lim_{x\to-\infty}(\arctan x)$

$$= \dfrac{\pi}{2} - \left(-\dfrac{\pi}{2}\right) = \pi.$$

**例 3** 当 $\rho > 0$ 时,讨论广义积分 $\int_a^{+\infty} \dfrac{1}{x^\rho}\mathrm{d}x$ 的敛散性.

**【解】** 当 $\rho = 1$ 时,$\int_a^{+\infty} \dfrac{1}{x^\rho}\mathrm{d}x = \int_a^{+\infty} \dfrac{1}{x}\mathrm{d}x = \ln x\Big|_0^{+\infty} = +\infty$,广义积分发散.

当 $\rho < 1$ 时,$\int_a^{+\infty} \dfrac{1}{x^\rho}\mathrm{d}x = \left[\dfrac{1}{1-\rho}x^{1-\rho}\right]\Big|_a^{+\infty} = +\infty$,广义积分发散.

当 $\rho > 1$ 时,$\int_a^{+\infty} \dfrac{1}{x^\rho}\mathrm{d}x = \left[\dfrac{1}{1-\rho}x^{1-\rho}\right]\Big|_a^{+\infty} = \dfrac{a^{1-\rho}}{\rho-1}$,广义积分收敛.

因此,当 $\rho > 1$ 时,此广义积分收敛,其值为 $\dfrac{a^{1-\rho}}{\rho-1}$. 当 $\rho \leqslant 1$ 时,此广义积分发散.

## 二、无界函数的广义积分

**定义** 设函数 $f(x)$ 在区间 $(a,b]$ 上连续,且 $\lim\limits_{x\to a^+} f(x) = \infty$. 取 $t > a$,则将极限 $\lim\limits_{t\to a^+}\int_t^b f(x)\mathrm{d}x$ 称为**无界函数** $f(x)$ 在 $(a,b]$ 上的广义积分,记作 $\int_a^b f(x)\mathrm{d}x$,即

$$\int_a^b f(x)\mathrm{d}x = \lim_{t\to a^+}\int_t^b f(x)\mathrm{d}x$$

如果上述极限存在,则称为广义积分 $\int_a^b f(x)\mathrm{d}x$ **收敛**. 如果上述极限不存在,则称广义积分 $\int_a^b f(x)\mathrm{d}x$ **发散**.

类似地,设函数 $f(x)$ 在区间 $[a,b)$ 内连续,而 $\lim\limits_{x\to b^-} f(x) = \infty$,可定义广义积分

$$\int_a^b f(x)\mathrm{d}x = \lim_{t\to b^-}\int_a^t f(x)\mathrm{d}x$$

如果函数 $f(x)$ 在 $[a,b]$ 上除 $x=c (a<c<b)$ 外连续,且 $\lim\limits_{x\to c} f(x) = \infty$,则定义广义积分

$$\int_a^b f(x)\mathrm{d}x = \int_a^c f(x)\mathrm{d}x + \int_c^b f(x)\mathrm{d}x$$

当且仅当上式右端的两个广义积分都收敛时,才称广义积分 $\int_a^b f(x)\mathrm{d}x$ 是**收敛**的,否则,称广义积分 $\int_a^b f(x)\mathrm{d}x$ **发散**.

如果 $f(x)$ 有一个原函数为 $F(x)$,$\lim\limits_{x\to a^+} f(x) = \infty$,则广义积分的计算可采用如下简记形式:

$$\int_a^b f(x)\mathrm{d}x = \left[F(x)\right]\Big|_a^b = F(b) - \lim_{x \to a^+} F(x)$$

类似地,如果 $\lim\limits_{x \to b^-} f(x) = \infty$,则记为 $\int_a^b f(x)\mathrm{d}x = \left[F(x)\right]\Big|_a^b = \lim\limits_{x \to b^-} F(x) - F(a)$.

当 $a < c < b$ 且 $\lim\limits_{x \to c} f(x) = \infty$ 时,记为

$$\int_a^b f(x)\mathrm{d}x = \left[F(x)\right]\Big|_a^c + \left[F(x)\right]\Big|_c^b$$
$$= \lim_{x \to c^-} F(x) - \lim_{x \to c^+} F(x) + F(b) - F(a)$$

**例 4** 讨论广义积分 $\int_0^1 \dfrac{1}{\sqrt{1-x}}\mathrm{d}x$ 的收敛性.

**【解】** 因为 $\lim\limits_{x \to 1^-} \dfrac{1}{\sqrt{1-x}} = \infty$,所以

$\int_0^1 \dfrac{1}{\sqrt{1-x}}\mathrm{d}x = -2\sqrt{1-x}\Big|_0^1 = -2\lim\limits_{x \to 1^-}(\sqrt{1-x} - 1) = 2$,即广义积分 $\int_0^1 \dfrac{1}{\sqrt{1-x^2}}\mathrm{d}x$

收敛.

**例 5** 讨论广义积分 $\int_1^2 \dfrac{1}{x\ln x}\mathrm{d}x$ 的收敛性.

**【解】** 因为 $\lim\limits_{x \to 1^+} \dfrac{1}{x\ln x} = \infty$,所以 $\int_1^2 \dfrac{1}{x\ln x}\mathrm{d}x = \int_1^2 \dfrac{1}{\ln x}\mathrm{d}\ln x = \left[\ln(\ln x)\right]\Big|_1^2 = \ln(\ln 2) -$

$\lim\limits_{x \to 1^+} \ln|\ln x| = +\infty$,即广义积分 $\int_1^2 \dfrac{1}{x\ln x}\mathrm{d}x$ 发散.

**例 6** 讨论广义积分 $\int_{-1}^1 \dfrac{1}{x^2}\mathrm{d}x$ 的收敛性.

**【解】** 函数 $\dfrac{1}{x^2}$ 在区间 $[-1,1]$ 除 $x=0$ 点外连续,且 $\lim\limits_{x \to 0} \dfrac{1}{x^2} = \infty$,则

$$\int_{-1}^1 \dfrac{1}{x^2}\mathrm{d}x = \int_{-1}^0 \dfrac{1}{x^2}\mathrm{d}x + \int_0^1 \dfrac{1}{x^2}\mathrm{d}x$$

由于 $\int_{-1}^0 \dfrac{1}{x^2}\mathrm{d}x = \left(-\dfrac{1}{x}\right)\Big|_{-1}^0 = \lim\limits_{x \to 0^-}\left(-\dfrac{1}{x}\right) - 1 = +\infty$,即广义积分 $\int_{-1}^0 \dfrac{1}{x^2}\mathrm{d}x$ 发散.

**例 7** 讨论广义积分 $\int_0^1 \dfrac{1}{x^a}\mathrm{d}x$ 的敛散性.

**【解】** 当 $\alpha = 1$ 时,$\int_0^1 \dfrac{1}{x}\mathrm{d}x = \ln x\Big|_0^1 = +\infty$,广义积分发散.

当 $\alpha < 1$ 时,$\int_0^1 \dfrac{1}{x^a}\mathrm{d}x = \left[\dfrac{1}{1-\alpha}x^{1-\alpha}\right]\Big|_0^1 = \dfrac{1}{1-\alpha}$,广义积分收敛.

当 $\alpha > 1$ 时,$\int_0^1 \dfrac{1}{x^a}\mathrm{d}x = \left[\dfrac{1}{1-\alpha}x^{1-\alpha}\right]\Big|_0^1 = +\infty$,广义积分发散.

因此,当 $\alpha < 1$ 时,此广义积分收敛,其值为 $\dfrac{1}{1-\alpha}$. 当 $\alpha \geq 1$ 时,此广义积分发散.

# 任务五  掌握定积分的几何应用

定积分是求某种总量的问题,在几何学、物理学以及其他各学科中都有广泛应用. 本次任

务在阐明定积分的微元法的基础上,介绍定积分在几何学中的应用部分.

# 一、定积分的元素法

曲边梯形面积的计算. 若 $y=f(x) \geqslant 0 (x \in [a,b])$,如图 5-4 所示,则以 $[a,b]$ 为底的曲边梯形的面积 $A=\displaystyle\int_a^b f(x)\mathrm{d}x$.

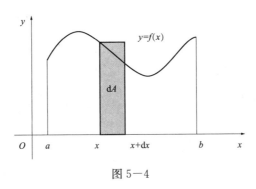

图 5-4

积分上限函数 $A(x)=\displaystyle\int_a^x f(t)\mathrm{d}t$ 表示以 $[a,x]$ 为底的曲边梯形的面积(如图 5-4 中左边的白色区域)

微分 $\mathrm{d}A(x)=f(x)\mathrm{d}x$ 表示点 $x$ 处以 $\mathrm{d}x$ 为宽的小曲边梯形面积的近似值(如图 5-4 中的浅黑色矩形),$f(x)\mathrm{d}x$ 称为曲边梯形的**面积元素**或**面积微元**.

一般情况下,为求某一量 $U$,根据问题的具体情况,选取一个变量,例如 $x$,作为积分变量,确定其变化区间 $[a,b]$,对 $\forall x \in [a,b]$,给予一个改变量,得到一个小区间 $[x,x+\mathrm{d}x]$,然后求出对应于这个小区间的部分量 $\Delta U$ 的近似值,即 $U$ 在点 $x$ 的微分 $\mathrm{d}U$.

如果能求出 $\mathrm{d}U=f(x)\mathrm{d}x$,则把这些微分在区间 $[a,b]$ 上作定积分,即得所求量

$$U=\int_a^b f(x)\mathrm{d}x$$

这一方法称为定积分的**元素法**或**微元法**.

# 二、定积分的几何应用

## 1. 平面图形的面积

根据定积分的几何意义,若 $f(x)$ 是区间 $[a,b]$ 上的非负连续函数,则 $f(x)$ 在 $[a,b]$ 上的曲边梯形的面积 $A=\displaystyle\int_a^b f(x)\mathrm{d}x$.

若函数 $f_1(x)$ 和 $f_2(x)$ 在 $[a,b]$ 上连续(见图 5-5),且总有 $f_1(x) \geqslant f_2(x)$,则由两条连续曲线 $y=f_1(x)$,$y=f_2(x)$ 与两条直线 $x=a$,$x=b$ 所围的平面图形的面积元素为

$$\mathrm{d}A=[f_1(x)-f_2(x)]\mathrm{d}x$$

所围的平面图形的面积为

$$A=\int_a^b [f_1(x)-f_2(x)]\mathrm{d}x$$

类似地,由连续的曲线 $x=\varphi_1(y)$,$x=\varphi_2(y)$ 与直线 $y=c$,$y=d$ 所围的平面图形(见图 5-6)

的面积为

$$A = \int_c^d [\varphi_1(y) - \varphi_2(y)] dy$$

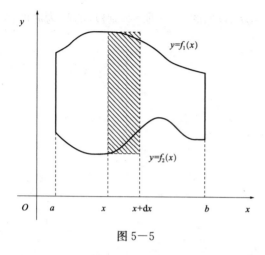

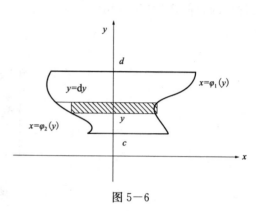

图 5—5

图 5—6

**例 1** 计算抛物线 $y^2 = x, y = x^2$ 所围成的图形的面积.

**【解】** 作图 5—7, 由方程 $y^2 = x, y = x^2$ 求出两条抛物线的交点为 $(0,0),(1,1)$. 以 $x$ 为积分变量, 则积分区间为 $[0,1]$.

上、下曲线分别为: $f(x) = \sqrt{x}$ 和 $f(x) = x^2$, 所以

$$S = \int_0^1 (\sqrt{x} - x^2) dx = \left( \frac{2}{3} x^{\frac{3}{2}} - \frac{1}{3} x^3 \right) \Big|_0^1 = \frac{1}{3}$$

**例 2** 计算抛物线 $y^2 = 2x$ 与直线 $y = x - 4$ 所围成的图形的面积.

**【解】** 作图 5—8,

解方程组 $\begin{cases} y^2 = 2x \\ y = x - 4 \end{cases}$, 得交点 $(2, -2)$ 和 $(8, 4)$.

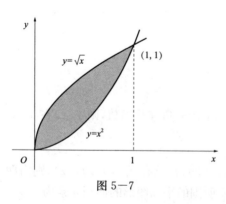

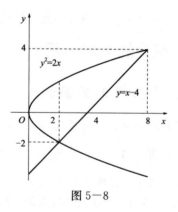

图 5—7

图 5—8

**方法 1**: 以 $y$ 为积分量, 则积分区间为 $y \in [-2, 4]$.

两条曲线分别为: $x = \frac{y^2}{2}$ 和 $x = y + 4$, 故所求平面图形面积为: $S = \int_{-2}^4 \left( y + 4 - \frac{y^2}{2} \right) dy = \left( \frac{1}{2} y^2 + 4y - \frac{1}{6} y^3 \right) \Big|_{-2}^4 = 18$.

**方法2**：以 $x$ 为积分变量，则积分区间为 $x \in [0,8]$，此时需要把图形分为 $[0,2]$ 和 $[2,8]$ 两个部分求面积.

在区间 $[0,2]$ 上，两条曲线分别为 $y = \sqrt{2x}$ 和 $y = -\sqrt{2x}$；

在区间 $[2,8]$ 上，两条曲线分别为 $y = \sqrt{2x}$ 和 $y = x-4$.

故所求平面图形面积为

$$S = \int_0^2 [\sqrt{2x} - (-\sqrt{2x})] \mathrm{d}x + \int_2^8 [\sqrt{2x} - (x-4)] \mathrm{d}x$$

$$= 2\sqrt{2} \int_0^2 \sqrt{x} \mathrm{d}x + \int_2^8 (\sqrt{2x} - x + 4) \mathrm{d}x$$

$$= \frac{4\sqrt{2}}{3} x^{\frac{3}{2}} \Big|_0^2 + \left( \frac{2\sqrt{2}}{3} x^{\frac{3}{2}} - \frac{1}{2} x^2 + 4x \right) \Big|_2^8$$

$$= 18$$

**例3** 求椭圆 $\dfrac{x^2}{a^2} + \dfrac{y^2}{b^2} = 1$ 所围成的图形的面积.

**【解】** 如图 5-9 所示，椭圆第一象限部分在 $x$ 轴上的

积分区间为 $[0,a]$，上、下曲线分别为 $y = b\sqrt{1 - \dfrac{x^2}{a^2}}$ 和 $y = 0$.

由椭圆的对称性，可知面积为

$$S = 4 \int_0^a b\sqrt{1 - \frac{x^2}{a^2}} \mathrm{d}x$$

作变换 $x = a\sin t$，则 $\mathrm{d}x = a\cos t \mathrm{d}t$. 当 $x=0$ 时 $t=0$，$x=a$ 时

$t = \dfrac{\pi}{2}$，故

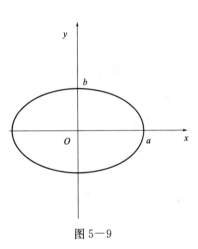

图 5-9

$$S = 4 \int_0^a b\sqrt{1 - \frac{x^2}{a^2}} \mathrm{d}x = 4 \int_0^{\frac{\pi}{2}} b\cos t \cdot a\cos t \mathrm{d}t$$

$$= 4ab \int_0^{\frac{\pi}{2}} (1 + \cos 2t) \mathrm{d}t$$

$$= 2ab \left( t + \frac{1}{2} \sin 2t \right) \Big|_0^{\frac{\pi}{2}}$$

$$= \pi ab$$

## 2. 旋转体的体积

旋转体是指由一个平面图形绕着平面内一条直线 $l$ 旋转一周而成的立体，直线 $l$ 叫作旋转轴.

由连续曲线 $y = f(x)$，直线 $x = a$，$x = b$ 及 $x$ 轴所围成的平面图形绕 $x$ 轴旋转一周而成旋体的体积（见图 5-10）为

$$V = \int_a^b \pi [f(x)]^2 \mathrm{d}x$$

**【证】** 对 $\forall x \in [a,b]$ 过 $x$ 作垂直于 $x$ 轴的直线，区间 $[a,x]$ 上平面图形绕 $x$ 轴旋转得到的旋转体的体积记为 $V(x)$. 给 $x$ 以改变量 $\mathrm{d}x$，则相应的旋转体体积的改变量的近似值为

$$\mathrm{d}V(x) = \pi [f(x)]^2 \mathrm{d}x$$

于是得所求旋转体的体积为

$$V = \int_a^b \pi [f(x)]^2 \mathrm{d}x$$

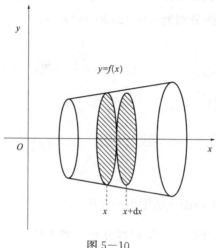

图 5—10

**例 4** 计算由椭圆 $\dfrac{x^2}{a^2} + \dfrac{y^2}{b^2} = 1$ 所围成的图形绕 $x$ 轴旋转而成的旋转体(旋转椭球体)的体积.

**【解】** 如图 5—11 所示,这个旋转椭球体也可以看作由上半个椭圆

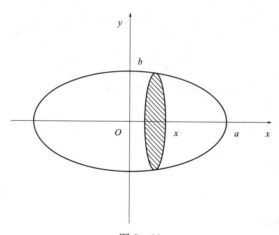

图 5—11

$$y = \frac{b}{a}\sqrt{a^2 - x^2}$$

及 $x$ 轴围成的图形绕 $x$ 轴旋转而成的立体,体积元素为

$$\mathrm{d}V(x) = \pi y^2 \mathrm{d}x = \pi \left(\frac{b}{a}\sqrt{a^2 - x^2}\right)^2 \mathrm{d}x = \frac{\pi b^2}{a^2}(a^2 - x^2)\mathrm{d}x$$

于是所求旋转椭球体的体积为

$$V = \int_{-a}^a \frac{\pi b^2}{a^2}(a^2 - x^2)\mathrm{d}x = \frac{\pi b^2}{a^2}\left(a^2 x - \frac{1}{3}x^3\right)\Big|_{-a}^a = \frac{4}{3}\pi ab^2$$

**例 5** 求由曲线 $y = x^2$,直线 $y = 2$ 以及 $x = 0$ 所围成的图形绕 $y$ 轴旋转得到的旋转体的

体积.

【解】 如图5－12所示，绕 $y$ 轴旋转，故 $y \in [0,2]$，体积元素为

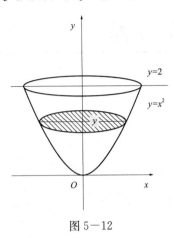

图 5－12

$$dV(y) = \pi x^2 dy = \pi (\sqrt{y})^2 dy = \pi y dy$$

于是，所求旋转体的体积为

$$V = \int_0^2 \pi y dy = \frac{\pi}{2} y^2 \Big|_0^2 = 2\pi$$

**思考题**

进行了项目五的学习之后，你能否利用定积分的解决问题的思路，计算一下天津市地图的面积？

# 项目六 常微分方程

◎ 知识图谱

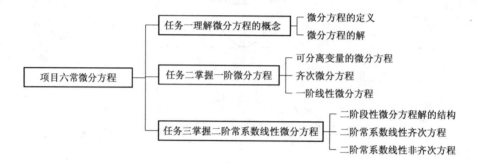

◎ 能力与素质

## 常微分方程在生活中的应用

常微分方程在生活中有着很多用途,例如鉴定名画的真伪,测定考古发掘物的年代,刑事侦查中的死亡时间的鉴定,经济学中用常微分的知识来计算物资的供给、需求与物价之间的关系. 通过学习,利用导数与微分相关知识解决一个实际问题:

**例** 某社区的人口增长与当前社区内人口成正比,若两年后,人口增加一倍;三年后是 20 000 人,试估计该社区最初人口.

**解** 设 $N=N(t)$ 为任何时刻 $t$ 该社区的人口,$N_0$ 为最初的人口. 因为

$$\frac{\mathrm{d}N}{\mathrm{d}t}=kN$$

由分离变量法解得

$$N=Ce^{kt}$$

当 $t=0$ 时 $N=N_0$,解得 $N_0=C$,于是

$$N=N_0e^{kt}$$

当 $t=2$ 时 $N=2N_0$,故 $2N_0=N_0e^{2k}$,解得 $k=\frac{1}{2}\ln 2\approx0.347$,于是

$$N=N_0e^{0.347t}$$

当 $t=3$ 时 $N=20\ 000$,代入得 $20\ 000=N_0e^{0.347\times3}=N_0\times2.832$,解得

$$N_0=7\ 062$$

所以该社区最初人口为 7 062 人.

## 人文素养——常微分方程的起源

常微分方程的形成与发展是和力学、天文学、物理学,以及其他科学技术的发展密切相关的. 数学的其他分支的新发展,如复变函数、李群、组合拓扑学等,都对常微分方程的发

展产生了深刻的影响,当前计算机的发展更是为常微分方程的应用及理论研究提供了非常有力的工具.

牛顿研究天体力学和机械动力学的时候,利用了微分方程这个工具,从理论上得到了行星运动规律.后来,法国天文学家勒维烈和英国天文学家亚当斯使用微分方程各自计算出那时尚未发现的海王星的位置.这些都使数学家更加深信微分方程在认识自然、改造自然方面的巨大力量.

微分方程的理论逐步完善的时候,利用它就可以精确地表述事物变化所遵循的基本规律,只要列出相应的微分方程,有了解方程的方法,微分方程也就成了最有生命力的数学分支.

在科学研究和实际问题中,常常需要寻求变量之间的函数关系,这种函数关系有时可以直接建立,有时却只能找到未知函数与其导数(或微分)之间的某种函数关系.这种联系着自变量、未知函数及未知函数的导数(或微分)的关系式就是**微分方程**.本项目将介绍微分方程的一些基本概念和几种常见微分方程的解法.

想一想:常微分方程可以解决实际生活中的一些难题,比如这次新冠疫情的传染模型,疫情数据的准确性对决策起到相当大的作用.因此,我们应该要努力学习知识,将来才能够承担起相应的社会责任,成为对社会有贡献的人.

# 任务一　理解微分方程的概念

## 一、微分方程的定义

**例 1**　一条曲线通过点$(1,2)$,且在该曲线上任意点$M(x,y)$处的切线的斜率等于该点横坐标平方的 3 倍,求此曲线方程.

【解】　设所求的曲线为$y=y(x)$,由导数的几何意义知

$$\frac{\mathrm{d}y}{\mathrm{d}x}=3x^2$$

即

$$\mathrm{d}y=3x^2\,\mathrm{d}x$$

两边求不定积分得

$$y=x^3+c\text{(其中 }c\text{ 为任意常数)}$$

由于曲线通过点$(1,2)$,故将$x=1,y=2$代入上式可得$c=1$.因此所求曲线为

$$y=x^3+1$$

**例 2**　一质量为$m$的质点,从高$h$处,只受重力作用从静止状态自由下落,试求其运动规律.

【解】　取质点下落的铅垂线为$s$轴,它与地面的交点为原点,并规定正面朝上(见图 6—1).设质点在时刻$t$的位置为$s(t)$,由牛顿第二定律$F=ma$,得

$$m\frac{\mathrm{d}^2 s(t)}{\mathrm{d}t^2}=-mg$$

即

$$\frac{\mathrm{d}^2 s(t)}{\mathrm{d}t^2}=-g$$

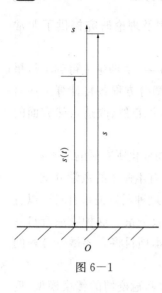

图 6—1

两边求不定积分得

$$\frac{ds(t)}{dt} = -g \int dt = -gt + c_1$$

对上式两边再求不定积分得

$$s(t) = -\int (gt + c_1) dt = -\frac{1}{2} gt^2 + c_1 t + c_2 (c_1, c_2 \text{ 为任意常数})$$

由 $s = s(t)$ 满足以下条件:$s(0) = h, \left. \frac{ds}{dt} \right|_{t=0} = 0$,可得 $c_1 = 0, c_2 =$

$h$. 故物体的运动规律为$s(t) = -\frac{1}{2} gt^2 + h$.

上面两个例子都无法直接找出问题中变量之间的函数关系,而是通过题设条件利用导数的几何意义或物理意义等,先建立含有未知函数的导数的方程,然后通过积分等手段求出满足该方程的附加条件的未知函数. 这类问题及解决问题的过程具有普遍意义. 下面介绍有关微分方程的概念.

**定义** 含有未知函数的导数(或微分)的方程叫作微分方程. 未知函数为一元函数的微分方程称为常微分方程. 微分方程中未知函数的导数的最高阶数称为微分方程的阶.

本教材只讨论常微分方程,简称微分方程. 下列方程都是常微分方程:

$$y' = 2x, dy = \frac{1}{x} dx, y' = y + \sqrt{y^2 - x^2}, y'' = 2y'^2 + y + x$$

前三个是一阶方程,第四个是二阶方程.

$n$ 阶微分方程有如下两种一般形式:

$$F(x, y, y', \cdots, y^{(n)}) = 0 \text{ 或 } y^{(n)} = f(x, y, y', \cdots, y^{(n-1)})$$

其中,$x$ 是自变量,$y$ 为未知函数,$F$ 和 $f$ 是已知函数.

## 二、微分方程的解

**定义** 如果函数 $y = y(x)$ 代入微分方程能使两端恒等,则称函数 $y = y(x)$ 为该微分方程的解.

从例 1 中可以知道,微分方程的解可能含有任意常数,也可能不含任意常数.

**定义** 若微分方程的解中含有任意常数,且任意常数的个数与微分方程的阶数相同,则称此解为微分方程的**通解**(或一般解).当通解中各任意常数都取待定值时,所得到的解为方程的**特解**. 用于确定通解中常数值的条件称为**初始条件**.

在例 1 中,$y = x^3 + c$ 是方程的通解,$y = x^3 + 1$ 是由初始条件 $y(1) = 2$ 确定的特解. 一般,为了确定方程的特解,先要求出方程的通解,再由初始条件求出任意常数的值,从而得到特解.

**例 3** 判断下列函数是否是微分方程 $xy' + 2y = 1$ 的解? 如果是解,是特解还是通解?

(1)$y = x^2$;     (2)$y = \dfrac{c}{x^2} + \dfrac{1}{2}$.

【解】 (1)将 $y = x^2, y' = 2x$ 代入微分方程.

左端 $x \cdot 2x + 2x^2 = 4x^2 \neq 1$,即左端$\neq$右端,所以 $y = x^2$ 不是该方程的解.

（2）将 $y=\dfrac{c}{x^2}+\dfrac{1}{2}$，$y'=-\dfrac{2c}{x^3}$ 代入微分方程．

左端 $=x\cdot\left(-\dfrac{2c}{x^3}\right)+2\left(\dfrac{c}{x^2}+\dfrac{1}{2}\right)=1=$ 右端，所以 $y=\dfrac{c}{x^2}+\dfrac{1}{2}$ 是该方程的解．

**例4**　设一物体从点 $O$ 出发，其运动规律是：任意时刻速度大小为运动时间的 3 倍，求物体的运动方程．

【解】　建立图 6-2 所示的坐标轴，即取点 $O$ 为原点，物体运动方向为坐标轴的正方向．

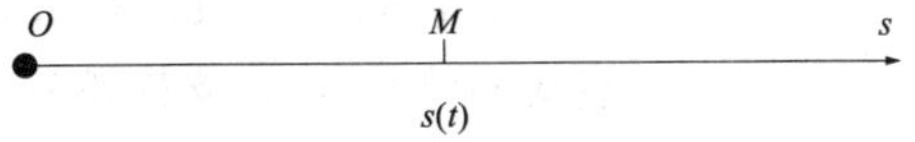

图 6-2

设在时刻 $t$ 物体到达点 $M$，其坐标为 $s(t)$，由导数的物理意义知，$s'(t)$ 就是物体运动的速度，所以得 $s'(t)=3t$.

初始条件：$t=0$ 时，$s=0$ 即 $s(0)=0$，由此求物体的运动方程已转化为求解初值问题：

$$\begin{cases} s'(t)=3t \\ s|_{t=0}=0 \end{cases}$$

由方程 $s'(t)=3t$ 积分后得到通解 $s(t)=\dfrac{3}{2}t^2+c$.

再将初始条件代入通解中，得 $c=0$.

所以，物体的运动方程为 $s(t)=\dfrac{3}{2}t^2$.

利用微分方程解决实际问题的一般步骤如下：

第一步，列出微分方程；

第二步，列出初始条件；

第三步，求出通解；

第四步，由初始条件确定所求的特解．

# 任务二　掌握一阶微分方程

一阶微分方程的一般形式为

$$y'=f(x,y)$$

与

$$P(x,y)\mathrm{d}x+Q(x,y)\mathrm{d}y=0$$

## 一、可分离变量的微分方程

**例1**　一曲线通过点 $(2,2)$，且曲线上任意点 $M(x,y)$ 的切线与直线 $OM$ 垂直，求此曲线的方程．

【解】　设所求曲线方程为 $y=f(x)$，$\alpha$ 为曲线在 $M$ 处的切线的倾斜角，$\beta$ 为直线 $OM$ 的倾斜角，如图 6-3 所示，则 $\tan\alpha=\dfrac{\mathrm{d}y}{\mathrm{d}x}$.

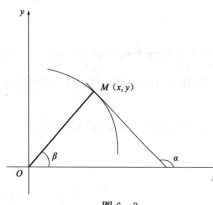

图 6-3

又直线 $OM$ 的斜率为 $\tan \beta = \dfrac{y}{x}$,因为切线与直线 $OM$ 垂直,所以

$$\frac{\mathrm{d}y}{\mathrm{d}x} \cdot \frac{y}{x} = -1, \text{即} \frac{\mathrm{d}y}{\mathrm{d}x} = -\frac{x}{y}$$

方程变形,成为

$$y\,\mathrm{d}y = -x\,\mathrm{d}x$$

方程的左边只含有未知函数 $y$ 及其微分 $\mathrm{d}y$,右边只含有自变量 $x$ 及其微分 $\mathrm{d}x$,也就是变量分离在等式两边.

对这种形式的方程给出如下定义:

**定义**    形如 $\dfrac{\mathrm{d}y}{\mathrm{d}x} = f(x)g(y)$ 的方程,称为可分离变量的微分方程.

此类方程的求解一般分为四个步骤:

第一步,分离变量:$\dfrac{1}{g(y)}\mathrm{d}y = f(x)\mathrm{d}x$;

第二步,两端积分:$\displaystyle\int \dfrac{1}{g(y)}\mathrm{d}y = \int f(x)\mathrm{d}x$;

第三步,求出积分,得到通解 $G(y) = F(x) + c$,其中 $G(y)$,$F(x)$ 分别是 $\dfrac{1}{g(y)}$ 与 $f(x)$ 的原函数,$c$ 是任意常数;

第四步,根据初始条件确定常数 $c$,得到方程的特解.

这种求微分方程的方法称为**分离变量法**.

**例 2**    求微分方程 $\dfrac{\mathrm{d}y}{\mathrm{d}x} = \dfrac{x}{y}$ 的通解.

【**解**】    将变量分离,得到

$$y\,\mathrm{d}y = x\,\mathrm{d}x$$

两边积分,即

$$\int y\,\mathrm{d}y = \int x\,\mathrm{d}x$$

$$\frac{1}{2}y^2 = \frac{1}{2}x^2 + c_1$$

因而,通解为

$$y^2 - x^2 = c$$

这里 $c$ 是任意常数.或者解出 $y$,写出显函数形式的解:

$$y = \pm\sqrt{x^2 + c}$$

**例 3**    求微分方程 $y' = y^2 \cos x$ 的通解及满足初始条件 $y(0) = 1$ 的特解.

【**解**】    分离变量

$$\frac{1}{y^2}\mathrm{d}y = \cos x\,\mathrm{d}x$$

两端分别积分

$$\int \frac{1}{y^2}\mathrm{d}y = \int \cos x\mathrm{d}x$$

得

$$-\frac{1}{y} = \sin x + c$$

所以方程的通解为

$$y = \frac{-1}{\sin x + c}$$

显然,方程还有解 $y=0$.

代入初始条件 $y(0)=1, 1 = \frac{-1}{\sin 0 + c}$ 得 $c=-1$.

故所求特解为

$$y = \frac{1}{1-\sin x}$$

**例 4**　求微分方程 $(x+xy^2)\mathrm{d}x + (y-x^2 y)\mathrm{d}y = 0$.

**【解】**　原方程变形为

$$x(1+y^2)\mathrm{d}x = y(x^2-1)\mathrm{d}y$$

此微分方程是可分离变量的

$$\frac{y}{1+y^2}\mathrm{d}y = \frac{x}{x^2-1}\mathrm{d}x$$

得

$$\frac{1}{2}\ln(1+y^2) = \frac{1}{2}\ln(x^2-1) + \frac{1}{2}\ln C$$

整理得

$$\frac{y^2+1}{x^2-1} = C$$

这就是该微分方程的隐式通解.

## 二、齐次微分方程

形如 $\dfrac{\mathrm{d}y}{\mathrm{d}x} = f\left(\dfrac{y}{x}\right)$ 的方程称为零次齐次微分方程,简称齐次方程.

对于齐次方程,可通过变量代换将其化为可分离变量的方程进行求解.

令 $u=\dfrac{y}{x}$,则 $y=xu$,$\dfrac{\mathrm{d}y}{\mathrm{d}x} = u + x\dfrac{\mathrm{d}u}{\mathrm{d}x}$ 代入齐次方程,得

$$u + x\frac{\mathrm{d}u}{\mathrm{d}x} = f(u)$$

分离变量并积分得

$$\int \frac{\mathrm{d}u}{f(u)-u} = \int \frac{1}{x}\mathrm{d}x$$

由上式解出 $u=u(x,c)$,即可得到齐次方程的通解:$y=xu(x,c)$.

**例 5** 求微分方程 $y' = \dfrac{y}{x+y}$ 的通解.

【解】 把原方程化为

$$\frac{\mathrm{d}y}{\mathrm{d}x} = \frac{\dfrac{y}{x}}{1+\dfrac{y}{x}}$$

令 $u = \dfrac{y}{x}$，即 $y = xu$，则 $\dfrac{\mathrm{d}y}{\mathrm{d}x} = u + x\dfrac{\mathrm{d}u}{\mathrm{d}x}$. 代入上式，得

$$\frac{1+u}{u^2}\mathrm{d}u = -\frac{1}{x}\mathrm{d}x$$

两端分别积分得

$$-\frac{1}{u} + \ln|u| = -\ln|x| + c$$

将 $u = \dfrac{y}{x}$ 回代到上式，得

$$-\frac{x}{y} + \ln\left|\frac{y}{x}\right| = -\ln|x| + c$$

则通解为

$$x - cy - y\ln|y| = 0$$

**例 6** 求微分方程 $y' = \dfrac{y}{x} + \tan\dfrac{y}{x}$ 的通解.

【解】 令 $u = \dfrac{y}{x}$，则 $y = xu$，$y' = u + xu'$，

代入方程，得

$$u + xu' = u + \tan u$$

即

$$\cot u\,\mathrm{d}u = \frac{\mathrm{d}x}{x}$$

两边积分，得

$$\ln\sin u = \ln x + \ln c$$

去对数符号，得

$$\sin u = Cx$$

将 $u = \dfrac{y}{x}$ 代入上式，得原方程的通解

$$\sin\frac{y}{x} = Cx$$

# 三、一阶线性微分方程

**定义** 形如 $y' + P(x)y = Q(x)$ 的微分方程称为**一阶线性微分方程**，其中 $P(x)$，$Q(x)$ 为 $x$ 的已知函数. 当 $Q(x)$ 不恒为零时，称为**一阶线性非齐次微分方程**. 当 $Q(x)$ 恒为零时，称为**一阶线性齐次微分方程**.

## 1. 一阶线性齐次微分方程的解法

显然,一阶线性齐次微分方程 $y'+P(x)y=0$ 是可分离变量的方程.

分离变量

$$\frac{\mathrm{d}y}{y}=-P(x)\mathrm{d}x$$

两边积分

$$\ln y=-\int P(x)\mathrm{d}x+\ln c$$

得到一阶线性齐次微分方程的通解公式

$$y=ce^{-\int P(x)\mathrm{d}x}$$

**例 7** 求方程 $(y-xy)\mathrm{d}x+x\mathrm{d}y=0$ 的通解和满足初始条件 $y|_{x=1}=e$ 的特解.

**【解】** 原方程化为一阶线性齐次形式

$$\frac{\mathrm{d}y}{\mathrm{d}x}+\left(\frac{1}{x}-1\right)y=0$$

其中
$$P(x)=\frac{1}{x}-1$$

由公式得到通解

$$y=c\cdot e^{-\int\left(\frac{1}{x}-1\right)\mathrm{d}x}=ce^{-\ln x+x}$$

代入初始条件 $y|_{x=1}=e$,得 $c=1$,故满足初始条件的特解为 $y=e^{-\ln x+x}$.

## 2. 一阶线性非齐次微分方程的解法

通常用"常数变易法"解一阶线性非齐次微分方程,分两步完成:

(1)求出对应的一阶线性齐次微分方程的通解;

(2)用函数替代常数的"常数变易法"改写通解,代入原方程,求出替代函数.

具体方法如下:

设一阶线性非齐次微分方程

$$y'+P(x)y=Q(x) \tag{6-1}$$

写出对应的一阶线性齐次微分方程

$$y'+P(x)y=0$$

其通解为

$$y=C\cdot e^{-\int P(x)\mathrm{d}x}(C\text{ 为任意常数})$$

将任意常数 $C$ 换为 $x$ 的函数 $C(x)$,即令

$$y=C(x)e^{-\int P(x)\mathrm{d}x} \tag{6-2}$$

对式(6—2)求导数

$$y'=C'(x)e^{-\int P(x)\mathrm{d}x}-C(x)\cdot P(x)e^{-\int P(x)\mathrm{d}x} \tag{6-3}$$

将式(6—2)、式(6—3)代入一阶线性非齐次微分方程(6—1):

$$\left[C'(x)e^{-\int P(x)dx} - C(x) \cdot P(x)e^{-\int P(x)dx}\right] + P(x) \cdot C(x)e^{-\int P(x)dx} = Q(x)$$

整理得

$$C'(x) = Q(x)e^{\int P(x)dx}$$

两边积分,得

$$C(x) = \int Q(x)e^{\int P(x)dx}dx + c$$

将此式代入式(6-2)中,故得到一阶线性非齐次微分方程 $y' + P(x)y = Q(x)$ 的通解公式

$$y = e^{-\int P(x)dx}\left(\int Q(x)e^{\int P(x)dx}dx + c\right) \qquad (6-4)$$

**例 8**　求方程 $(1+x^2)y' - 2xy = (1+x^2)^2$ 的通解.

**【解】**　方程是一阶线性非齐次微分方程,将其改写成

$$y' - \frac{2x}{1+x^2}y = 1+x^2$$

于是

$$P(x) = \frac{-2x}{1+x^2}, Q(x) = 1+x^2$$

由一阶线性非齐次微分方程通解公式得到方程的通解为

$$y = e^{\int \frac{2x}{1+x^2}dx}\left[\int (1+x^2)e^{-\int \frac{2x}{1+x^2}dx}dx + c\right]$$

$$= e^{\ln(1+x^2)}\left[\int \frac{(1+x^2)}{(1+x^2)}dx + c\right]$$

$$= (1+x^2)(x+c)$$

有些方程经过适当变形后可转化为线性方程.

**例 9**　求微分方程 $y' = \dfrac{y}{x-y^3}$ 的通解及满足初始条件 $y(2)=1$ 的特解.

**【解】**　可把 $y$ 看作自变量,$x$ 为函数 $x = x(y)$,将原方程化为未知函数为 $x = x(y)$ 的线性方程

$$\frac{dx}{dy} = \frac{x-y^3}{y}, 即\frac{dx}{dy} - \frac{x}{y} = -y^2$$

于是

$$P(y) = -\frac{1}{y}, Q(y) = -y^2$$

用公式可得所求通解为

$$x = e^{\int \frac{1}{y}dy}\left[\int (-y^2)e^{-\int \frac{1}{y}dy}dy + c\right]$$

$$= e^{\ln y}\left(-\int y^2 \cdot e^{-\ln y}dy + c\right)$$

$$= y\left(-\int y dy + c\right) = cy - \frac{1}{2}y^3$$

将初始条件 $y(1)=2$ 代入上式,可得 $c = \dfrac{5}{2}$,故所求特解为

$$x = \frac{5y - y^3}{2}$$

**例 10** 求微分方程 $\dfrac{\mathrm{d}x}{\mathrm{d}y} + \dfrac{1}{y}x = y^2$.

**【解】**
$$x = \mathrm{e}^{-\int \frac{1}{y}\mathrm{d}y}\left[\int y^2 \mathrm{e}^{\int \frac{1}{y}\mathrm{d}y}\mathrm{d}y + C_1\right] = \frac{1}{y}\left(\frac{1}{4}y^4 + C_1\right)$$

通解可写成
$$4xy = y^4 + C(C = 4C_1)$$

# 任务三　掌握二阶常系数线性微分方程

任务二讨论了一阶线性微分方程
$$y' + P(x)y = Q(x) \tag{6-5}$$
通解的求法. 本任务讨论二阶线性微分方程的通解求法, 先介绍解的结构.

## 一、二阶线性微分方程解的结构

形如
$$y'' + P(x)y' + Q(x)y = f(x) \tag{6-6}$$
的微分方程称为二阶线性微分方程.

如果 $f(x) = 0$, 方程
$$y'' + P(x)y' + Q(x)y = 0 \tag{6-7}$$
则称为二阶线性齐次微分方程.

若 $f(x) \neq 0$, 则称方程(6-6)为二阶线性非齐次微分方程.

**定理 1** 如果 $y_1(x)$ 与 $y_2(x)$ 都是方程(6-7)的解, 那么 $C_1 y_1(x) + C_2 y_2(x)$ 也是方程(6-7)的解.

**【证】** 令 $y = C_1 y_1 + C_2 y_2$, 则
$$y' = C_1 y_1' + C_2 y_2', \quad y'' = C_1 y_1'' + C_2 y_2''$$
代入方程(6-7), 有
$$\begin{aligned}
左边 &= (C_1 y_1'' + C_2 y_2'') + P(x)(C_1 y_1' + C_2 y_2') + Q(x)(C_1 y_1 + C_2 y_2)\\
&= C_1[y_1'' + P(x)y_1' + Q(x)y_1] + C_2[y_2'' + P(x)y_2' + Q(x)y_2]\\
&= C_1 \cdot 0 + C_2 \cdot 0\\
&= 0\\
&= 右边
\end{aligned}$$

**定理 2** 如果 $y_1(x)$ 与 $y_2(x)$ 都是方程(6-7)的解, 且 $\dfrac{y_1(x)}{y_2(x)} \neq C$($C$ 为常数), 则 $y = C_1 y_1(x) + C_2 y_2(x)$ 是方程(6-7)的通解.

**定理 3** 设 $y^*(x)$ 是二阶线性非齐次微分方程(6-6)的一个特解, $Y(x)$ 是方程(6-6)对应的齐次方程(6-7)的通解, 那么
$$y = Y(x) + y^*(x)$$

是二阶线性非齐次微分方程(6—6)的通解.

【证】 把 $y=Y(x)+y^*(x)$ 代入方程(6—6),有

$$左边 = (Y+y^*)''+P(x)(Y+y^*)'+Q(x)(Y+y^*)$$
$$=(Y''+y^{*''})P(x)(Y'+y^{*'})+Q(x)Y+Q(x)y^*$$
$$=[Y''+P(x)Y'+Q(x)Y]+[y^{*''}+P(x)y^{*'}+Q(x)y^*]$$
$$=0+f(x)$$
$$=f(x)$$
$$=右边$$

则 $y=Y(x)+y^*(x)$ 是方程(6—6)的解.

又因为 $Y(x)$ 含有两个任意常数,则 $y=Y(x)+y^*(x)$ 是方程(6—6)的通解.

## 二、二阶常系数线性齐次方程

在微分方程(6—7)中,如果 $P(x),Q(x)$ 是常数,即方程成为

$$y''+py'+qy=0 \tag{6—8}$$

其中,$p,q$ 是常数,称为二阶常系数齐次线性微分方程.

由定理 2 可知,只要找到齐次线性微分方程的两个解 $y_1(x)$ 和 $y_2(x)$,且 $\dfrac{y_1(x)}{y_2(x)}\neq C$,则 $y=C_1y_1(x)+C_2y_2(x)$ 是方程(6—8)的通解.

方程(6—8)中未知函数 $y$ 及其导数 $y'$ 和 $y''$ 各项乘以常数相加为 0,则可以设 $y=e^{rx}$ 为其中一个特解,从而

$$y'=re^{rx},y''=r^2e^{rx}$$

代入方程(6—8),有

$$(r^2+pr+q)e^{rx}=0$$

即

$$r^2+pr+q=0 \tag{6—9}$$

由此可见,只要 $r$ 满足方程(6—9),则函数 $y=e^{rx}$ 就是微分方程(6—8)的解,称方程(6—9)是微分方程(6—8)的特征方程,特征方程的根为特征根.

特征方程(6—9)是一个一元二次代数方程,下面分三种情况进行讨论.

(1)$p^2-4q>0$,即特征方程有两个不相等的实根 $r_1,r_2$,则

$$y_1=e^{r_1x},y_2=e^{r_2x}$$

是微分方程(6—8)的两个解,且

$$\frac{y_1}{y_2}=\frac{e^{r_1x}}{e^{r_2x}}=e^{(r_1-r_2)x}\neq C$$

故微分方程(6—8)的通解为

$$y=C_1e^{r_1x}+C_2e^{r_2x}$$

(2)$p^2-4q=0$,即特征方程有两个相等的实根 $r_1=r_2=-\dfrac{P}{2}$,则只能找到方程(6—8)的一个解

$$y_1=e^{r_1x}$$

令 $y_2=u(x)e^{r_1x}$ 也是方程(6-8)的解,将其代入微分方程(6-8),有

$$y'_2=u'(x)e^{r_1x}+r_1u(x)e^{r_1x}$$

$$y''_2=u''(x)e^{r_1x}+2r_1u(x)e^{r_1x}+r_1^2u(x)e^{r_1x}$$

$$e^{r_1x}[(u''+2r_1u'+r_1^2u)+p(u'+r_1u)+qu]=0$$

即

$$u''+(2r_1+p)u'+(r_1^2+pr_1+q)u=0$$

由于 $r_1$ 是二重根,因此

$$2r_1+p=0,r_1^2+pr_1+q=0$$

从而

$$u''=0$$

取 $u(x)=x$,则 $y_2=xe^{r_1x}$,因此微分方程(6-8)的通解为

$$y=(C_1+C_2x)e^{r_1x}$$

(3) $p^2-4q<0$,即特征方程有一对共轭复根 $r_{1,2}=\alpha\pm i\beta$,此时可以找到微分方程(6-8)的两个解为

$$y_1=e^{\alpha x}\cos\beta x,y_2=e^{\alpha x}\sin\beta x$$

因此,微分方程(6-8)的通解为

$$y=e^{\alpha x}(C_1\cos\beta x+C_2\sin\beta x)$$

综上所述,根据特征方程根的情况,对应的微分方程的解如表6-1所示.

表6-1

| 特征方程 $r^2+pr+q=0$ 的根 | 微分方程 $y''+py'+qy=0$ 的通解 |
|---|---|
| 两个不等实根 $r_1\neq r_2$ | $y=C_1e^{r_1x}+C_2e^{r_2x}$ |
| 两个相等实根 $r_1=r_2$ | $y=(C_1+C_2x)e^{r_1x}$ |
| 一对共轭复根 $r_{1,2}=\alpha\pm i\beta$ | $y=e^{\alpha x}(C_1\cos\beta x+C_2\sin\beta x)$ |

**例1** 求微分方程 $y''-2y'-3y=0$ 的通解.

**【解】** 特征方程为

$$r^2-2r-3=0$$

其根为

$$r_1=-1,r_2=3$$

故所求微分方程的通解为

$$y=C_1e^{-x}+C_2e^{3x}$$

**例2** 求微分方程 $y''+2y'+y=0$ 满足 $y(0)=4,y'(0)=-2$ 的特解.

**【解】** 微分方程的特征方程为

$$r^2+2r+1=0$$

$$r_1=r_2=-1$$

微分方程的通解为

$$y=(C_1+C_2x)e^{-x}$$

代入 $y(0)=4$，得 $C_1=4$，则

$$y=(4+C_2x)e^{-x}$$
$$y'=(C_2-4-C_2x)e^{-x}$$

代入 $y'(0)=-2$，得 $C_2=2$，故所求微分方程的特解为

$$y=(4+2x)e^{-x}$$

**例3** 求微分方程 $y''+2y'+3y=0$ 的通解．

**【解】** 特征方程为

$$r^2+2r+3=0$$
$$r_{1,2}=\frac{-2\pm\sqrt{2^2-12}}{2}=-1\pm\sqrt{2}\mathrm{i}$$

所求微分方程通解为

$$y=e^{-x}(C_1\cos\sqrt{2}x+C_2\sin\sqrt{2}x)$$

# 三、二阶常系数线性非齐次方程

形如

$$y''+py'+qy=f(x)$$

的微分方程称为二阶常系数线性非齐次微分方程，其中，$p,q$ 是常数．

由定理3可知，非齐次方程的解等于对应的齐次方程的解加上它自身的一个特解，而前面已经讨论了齐次方程的通解，下面只给出非齐次微分方程特解的方法．

我们只讨论 $f(x)=P_n(x)e^{\lambda x}$ 的情形．

此时方程为

$$y''+py'+qy=P_n(x)e^{\lambda x} \tag{6-10}$$

其中，$\lambda$ 为常数，$P_n(x)$ 为 $n$ 次多项式

$$P_n(x)=a_0x^n+a_1x^{n-1}+\cdots+a_{n-1}x+a_n$$

由方程(6-10)两端特征，设 $y^*=Q(x)e^{\lambda x}$ 是方程的特解，则

$$y^{*'}=Q'(x)e^{\lambda x}+\lambda Q(x)e^{\lambda x}$$
$$y^{*''}=Q''(x)e^{\lambda x}+2\lambda Q'(x)e^{\lambda x}+\lambda^2 Q(x)e^{\lambda x}$$

代入方程(6-10)，得到

$$e^{\lambda x}\{[Q''(x)+2\lambda Q'(x)+\lambda^2 Q(x)]+P[Q'(x)+\lambda Q(x)]+qQ(x)\}=P_n(x)e^{\lambda x}$$

即

$$Q''(x)+(2\lambda+p)Q'(x)+(\lambda^2+p\lambda+q)Q(x)=P_n(x) \tag{6-11}$$

(1)当 $\lambda$ 不是特征根，即 $\lambda^2+p\lambda+q\neq0$，则式(6-11)左端 $x$ 的最高次幂应含在 $Q(x)$ 中，可设

$$Q(x)=Q_n(x)=b_0x^n+b_1x^{n-1}+\cdots+b_{n-1}x+b_n$$

其中，$b_0,b_1,\cdots,b_{n-1},b_n$ 是待定系数，可代入式(6-11)中求出，此时特解为

$$y^*=Q_n(x)e^{\lambda x}$$

(2)当 $\lambda$ 是特征单根，即 $\lambda^2+p\lambda+q=0$，$2\lambda+p\neq0$，则式(6-11)左端 $x$ 的最高次幂应含在 $Q'(x)$ 中，可设

$$Q(x)=xQ_n(x)$$

此时特解为

$$y^* = xQ_n(x)e^{\lambda x}$$

（3）当 $\lambda$ 是二重特征根，即 $\lambda^2 + p\lambda + q = 0, 2\lambda + p = 0$，则式（6-11）左端 $x$ 的最高次幂应含在 $Q''(x)$ 中，可设

$$Q(x) = x^2 Q_n(x)$$

此时特解为

$$y^* = x^2 Q_n(x)e^{\lambda x}$$

综上所述，微分方程（6-10）的特解形式为

$$y^* = x^k Q_n(x)e^{\lambda x}$$

其中，$Q_n(x)$ 是与 $P_n(x)$ 同次的多项式，$k$ 按照 $\lambda$ 不是特征根，是单根，是二重根分别取 $0, 1, 2$.

**例 4**　求微分方程 $y'' + 5y' + 4y = 1 + 4x$ 的一个特解.

**【解】**　对应的齐次方程的特征方程为

$$r^2 + 5r + 4 = 0$$

特征根为

$$r_1 = -1, r_2 = -4$$

由于 $\lambda = 0$ 不是特征根，因此设 $y^* = b_0 x + b_1$，代入原方程，得

$$5b_0 + 4(b_0 x + b_1) = 1 + 4x$$

比较两端同次幂的系数，得

$$\begin{cases} 5b_0 + 4b_1 = 1 \\ 4b_0 = 4 \end{cases}$$

解得 $b_0 = 1, b_1 = -1$，故所求的一个特解为

$$y^* = x - 1$$

**例 5**　求微分方程 $y'' - 3y' - 10y = 2e^{-2x}$ 的通解.

**【解】**　对应的齐次方程的特征方程为

$$r^2 - 3r - 10 = 0$$

特征根为

$$r_1 = -2, r_2 = 5$$

齐次方程的通解为

$$Y = C_1 e^{-2x} + C_2 e^{5x}$$

由于 $\lambda = -2$ 是特征方程的单根，设 $y^* = Axe^{-2x}$，因此

$$y^{*'} = A(1 - 2x)e^{-2x}, y^{*''} = A(4x - 4)e^{-2x}$$

代入原微分方程，得

$$y'' - 3y' - 10y = -7Ae^{-2x} = 2e^{-2x}$$

则

$$A = -\frac{2}{7}$$

所求微分方程的通解为

$$y = C_1 e^{-2x} + C_2 e^{5x} - \frac{2}{7}xe^{-2x}$$

**例6** 求微分方程 $y''-6y'+9y=6e^{3x}$ 的一个特解.

**【解】** 对应的齐次方程的特征方程为

$$r^2-6r+9=0$$

特征根为

$$r_1=r_2=3$$

由于 $\lambda=3$ 是特征方程的二重根,故设 $y^*=Ax^2e^{3x}$. 令 $Q(x)=Ax^2$,代入原方程,得

$$A=3$$

故所求特解为

$$y^*=3x^2e^{3x}$$

## 思考题

进行了项目六的学习之后,你可以利用常微分方程建立数学模型,来解决哪些生活中的实际问题?

◎ 知识图谱

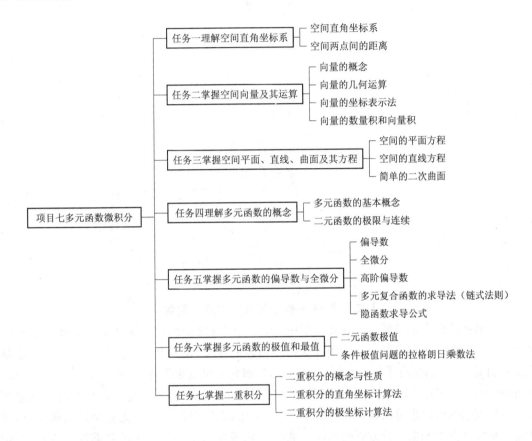

◎ 能力与素质

**多元函数微积分在生活中的应用**

多元微积分函数在生活中有着各种各样的用途,例如经济学中进行多变量的计算.通过学习,利用导数与微分相关知识解决一些实际问题:

**例** 设平面薄片所占的闭区域 $D$ 由螺线 $r=2\theta\left(0\leqslant\theta\leqslant\dfrac{\pi}{2}\right)$ 与直线 $\theta=0,\theta=\dfrac{\pi}{2}$ 围成的面密度为 $\mu(x,y)=x^2+y^2$,求该薄片的质量(见图 7-1).

**解** 该薄片的质量为 $m=\iint\limits_{D}\mu(x,y)\mathrm{d}\sigma=\iint\limits_{D}(x^2+y^2)\mathrm{d}\sigma=\iint\limits_{D}r^2\cdot r\mathrm{d}r\mathrm{d}\theta.$

由于 $D$ 由 $\begin{cases} 0 \leqslant r \leqslant 2\theta \\ 0 \leqslant \theta \leqslant \dfrac{\pi}{2} \end{cases}$ 围成,因此

$$
\begin{aligned}
m &= \int_0^{\frac{\pi}{2}} \mathrm{d}\theta \int_0^{2\theta} r^3 \mathrm{d}r \\
&= \int_0^{\frac{\pi}{2}} \frac{1}{4} r^4 \Big|_0^{2\theta} \mathrm{d}\theta \\
&= 4 \int_0^{\frac{\pi}{2}} \theta^4 \mathrm{d}\theta \\
&= \frac{4}{5} \theta^5 \Big|_0^{\frac{\pi}{2}} = \frac{\pi^5}{40}
\end{aligned}
$$

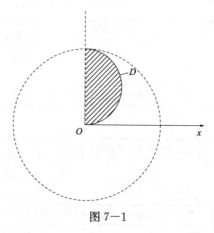

图 7-1

### 人文素养——多元函数微积分的起源

多元函数的概念很早就出现在物理学中,因为人们常常要研究取决于多个其他变量的物理量. 例如托马斯·布拉德华曾试图寻找运动物体的速度、动力和阻力之间的关系. 不过从 17 世纪开始,这个概念有了长足发展. 1667 年,詹姆斯·格雷果里在《Vera circuli et hyperbolae quadratura》一文中给出了多元函数最早的定义之一:"(多元)函数是由几个量经过一系列代数运算或别的可以想象的运算得到的量."18 世纪,人们发展了基于无穷小量的微积分,并研究了常微分方程和偏微分方程的解法. 那时多元函数的运算与一元函数类似. 直到 19 世纪末和 20 世纪,人们才严格建立起偏导数(包括二阶偏导数)的计算法则.

想一想:多元函数是复杂的,但只要勇于探索,难题也会被攻克解决. 在生活中,你是否也拥有不畏困难,勇于探索的精神?

# 任务一　理解空间直角坐标系

## 一、空间直角坐标系

过空间定点 $O$ 作三条互相垂直的数轴,各个数轴的正向符合右手法则,形成了空间直角坐标系(如图 7-2 所示,用四个手指指向 $x$ 轴正向,旋转 90° 指向 $y$ 轴正向,然后拇指的指向为 $z$ 轴的正向.). 其中 $O$ 称为坐标原点;三个数轴称为坐标轴:分别称为 $x$ 轴(横轴)、$y$ 轴(纵

轴)、$z$ 轴(竖轴);每两条坐标轴确定的平面为坐标面,分别称为 $xOy$ 面、$yOz$ 面和 $zOx$ 面. 三个坐标面把空间分成八个部分,每一部分称为一个卦限. 其中,$x$ 轴、$y$ 轴、$z$ 轴的正半轴形成的卦限称为第 Ⅰ 卦限,$xOy$ 面的上方按逆时针方向依次称为第 Ⅰ、Ⅱ、Ⅲ、Ⅳ 卦限,$xOy$ 面的下方依次称 Ⅴ、Ⅵ、Ⅶ、Ⅷ 卦限(如图 7-3 所示).

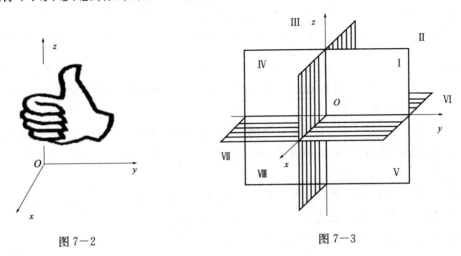

图 7-2　　　　　　　　　　　　　　　　　图 7-3

设 $P$ 为空间一点,过点 $P$ 分别作垂直于三个坐标轴的平面,分别与 $x$ 轴、$y$ 轴、$z$ 轴相交于 $A$、$B$、$C$ 三点,且这三点在 $x$ 轴、$y$ 轴、$z$ 轴上的坐标依次为 $x$、$y$、$z$,则点 $P$ 唯一地确定了一组有序数组 $x$,$y$,$z$. 反之,设给定一组有序数组 $x$,$y$,$z$,且它们在 $x$ 轴、$y$ 轴、$z$ 轴上依次对应于 $A$、$B$、$C$ 点,过点 $A$、$B$、$C$ 分别作平面垂直于所在坐标轴,则这三张平面确定了唯一的交点 $P$. 这样,空间的点 $P$ 与一组有序数组 $x$、$y$、$z$ 之间建立了一一对应关系(如图 7-4 所示). 有序数组 $x$、$y$、$z$ 就称为点 $P$ 的坐标,记为 $P(x,y,z)$,分别称 $x$ 坐标、$y$ 坐标、$z$ 坐标.

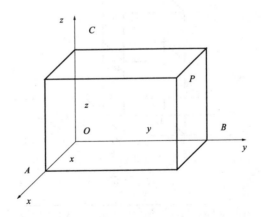

图 7-4

显然,原点 $O$ 的坐标为 $(0,0,0)$,$x$ 轴上任意一点的坐标为 $(x,0,0)$,$y$ 轴上任意一点的坐标为 $(0,y,0)$,$z$ 轴上任意一点的坐标为 $(0,0,z)$,$xOy$ 面上任意一点的坐标为 $(x,y,0)$,$xOz$ 面上任意一点的坐标为 $(x,0,z)$,$yOz$ 面上任意一点的坐标为 $(0,y,z)$. 各卦限点的坐标具有以下特征(见表 7-1):

表 7-1

| 卦限 | I | II | III | IV | V | VI | VII | VIII |
|------|---|----|-----|----|----|-----|------|------|
| $x$ | + | − | − | + | + | − | − | + |
| $y$ | + | + | − | − | + | + | − | − |
| $z$ | + | + | + | + | − | − | − | − |

容易看出：设空间一点的坐标为 $M(x,y,z)$，它关于 $xOy$ 面的对称点的坐标为 $M(x,y,-z)$；关于 $x$ 轴的对称点的坐标为 $M(x,-y,-z)$；关于原点的对称点的坐标为 $M(-x,-y,-z)$，其他类推．

以后，称数轴为一维空间，平面直角坐标系为二维空间，空间直角坐标系为三维空间．

**例 1**　在空间直角坐标系中，求出点 $A(3,1,2)$ 关于(1)$yOz$ 面；(2)$y$ 轴；(3)原点的对称点的坐标．

**【解】**　(1)点 $A(3,1,2)$ 关于 $yOz$ 面的对称点为 $(-3,1,2)$．

(2)点 $A(3,1,2)$ 关于 $y$ 轴的对称点为 $(-3,1,-2)$．

(3)点 $A(3,1,2)$ 关于原点的对称点为 $(-3,-1,-2)$．

## 二、空间两点间的距离

设空间有 $A(x_1,y_1,z_1)$ 和 $B(x_2,y_2,z_2)$ 两点，由图 7-5 可以看出 $AB$ 之间的距离为

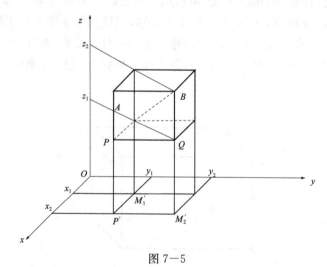

图 7-5

$$d=\sqrt{(x_2-x_1)^2+(y_2-y_1)^2+(z_2-z_1)^2} \tag{7-1}$$

特别地，平面 $xOy$ 面两点 $A(x_1,y_1,0)$ 与 $B(x_2,y_2,0)$ 的距离为

$$d=\sqrt{(x_2-x_1)^2+(y_2-y_1)^2} \tag{7-2}$$

**例 2**　在 $z$ 轴上求与 $A(-4,1,7)$ 和 $B(3,5,-2)$ 等距离的点．

**【解】**　设 $z$ 轴上点的坐标为 $C(0,0,z)$.

由题意可得
$$|AC|=|BC|$$
$$\sqrt{4^2+1^2+(z-7)^2}=\sqrt{3^2+5^2+(z+2)^2}$$

于是 $$z = \frac{14}{9}$$

所以,此点为 $\left(0,0,\frac{14}{9}\right)$.

# 任务二　掌握空间向量及其运算

## 一、向量的概念

在物理学中,我们已经遇到过既有大小又有方向的量,如:力,位移,速度,加速度等,这种量叫作向量或矢量,一般用 $a,b,c$ 或 $\overrightarrow{AB}$ 等表示. $\overrightarrow{AB}$ 表示始点为 $A$,终点为 $B$ 的有向线段.

向量的大小称为向量的模,用 $|a|$ 或 $|\overrightarrow{AB}|$ 表示. 模为 1 的向量称为单位向量,与 $a$ 同方向的单位向量记作 $\frac{a}{|a|}$. 模为 0 的向量称为零向量,记为 $\mathbf{0}$,方向不定.

方向相同,模相等的向量称为相等向量,记作 $a=b$. 可以自由平移的向量称为自由向量,我们所研究的对象是自由向量.

## 二、向量的几何运算

### 1. 加法运算

设两个非零向量 $a,b$,有共同的起点 $O$,则以 $O$ 为起点,以 $a,b$ 为邻边的平行四边形的对角线 $\overrightarrow{OC}$ 表示向量 $a$ 与 $b$ 的和,记为 $a+b$(见图 7—6(a)). 这个法则称为向量加法的平行四边形法则.

平移向量 $b$ 至向量 $a$ 的终点,以 $a$ 的起点为起点,以 $b$ 的终点为终点的向量也表示 $a+b$,这种方法称为向量加法的三角形法则(见图 7—6(b)). 这个法则可以推广到有限多个向量的相加.

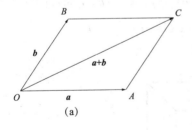

(a)　　　　　　　　　(b)

图 7—6

向量的加法满足:

交换律

$$a+b=b+a$$

结合律

$$(a+b)+c=a+(b+c)$$

### 2. 减法运算

与向量 $b$ 的模相等而方向相反的向量称为 $b$ 的负向量,记作 $-b$.

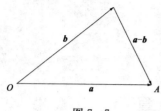

图 7—7

由于 $a-b=a+(-b)$，将向 $a$ 和 $b$ 的起点移到同一点 $O$，易得以 $b$ 的终点为起点，以 $a$ 的终点为终点的向量是 $a-b$（见图 7—7），这种方法称为向量减法的三角形法则．

## 3. 数乘向量

**定义** 设 $a$ 是一个非零向量，$\lambda$ 是一个非零实数，则 $a$ 与 $\lambda$ 的乘积仍是向量，称为**数乘向量**，记作 $\lambda a$．且（1）$\lambda a$ 的大小为 $|\lambda a|=|\lambda||a|$；（2）$\lambda a$ 的方向

$$\begin{cases} 与 a 同向，\lambda>0 \\ 与 a 反向，\lambda<0 \end{cases}$$

若 $\lambda=0$ 或 $a=0$，规定 $\lambda a=0$．

数乘向量满足结合律与分配律：

$$\mu(\lambda a)=(\lambda\mu)a$$
$$\lambda(a+b)=\lambda a+\lambda b$$
$$(\lambda+\mu)a=\lambda a+\mu a$$

其中，$\lambda,\mu$ 都是实数．

由数乘向量 $\lambda a$ 的定义可知，$\lambda a$ 与 $a$ 是共线向量，也称为平行向量．

# 三、向量的坐标表示法

## 1. 向量的坐标表示

在空间直角坐标系中，与 $x$ 轴、$y$ 轴、$z$ 轴的正向同向的单位向量分别记为 $i,j,k$ 或 $\vec{i},\vec{j}$，$\vec{k}$，称为基本单位向量．

设向量 $\overrightarrow{OP}$ 的起点为坐标原点 $O$，终点为 $P(x,y,z)$，过 $P$ 点作三个平面分别垂直于三个坐标轴，垂足分别为 $A$、$B$、$C$（见图 7—8），则 $\overrightarrow{OA}=xi,\overrightarrow{OB}=yj,\overrightarrow{OC}=zk$，由向量的加法法则得

$$\overrightarrow{OP}=\overrightarrow{OQ}+\overrightarrow{QP}=\overrightarrow{OA}+\overrightarrow{OB}+\overrightarrow{OC}=xi+yj+zk$$

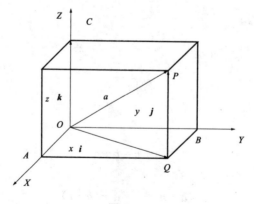

图 7—8

类似地，由空间两点 $A(x_1,y_1,z_1)$ 和 $B(x_2,y_2,z_2)$ 构成的向量 $\overrightarrow{AB}$ 的坐标表示为

$$\overrightarrow{AB} = (x_2 - x_1)\boldsymbol{i} + (y_2 - y_1)\boldsymbol{j} + (z_2 - z_1)\boldsymbol{k}$$

或表示为 $\boldsymbol{a} = a_x\boldsymbol{i} + a_y\boldsymbol{j} + a_z\boldsymbol{k}$，也可以简写为 $\boldsymbol{a} = \{a_x, a_y, a_z\}$.

## 2. 用坐标表示的向量的加法、减法及数乘

设向量 $\boldsymbol{a} = \{a_x, a_y, a_z\}$，$\boldsymbol{b} = \{b_x, b_y, b_z\}$，则

$$\boldsymbol{a} \pm \boldsymbol{b} = \{a_x \pm b_x, a_y \pm b_y, a_z \pm b_z\} \tag{7-3}$$

$$\lambda\boldsymbol{a} = \{\lambda a_x, \lambda a_y, \lambda a_z\} \tag{7-4}$$

**例 1** 设向量 $\boldsymbol{a} = \{3, -5, 6\}$，$\boldsymbol{b} = \{2, -1, 4\}$，求 $\boldsymbol{a} + 2\boldsymbol{b}, 3\boldsymbol{a} - 4\boldsymbol{b}$.

**【解】**
$$\boldsymbol{a} + 2\boldsymbol{b} = \{3, -5, 6\} + 2\{2, -1, 4\} = \{7, -7, 14\}$$
$$3\boldsymbol{a} - 4\boldsymbol{b} = 3\{3, -5, 6\} - 4\{2, -1, 4\} = \{1, -11, 2\}$$

## 3. 向量的模

设向量 $\overrightarrow{OP} = \{x, y, z\}$，则向量 $\overrightarrow{OP}$ 的模 $|\overrightarrow{OP}|$ 为

$$|\overrightarrow{OP}| = \sqrt{x^2 + y^2 + z^2}$$

设 $A, B$ 两点的坐标为 $A(x_1, y_1, z_1), B(x_2, y_2, z_2)$，

$$\overrightarrow{AB} = \{x_2 - x_1, y_2 - y_1, z_2 - z_1\}，则$$

$$|\overrightarrow{AB}| = \sqrt{(x_2 - x_1)^2 + (y_2 - y_1)^2 + (z_2 - z_1)^2}$$

简写为
$$|\boldsymbol{a}| = \sqrt{a_x^2 + a_y^2 + a_z^2} \tag{7-5}$$

**例 2** 设 $A, B$ 两点的坐标为 $A(2, 2, 1), B(1, 3, 0)$，求：(1)向量 $\overrightarrow{AB}$ 的坐标表示；(2)向量的模 $|\overrightarrow{AB}|$.

**【解】** (1)
$$\overrightarrow{AB} = \{1 - 2, 3 - 2, 0 - 1\} = \{-1, 1, -1\}$$
(2)
$$|\overrightarrow{AB}| = \sqrt{(-1)^2 + 1^2 + (-1)^2} = \sqrt{3}$$

## 4. 平行向量

设向量 $\boldsymbol{a} = \{a_x, a_y, a_z\}$，$\boldsymbol{b} = \{b_x, b_y, b_z\}$，因为 $\boldsymbol{a} /\!/ \boldsymbol{b} \Leftrightarrow \boldsymbol{b} = \lambda\boldsymbol{a}$，

易得

$$\boldsymbol{a} /\!/ \boldsymbol{b} \Leftrightarrow \frac{a_x}{b_x} = \frac{a_y}{b_y} = \frac{a_z}{b_z} \tag{7-6}$$

**例 3** 设向量 $\boldsymbol{a} = 2\boldsymbol{i} - \boldsymbol{j} + 2\boldsymbol{k}$ 与向量 $\boldsymbol{b}$ 平行，且 $\boldsymbol{b}$ 为单位向量，求向量 $\boldsymbol{b}$.

**【解】** 由于 $\boldsymbol{a} = \{2, -1, 2\}$，且 $\boldsymbol{a} /\!/ \boldsymbol{b}$，

因此设
$$\boldsymbol{b} = \{2k, -k, 2k\}$$

由于 $\boldsymbol{b}$ 为单位向量，因此

$$\sqrt{4k^2 + 4k^2 + k^2} = 1$$

于是
$$|3k| = 1, k = \pm\frac{1}{3}$$

所以
$$\boldsymbol{b} = \pm\frac{1}{3}\{2, -1, 2\}$$

## 四、向量的数量积和向量积

### 1. 两向量的数量积

**定义** 设有非零向量 $a$ 与 $b$，且平行移动其中一个向量使它们的起点相同(见图7—9)，在这两个向量所决定的平面内，规定 $a$ 与 $b$ 正方向之间不超过 $180°$ 的夹角为 $a,b$ 的**夹角**，记作 $(a \wedge b)$ 或 $(b \wedge a)$.

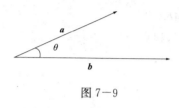

图 7—9

**定义** 两向量 $a,b$ 的模及其夹角余弦的乘积，称为向量 $a,b$ 的**数量积**或**点积**，记作 $a \cdot b$.

即
$$a \cdot b = |a||b|\cos(a \wedge b) \qquad (7-7)$$

易得
$$a \cdot a = |a||a|\cos(a \wedge a) = |a|^2$$
$$a \perp b \Leftrightarrow a \cdot b = 0$$

所以坐标系的基本单位向量满足：

$$i \cdot i = 1, \qquad j \cdot j = 1, \qquad k \cdot k = 1$$
$$i \cdot j = 0, \qquad j \cdot k = 0, \qquad i \cdot k = 0$$

设向量 $a = \{a_x, a_y, a_z\}$，$b = \{b_x, b_y, b_z\}$，容易推出它们的数量积为

$$a \cdot b = a_x b_x + a_y b_y + a_z b_z \qquad (7-8)$$

两向量 $a$ 与 $b$ 的夹角为

$$\cos(a \wedge b) = \frac{a \cdot b}{|a||b|} = \frac{a_x b_x + a_y b_y + a_z b_z}{\sqrt{a_x^2 + a_y^2 + a_z^2}\sqrt{b_x^2 + b_y^2 + b_z^2}} \quad (0 \leqslant (a \wedge b) \leqslant \pi) \qquad (7-9)$$

两向量 $a$ 与 $b$ 若垂直，则

$$a \cdot b = a_x b_x + a_y b_y + a_z b_z = 0 \qquad (7-10)$$

**例4** 设向量 $a = i + 2j - 3k$，$b = -i + j - k$，求 $a \cdot b$.

**【解】** $a \cdot b = 1 \times (-1) + 2 \times 1 + (-3) \times (-1) = 4$.

**例5** 证明向量 $a = 3i - j + k$ 与 $b = i - 2j - 5k$ 互相垂直.

**【证】** 因为 $a \cdot b = 3 \times 1 + (-1) \times (-2) + 1 \times (-5) = 0$，所以向量 $a$ 与 $b$ 垂直.

**例6** 已知四点的坐标：$A(1,2,3)$，$B(5,-1,7)$，$C(1,1,1)$，$D(3,3,2)$，求 $\overrightarrow{AB}$，$\overrightarrow{CD}$ 的夹角 $\theta$ 的余弦.

**【解】** 因
$$\overrightarrow{AB} = \{5-1, -1-2, 7-3\} = \{4, -3, 4\}$$
$$\overrightarrow{CD} = \{3-1, 3-1, 2-1\} = \{2, 2, 1\}$$
$$\overrightarrow{AB} \cdot \overrightarrow{CD} = 4 \times 2 + (-3) \times 2 + 4 \times 1 = 6$$
$$|\overrightarrow{AB}| = \sqrt{4^2 + (-3)^2 + 4^2} = \sqrt{41}, \quad |\overrightarrow{CD}| = \sqrt{2^2 + 2^2 + 1^2} = 3$$

所以
$$\cos\theta = \frac{\overrightarrow{AB} \cdot \overrightarrow{CD}}{|\overrightarrow{AB}||\overrightarrow{CD}|} = \frac{6}{\sqrt{41} \cdot 3} = \frac{2}{\sqrt{41}}$$

### 2. 两向量的向量积

设 $O$ 为杠杆 $L$ 的支点，杠杆 $L$ 上点 $P$ 受力 $F$ 的作用，$F$ 与 $\overrightarrow{OP}$ 的夹角为 $\theta$(见图7—10)，

由力学知识,力 $\boldsymbol{F}$ 对支点 $O$ 的力矩 $\boldsymbol{M}$ 是一个向量:$\boldsymbol{M}$ 的模等于力的大小与力臂的乘积,即 $|\boldsymbol{M}|=|\overrightarrow{OP}||\boldsymbol{F}|\sin\theta$;它的方向垂直于 $\overrightarrow{OP}$ 与 $\boldsymbol{F}$ 所在的平面,其正方向按右手法则确定(见图 7-11).

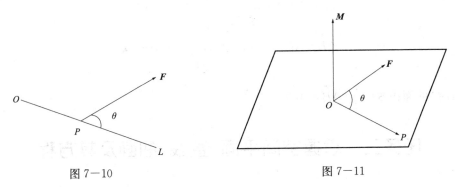

图 7-10            图 7-11

**定义** 设有两向量 $\boldsymbol{a},\boldsymbol{b}$,若向量 $\boldsymbol{c}$ 满足:

(1)$|\boldsymbol{c}|=|\boldsymbol{a}||\boldsymbol{b}|\sin(\boldsymbol{a}\wedge\boldsymbol{b})$;

(2)$\boldsymbol{c}$ 垂直于 $\boldsymbol{a},\boldsymbol{b}$ 所决定的平面,它的正方向由右手法则确定,则向量 $\boldsymbol{c}$ 称为向量 $\boldsymbol{a}$ 与 $\boldsymbol{b}$ 的向量积,记为 $\boldsymbol{a}\times\boldsymbol{b}$,即 $\boldsymbol{c}=\boldsymbol{a}\times\boldsymbol{b}$.

上例中,$\boldsymbol{M}=\overrightarrow{OP}\times\boldsymbol{F}$.

由定义可知,$\boldsymbol{a}\times\boldsymbol{b}$ 的模等于以 $\boldsymbol{a},\boldsymbol{b}$ 为邻边的平行四边形面积(见图 7-12).

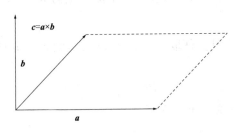

图 7-12

易得      (1)$\boldsymbol{i}\times\boldsymbol{j}=\boldsymbol{k}$;          $\boldsymbol{j}\times\boldsymbol{k}=\boldsymbol{i}$;          $\boldsymbol{k}\times\boldsymbol{i}=\boldsymbol{j}$

             (2)$\boldsymbol{i}\times\boldsymbol{i}=0$;          $\boldsymbol{j}\times\boldsymbol{j}=0$;          $\boldsymbol{k}\times\boldsymbol{k}=0$

设向量 $\boldsymbol{a}=x_1\boldsymbol{i}+y_1\boldsymbol{j}+z_1\boldsymbol{k},\boldsymbol{b}=x_2\boldsymbol{i}+y_2\boldsymbol{j}+z_2\boldsymbol{k}$,可以推出:

$$\boldsymbol{a}\times\boldsymbol{b}=(y_1z_2-z_1y_2)\boldsymbol{i}+(z_1x_2-x_1z_2)\boldsymbol{j}+(x_1y_2-y_1x_2)\boldsymbol{k} \quad\quad (7-11)$$

为了方便记忆,上式可用行列式表示为

$$\boldsymbol{a}\times\boldsymbol{b}=\begin{vmatrix} \boldsymbol{i} & \boldsymbol{j} & \boldsymbol{k} \\ x_1 & y_1 & z_1 \\ x_2 & y_2 & z_2 \end{vmatrix}$$

**例 7** 设 $\boldsymbol{a}=\boldsymbol{i}+\boldsymbol{j}-\boldsymbol{k},\boldsymbol{b}=\boldsymbol{i}-\boldsymbol{j}+2\boldsymbol{k}$,求 $\boldsymbol{a}\times\boldsymbol{b}$.

**【解】**                  $\boldsymbol{a}\times\boldsymbol{b}=\begin{vmatrix} \boldsymbol{i} & \boldsymbol{j} & \boldsymbol{k} \\ 1 & 1 & -1 \\ 1 & -1 & 2 \end{vmatrix}$

$$=\boldsymbol{i}-3\boldsymbol{j}-2\boldsymbol{k}$$

**例8** 求以 $A(2,-2,0),B(-1,0,1),C(1,1,2)$ 为顶点的 $\triangle ABC$ 的面积.

**【解】** 由向量积的定义可知 $S_{\triangle ABC}=\dfrac{1}{2}|\overrightarrow{AB}\times\overrightarrow{AC}|$.

$$\overrightarrow{AB}=\{-3,2,1\},\overrightarrow{AC}=\{-1,3,2\}$$

$$\overrightarrow{AB}\times\overrightarrow{AC}=\begin{vmatrix} \boldsymbol{i} & \boldsymbol{j} & \boldsymbol{k} \\ -3 & 2 & 1 \\ -1 & 3 & 2 \end{vmatrix}=\boldsymbol{i}+5\boldsymbol{j}-7\boldsymbol{k}$$

所以 $\triangle ABC$ 的面积 $S=\dfrac{1}{2}|\overrightarrow{AB}\times\overrightarrow{AC}|=\dfrac{5}{2}\sqrt{3}$.

# 任务三 掌握空间平面、直线、曲面及其方程

## 一、空间的平面方程

首先,必须承认一个事实:过空间一点可以且只可以作一个平面和一条已知直线垂直,称垂直于平面的向量为平面的法向量.

### 1. 平面的点法式方程

设平面 $\Pi$ 上有一点 $M_0(x_0,y_0,z_0)$,它的一个法向量为 $\boldsymbol{n}=(A,B,C)$,下面建立平面 $\Pi$ 的方程.

如图 7-13 所示,在平面 $\Pi$ 上任取一点 $M(x,y,z)$,则 $\boldsymbol{n}\cdot\overrightarrow{M_0M}=0$,即得平面 $\Pi$ 的点法式方程

$$A(x-x_0)+B(y-y_0)+C(z-z_0)=0 \tag{7-12}$$

显然,不在 $\Pi$ 上的点是不满足该方程的.

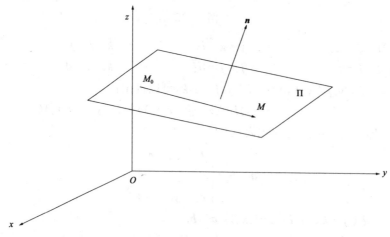

图 7-13

**例1** 求过空间一点 $M_0(2,-3,0)$,且以 $\boldsymbol{n}=\{1,-2,3\}$ 为法向量的平面方程.

**【解】** 根据平面的点法式方程,有

$$1 \cdot (x-2) + (-2) \cdot (y+3) + 3 \cdot (z-0) = 0$$

整理得
$$x - 2y + 3z - 8 = 0$$

## 2. 平面的一般式方程

记 $D = -Ax_0 - By_0 - Cz_0$，则平面的点法式方程
$$A(x-x_0) + B(y-y_0) + C(z-z_0) = 0$$
可以写成
$$Ax + By + Cz + D = 0 \qquad (7-13)$$
称方程(7−13)为平面的一般式方程.

**例 2** 求通过 $x$ 轴和点 $M_0(4, -3, -1)$ 的平面方程.

**【解】** 设所求平面方程为
$$Ax + By + Cz + D = 0$$
由于平面经过坐标原点，故 $D = 0$. 又平面的法向量垂直于 $x$ 轴，故 $A = 0$. 所求平面为
$$By + Cz = 0$$
将点 $M_0(4, -3, -1)$ 代入此方程，得 $-3B - C = 0$，

即
$$C = -3B$$
得
$$By - 3Bz = 0$$
因为 $B \neq 0$，所以所求平面为 $y - 3z = 0$.

## 3. 平面的截距式方程

**例 3** 求过 $P(a, 0, 0)$、$Q(0, b, 0)$、$R(0, 0, c)$ 的平面方程(如图 7−14 所示)(其中 $a, b, c \neq 0$).

**【解】** 设平面方程为 $Ax + By + Cz + D = 0$. 由已知
$$\begin{cases} Aa + D = 0 \\ Bb + D = 0 \\ Cc + D = 0 \end{cases}$$

解得
$$A = -\frac{D}{a}, \quad B = -\frac{D}{b}, \quad C = -\frac{D}{c}$$

则平面方程为 $-\dfrac{Dx}{a} - \dfrac{Dy}{b} - \dfrac{Dz}{c} + D = 0$.

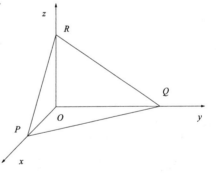

图 7−14

整理得
$$\frac{x}{a} + \frac{y}{b} + \frac{z}{c} = 1 \qquad (7-14)$$

将式(7−14)称为平面的截距式方程，其中 $a$、$b$、$c$ 分别为平面在 $x$ 轴、$y$ 轴、$z$ 轴上的截距. 可以看出，不是任何空间平面都可以写成截距式方程的.

根据上面所举的例子可以总结出平面方程图形的特点
$$Ax + By + Cz + D = 0$$

$$\begin{cases} \begin{matrix} D=0 \\ (Ax+By+Cz=0) \end{matrix} \begin{cases} \text{过原点平面} \begin{cases} \text{不含}\,x\,\text{项,平面过}\,x\,\text{轴} \\ \text{不含}\,y\,\text{项,平面过}\,y\,\text{轴} \\ \text{不含}\,z\,\text{项,平面过}\,z\,\text{轴} \end{cases} \\ \qquad\qquad (\text{其余情况也可总结}) \end{cases} \\ \begin{matrix} D\neq0 \\ (Ax+By+Cz+D=0) \end{matrix} \begin{cases} \text{不过原点平面} \begin{cases} \text{不含}\,x\,\text{项,平面平行}\,x\,\text{轴} \\ \text{不含}\,y\,\text{项,平面平行}\,y\,\text{轴} \\ \text{不含}\,z\,\text{项,平面平行}\,z\,\text{轴} \end{cases} \\ \qquad\qquad (\text{其余情况也可总结}) \end{cases} \end{cases}$$

**例 4** 分别说出 $x=0,y=0,z=0$ 表示的图形.

**【解】** $x=0$ 表示 $yOz$ 面; $y=0$ 表示 $xOz$ 面; $z=0$ 表示 $xOy$ 面.

**例 5** 画出 $z=5$ 的图形.

**【解】** $z=5$ 表示平行于 $xOy$ 面,且 $z$ 值为 5 的一个平面(见图 7—15).

**例 6** 画出 $y+z-1=0$ 的图形.

**【解】** 如图 7—16 所示.

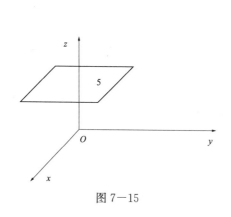

图 7—15

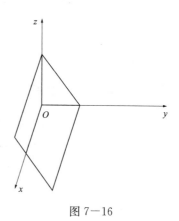

图 7—16

# 二、空间的直线方程

和建立平面方程一样,大家必须承认一个事实:过空间一点可以且只可以作一条直线与一已知直线平行.与已知直线平行的非零向量称为直线的方向向量.

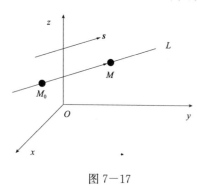

图 7—17

## 1. 点向式方程

如图 7—17 所示,过空间一点 $M_0(x_0,y_0,z_0)$ 作直线 $L$ 使之平行于一已知非零向量 $\boldsymbol{s}=\{m,n,p\}$.在直线 $L$ 上任取一点 $M(x,y,z)$,则有 $\overrightarrow{M_0M}/\!/\boldsymbol{s}$,

即
$$\frac{x-x_0}{m}=\frac{y-y_0}{n}=\frac{z-z_0}{p} \tag{7—15}$$

凡不在直线 $L$ 上的点都不适合方程(7—15),因此,方程(7—15)表示了空间直线 $L$.其中,$\boldsymbol{s}=\{m,n,p\}$ 称为直线 $L$ 的方向向量,方程(7—15)称为空间直线的点向式方程.

**例7** 求经过 $A(1,-1,2)$ 和 $B(-1,0,2)$ 的直线方程.

**【解】** $\overrightarrow{AB}=\{-2,1,0\}$，取 $s=\{-2,1,0\}$，所求直线为

$$\frac{x-1}{-2}=\frac{y+1}{1}=\frac{z-2}{0}$$

## 2. 参数式方程

在点向式方程中，随着点 $M_0(x_0,y_0,z_0)$ 在直线 $L$ 上变动，比值 $\frac{x-x_0}{m}=\frac{y-y_0}{n}=\frac{z-z_0}{p}=t$ 也在变动，反过来也一样.

从 $\frac{x-x_0}{m}=\frac{y-y_0}{n}=\frac{z-z_0}{p}=t$ 中，解出 $x,y,z$，就得到直线的参数式方程.

$$\begin{cases} x=x_0+mt \\ y=y_0+nt\ (t\ 为参数) \\ z=z_0+pt \end{cases} \tag{7-16}$$

**例8** 求直线 $L:\dfrac{x-2}{1}=\dfrac{y-3}{1}=\dfrac{z-4}{2}$ 与平面 $\Pi:2x+y+z-6=0$ 的交点.

**【解】** 把直线 $L$ 写成参数式方程

$$x=2+t,y=3+t,z=4+2t$$

代入平面方程中，解出 $t=-1$，再代回

$$x=2+t,y=3+t,z=4+2t$$

得到交点 $(1,2,2)$.

## 3. 一般式方程

由于任何一条空间直线都可以看成两个既不平行也不重合的平面的交线，任何两个既不平行也不重合的平面也交成一条直线，因此当 $A_1,B_1,C_1$ 与 $A_2,B_2,C_2$ 不成比例时，方程组

$$\begin{cases} A_1x+B_1y+C_1z+D_1=0 \\ A_2x+B_2y+C_2z+D_2=0 \end{cases} \tag{7-17}$$

表示空间直线，方程组（7-17）称为直线 $L$ 的一般式方程.

方程中两个相交平面的法向量分别为 $n_1=\{A_1,B_1,C_1\}$，$n_2=\{A_2,B_2,C_2\}$. 直线的方向向量 $s=n_1\times n_2$.

**例9** 求过点 $M_0(1,2,1)$ 而且与直线

$$L_1\begin{cases} x+2y-z+1=0 \\ x-y+z-1=0 \end{cases} \text{和} L_2\begin{cases} 2x-y+z=0 \\ x-y+z=0 \end{cases}$$

平行的平面方程.

**【解】**

$$s_1=\begin{vmatrix} i & j & k \\ 1 & 2 & -1 \\ 1 & -1 & 1 \end{vmatrix}=\{1,-2,-3\}$$

$$s_2=\begin{vmatrix} i & j & k \\ 2 & -1 & 1 \\ 1 & -1 & 1 \end{vmatrix}=\{0,-1,-1\}$$

$$n = s_1 \times s_2 = \begin{vmatrix} \boldsymbol{i} & \boldsymbol{j} & \boldsymbol{k} \\ 1 & -2 & -3 \\ 0 & -1 & -1 \end{vmatrix} = \{-1, 1, -1\}$$

所求平面方程为

$$-1 \cdot (x-1) + (y-2) + (-1) \cdot (z-1) = 0$$

化简得

$$x - y + z = 0$$

# 三、简单的二次曲面

任何曲面都可以看作点的轨迹. 如果空间曲面 $\sum$ 上的任一点的坐标 $(x, y, z)$ 都满足方程 $F(x, y, z) = 0$,而满足 $F(x, y, z) = 0$ 的 $(x, y, z)$ 值均在曲面 $\sum$ 上,则称 $F(x, y, z) = 0$ 为曲面 $\sum$ 的方程,称曲面 $\sum$ 为方程 $F(x, y, z) = 0$ 的图形. 若方程是二次的,则所表示的曲面为二次曲面,下面主要研究几类特殊的二次曲面:球面、柱面、旋转曲面等.

## 1. 球面、柱面、旋转曲面方程

(1)球面.

空间中与一定点的距离为定长的点的轨迹称为球面,定点称为球心,定长称为半径. 设球心为 $(a, b, c)$,半径为 $R$,则球面方程标准形式(见图 7-18)为

$$(x-a)^2 + (y-b)^2 + (z-c)^2 = R^2 \qquad (7-18)$$

特别地,球心为原点,半径为 $R$ 的球面方程(见图 7-19)为

$$x^2 + y^2 + z^2 = R^2 \qquad (7-19)$$

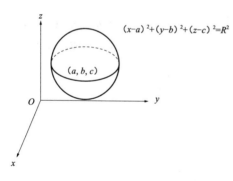

图 7-18

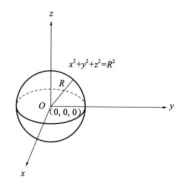

图 7-19

将球面方程(7-18)稍作整理,得

$$x^2 + y^2 + z^2 - 2ax - 2by - 2cz + a^2 + b^2 + c^2 - R^2 = 0$$

令

$$-2a = D, -2b = E, -2c = F, a^2 + b^2 + c^2 - R^2 = G$$

得到球面的一般式方程为

$$x^2 + y^2 + z^2 + Dx + Ey + Fz + G = 0 \qquad (7-20)$$

**例 10** 方程 $2x^2 + 2y^2 + 2z^2 + 2x - 2z - 1 = 0$ 表示怎样的曲面?

**【解】** 方程变为 $\qquad x^2 + y^2 + z^2 + x - z = \dfrac{1}{2}$

配方得
$$\left(x+\frac{1}{2}\right)^2+y^2+\left(z-\frac{1}{2}\right)^2=1$$

所以,原方程表示球心在 $\left(-\frac{1}{2},0,\frac{1}{2}\right)$,半径为 1 的球面.

(2)母线平行于坐标轴的柱面方程.

将一直线 $L$ 沿一给定的平面曲线 $C$ 平行移动,直线 $L$ 的轨迹形成一曲面,称为柱面.其中,直线 $L$ 称为柱面的母线;曲线 $C$ 称为柱面的准线.

下面只研究母线平行于坐标轴的柱面方程.

设柱面的准线是 $xOy$ 面上的曲线 $C$:$F(x,y)=0$,柱面的母线平行于 $z$ 轴,在柱面上任取一点 $M(x,y,z)$,过点 $M$ 作平行于 $z$ 轴的直线,交曲线 $C$ 于点 $M_1(x,y,0)$(见图 7-20).故点 $M_1$ 的坐标满足方程 $F(x,y)=0$,因为方程中不含变量 $z$,而点 $M_1$ 和点 $M$ 有相同的横坐标和纵坐标,所以点 $M$ 的坐标也满足此方程,因此,方程 $F(x,y)=0$ 就是母线平行于 $z$ 轴的柱面的方程.

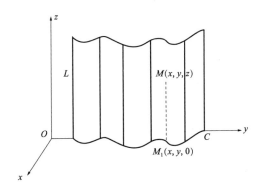

图 7-20

可以看出,母线平行于 $z$ 轴的柱面的方程中不含有变量 $z$.同理:仅含有 $x,z$ 的方程 $F(x,z)=0$;仅含有 $y,z$ 的方程 $F(y,z)=0$,分别表示母线平行于 $y$ 轴和 $x$ 轴的柱面方程.

**例 11** 指出 $x^2+z^2=R^2$ 在空间直角坐标系中是什么图形.

**【解】** 因为方程中不含有字母 $y$,所以在空间直角坐标系中 $x^2+z^2=R^2$ 表示一个柱面,其母线平行于 $y$ 轴(见图 7-21).它是以 $xOz$ 面上的圆 $x^2+z^2=R^2$ 为准线,母线平行于 $y$ 轴的圆柱面.

**例 12** 指出 $y=x^2$ 在空间直角坐标系中是什么图形.

**【解】** 因为该方程不含有 $z$,所以在空间坐标系中 $y=x^2$ 表示一个柱面,其母线平行 $z$ 轴(见图 7-22).它是以 $xOy$ 面上的曲线 $y=x^2$ 为准线,母线平行 $z$ 轴的抛物柱面.

(3)以坐标轴为旋转轴的旋转曲面的方程.

将 $xOy$ 面上的曲线 $f(x,y)=0$ 绕 $x$ 轴旋转一周,就得到一个旋转曲面,它的方程为
$$f(x,\pm\sqrt{y^2+z^2})=0 \qquad (7-21)$$

类似地,绕 $y$ 轴旋转而成的旋转曲面的方程为
$$f(\pm\sqrt{x^2+z^2},y)=0 \qquad (7-22)$$

一般地,平面曲线绕哪个坐标轴旋转,方程中对应此轴的变量保持不变,而把另一个变量变成其余两个变量的平方和再开方的正负值.

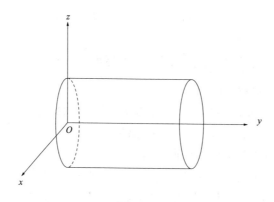

图 7-21

比如,$yOz$ 面上的抛物线 $y^2=2pz(p>0)$ 绕 $z$ 轴旋转而成的旋转曲面的方程为 $x^2+y^2=2pz$,称为旋转抛物面方程(见图 7-23).

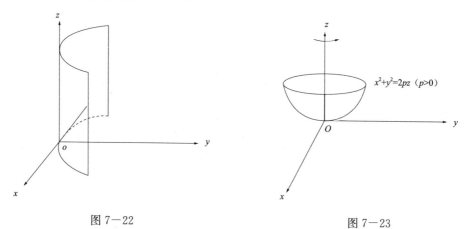

图 7-22

图 7-23

$xOy$ 面上的双曲线 $\dfrac{x^2}{a^2}-\dfrac{y^2}{b^2}=1$ 绕 $x$ 轴旋转而成的旋转曲面的方程为 $\dfrac{x^2}{a^2}-\dfrac{y^2+z^2}{b^2}=1$,称为旋转双叶双曲面;绕 $y$ 轴旋转而成的旋转曲面的方程为 $\dfrac{x^2+z^2}{a^2}-\dfrac{y^2}{b^2}=1$,称为旋转单叶双曲面方程(见图 7-24、图 7-25 所示).

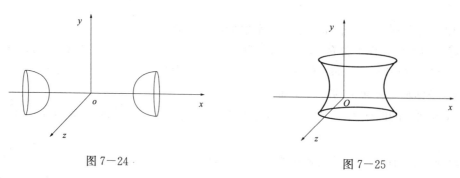

图 7-24

图 7-25

综上所述可得:

### 2. 球面方程、柱面方程、旋转曲面方程的特征

(1)球面方程特征. 含有 $x$、$y$、$z$ 的二次项系数相等,用配方法易求出球心、半径.

(2)母线平行于坐标轴的柱面方程特征 $x$、$y$、$z$ 项中少一字母,且少的字母就是母线平行的轴.

(3)旋转曲面方程特征 $xOy$ 面上曲线 $f(x,y)=0$,若绕 $x$ 轴旋转,旋转曲面方程为 $f(x,\pm\sqrt{y^2+z^2})=0$;若绕 $y$ 轴旋转,旋转曲面方程为 $f(\pm\sqrt{x^2+z^2},y)=0$. 其他类推.

**例 13** 说明方程 $\dfrac{x^2}{a^2}+\dfrac{y^2}{b^2}=1$ 表示什么曲面.

**【解】** 因为方程 $\dfrac{x^2}{a^2}+\dfrac{y^2}{b^2}=1$ 少字母 $z$,所以它表示柱面. 它是以 $xOy$ 面的椭圆 $\dfrac{x^2}{a^2}+\dfrac{y^2}{b^2}=1$ 为准线,母线平行于 $z$ 轴的椭圆柱面(见图 7-26).

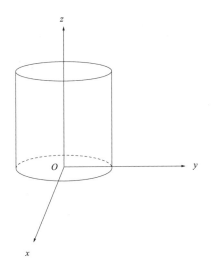

图 7-26

**例 14** 说明方程 $\dfrac{x^2}{a^2}+\dfrac{y^2}{b^2}+\dfrac{z^2}{a^2}=1$ 表示什么曲面.

**【解】** 因为方程中字母 $x$,$z$ 的系数相同,且不缺少字母,所以它是由 $xOy$ 面上的曲线 $\dfrac{x^2}{a^2}+\dfrac{y^2}{b^2}=1$ 绕 $y$ 轴旋转而成的旋转椭球面.

**例 15** 下列各方程的图形是什么?

(1)$x^2-y^2=36$;　　　　　　(2)$x^2-y^2=z^2$;　　　　(3)$3x^2+4y^2+4z^2=12$.

**【解】** (1)由于方程中缺少字母 $z$,故其图形为一柱面. 它表示母线平行 $z$ 轴,以 $xOy$ 面上曲线 $x^2-y^2=36$ 为准线的双曲柱面(见图 7-27).

(2)由于 $x^2=y^2+z^2$,其中 $z^2$,$y^2$ 的系数相等,因此可判定出是旋转曲面,曲面可写为 $x=\pm\sqrt{y^2+z^2}$,所以,它是由 $xOy$ 面上的直线 $x=\pm y$ 绕 $x$ 轴旋转而成的圆锥曲面(见图 7-28).

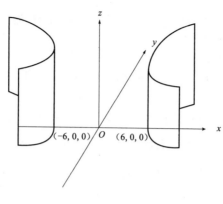

图 7—27

（3）由于在 $3x^2+4y^2+4z^2=12$ 中 $y^2$，$z^2$ 系数相同，因此可判定为旋转曲面．曲面方程可化为 $3x^2+4(\pm\sqrt{y^2+z^2})^2=12$，所以，它是由 $xOy$ 面上的曲线 $3x^2+4y^2=12$ 绕 $x$ 轴旋转而成的旋转椭球面（见图 7—29）．

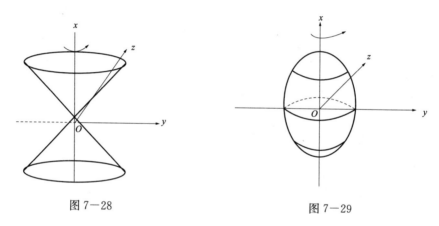

图 7—28                         图 7—29

# 任务四　理解多元函数的概念

## 一、多元函数的基本概念

先看两个例子：例1，圆柱体的体积 $V$ 和它的底面半径 $r$ 及高 $h$ 之间的关系为 $V=\pi r^2 h$．在三个变量 $V,r,h$ 中，体积 $V$ 是随着 $r,h$ 的变化而变化的，当 $r,h$ 在 $r>0,h>0$ 的范围内取定一对数值 $(r,h)$ 时，$V$ 有唯一确定的值与之对应．例2，长方体的体积 $V$ 和它的长度 $x$，宽度 $y$，高度 $z$ 之间关系为 $V=xyz$．在四个变量 $V,x,y,z$ 中，体积 $V$ 随着 $x,y,z$ 的变化而变化，当 $x,y,z$ 在 $x>0,y>0,z>0$ 的范围内取一组数值 $(x,y,z)$ 时，$V$ 有唯一确定的值与之对应．

撇开上例的具体意义，它们有共同的属性：都是多元函数．

### 1. 二元函数的定义

**定义**　设有变量 $x$、$y$、$z$，若当 $x,y$ 在一定范围内取一对数值时，变量 $z$ 按照一定的规律 $f$

总有确定的数值与之对应,则称 $z$ 是 $x,y$ 的**二元函数**,记 $z=f(x,y)$,其中 $x,y$ 称为**自变量**,$z$ 称为**因变量**,自变量 $x,y$ 的取值范围称为函数的定义域 $D$,二元函数在点 $(x_0,y_0)$ 的函数值记为 $z\Big|_{\substack{x=x_0\\y=y_0}},z\Big|_{(x_0,y_0)}$ 或 $f(x_0,y_0)$.

类似地,可定义三元函数 $z=f(x_1,x_2,x_3)$,或多元函数 $z=f(x_1,x_2,\cdots,x_n)$,多于一个自变量的函数统称为多元函数. 无论是一元函数,还是多元函数,我们设自变量为 $P$,函数可记为 $z=f(P)$.

虽然二元函数比一元函数复杂一些,但很多地方有相似的知识点. 但也有一定的区别,二元函数的定义域一般称为区域,是指在 $xOy$ 面上,由一条或几条曲线所围成的部分平面. 围成区域的曲线叫作区域的边界. 包括边界在内的区域叫作闭区域,不包括边界在内的区域叫作开区域. 通常用 $D$ 表示区域.

**例 1** 求函数 $z=\arcsin(x^2+y^2)$ 的定义域.

**【解】** 要使该函数有意义,只需 $x^2+y^2\leqslant1$,所以定义域为 $D=\{(x,y)\,|\,x^2+y^2\leqslant1\}$(见图 7-30).区域 $D$ 是闭区域,且是有界闭区域.

**例 2** 求函数 $z=\dfrac{1}{\sqrt{x^2+y^2-4}}$ 的定义域.

**【解】** 要使该函数有意义,只需 $x^2+y^2-4>0$,所以定义域为 $D=\{(x,y)\,|\,x^2+y^2>4\}$(见图 7-31).区域 $D$ 是开区域,且是无界开区域.

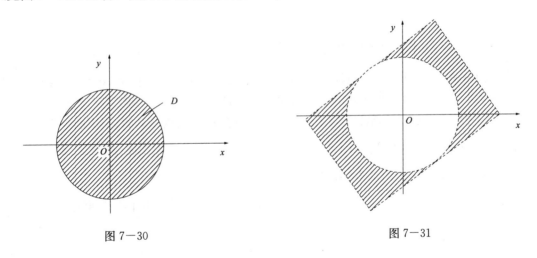

图 7-30　　　　　　　　　　　　图 7-31

**例 3** 求函数 $z=\dfrac{1}{\sqrt{x+y}}+\dfrac{1}{\sqrt{x-y}}$ 的定义域.

**【解】** 要使该函数有意义,应满足 $\begin{cases}x+y>0\\x-y>0\end{cases}$,所以定义域为
$$D=\{(x,y)\,|\,-x<y<x\}$$
它是直线 $x+y=0$(不包括边界)上侧与直线 $x-y=0$(不包括边界)下侧的公共部分(见图 7-32).区域 $D$ 是开区域,且是无界开区域.

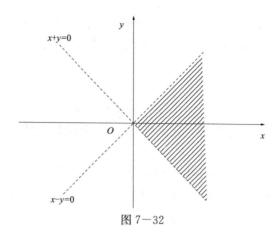

图 7—32

**例 4** 设函数 $f(x,y)=x^2+y^2-xy\tan\dfrac{x}{y}$，求 $f\left(\dfrac{\pi}{4},1\right)$.

**【解】** 将 $x=\dfrac{\pi}{4},y=1$ 代入 $f(x,y)$，得

$$f\left(\frac{\pi}{4},1\right)=\left(\frac{\pi}{4}\right)^2+1^2-\frac{\pi}{4}\tan\frac{\pi}{4}$$

$$=\frac{\pi^2}{16}+1-\frac{\pi}{4}$$

$$=\frac{\pi^2-4\pi+16}{16}$$

## 2. 二元函数的几何意义

在平面直角坐标系中，一元函数 $y=f(x)$ 一般表示一条曲线，类似地，在空间直角坐标系中二元函数 $z=f(x,y)$ 一般表示一张空间曲面. 设 $P(x,y)$ 是二元函数 $z=f(x,y)$ 的定义域 $D$ 内的任意点，则相应的函数值为 $z=f(x,y)$，当点 $P$ 在 $D$ 内变动时，对应的点 $M$ 就在空间变动，一般形成一张曲面 $\sum$，我们称它为二元函数 $z=f(x,y)$ 的图形(见图 7—33)，定义域 $D$ 就是曲面 $\sum$ 在 $xOy$ 面上的投影区域.

例如，函数 $z=\sqrt{a^2-x^2-y^2}(a>0)$ 的图形是球心在原点，半径为 $a$ 的上半球面(见图 7—34).

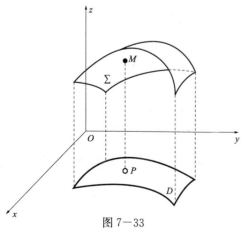

图 7—33

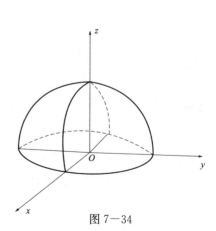

图 7—34

## 二、二元函数的极限与连续

### 1. 二元函数的极限

一元函数极限在研究自变量变化时,$x \to x_0$ 只有两个方向,但二元函数的自变量 $(x, y) \to$ $(x_0, y_0)$ 时,比一元函数复杂得多,但无论多复杂,当 $(x, y) \to (x_0, y_0)$ 时,总可以用 $\rho = \sqrt{(x-x_0)^2 + (y-y_0)^2} \to 0$ 表示.

**定义** 设 $z = f(x, y)$ 在点 $P_0(x_0, y_0)$ 的某一邻域有定义($P_0$ 可除外),若当点 $P(x, y)$ 以任何方式无限接近点 $P_0(x_0, y_0)$ 时,函数 $f(x, y)$ 无限趋向于一个确定的常数 $A$,则称 $A$ 为 $f(x, y)$ 当 $(x, y) \to (x_0, y_0)$ 时的极限,记为 $\lim\limits_{(x,y) \to (x_0, y_0)} f(x, y) = A$ 或 $\lim\limits_{\substack{x \to x_0 \\ y \to y_0}} f(x, y) = A$ 或 $\lim\limits_{\rho \to 0} f(x, y) = A$.

求二元函数的极限可类似地使用一元函数极限的运算法则及定理.

**例 5** 求 $\lim\limits_{(x,y) \to (\infty, \infty)} \dfrac{\sin(x^2 + y^2)}{x^2 + y^2}$.

**【解】** 当 $x \to \infty$,$y \to \infty$ 时,$\dfrac{1}{x^2 + y^2}$ 是无穷小量,$\sin(x^2 + y^2)$ 是有界变量.

根据无穷小的性质:有界函数与无穷小的乘积仍为无穷小,有

$$\lim\limits_{(x,y) \to (\infty, \infty)} \frac{\sin(x^2 + y^2)}{x^2 + y^2} = 0$$

**例 6** 求 $\lim\limits_{(x,y) \to (0, 0)} \dfrac{xy}{\sqrt{xy+1} - 1}$.

**【解】**

$$\lim\limits_{(x,y) \to (0,0)} \frac{xy}{\sqrt{xy+1} - 1} = \lim\limits_{(x,y) \to (0,0)} \frac{xy(\sqrt{xy+1} + 1)}{xy} = \lim\limits_{(x,y) \to (0,0)} (\sqrt{xy+1} + 1) = 2$$

**例 7** 求 $\lim\limits_{(x,y) \to (\infty, \infty)} \left(1 - \dfrac{1}{x^2 + y^2}\right)^{x^2 + y^2}$.

**【解】** 令 $x^2 + y^2 = t$,因为 $(x, y) \to (\infty, \infty)$,所以 $t \to +\infty$.

$$\lim\limits_{(x,y) \to (\infty, \infty)} \left(1 - \frac{1}{x^2 + y^2}\right)^{x^2 + y^2} = \lim\limits_{t \to +\infty} \left(1 - \frac{1}{t}\right)^t$$

$$= \left[\lim\limits_{t \to +\infty} \left(1 + \frac{1}{-t}\right)^{-t}\right]^{-1} = e^{-1}$$

### 2. 二元函数的连续性

**定义** 设函数 $f(x, y)$ 在点 $P_0(x_0, y_0)$ 的某一邻域内有定义,若当 $P(x, y)$ 趋向于 $P_0(x_0, y_0)$ 时,函数 $z = f(x, y)$ 的极限存在,且等于它在点 $P_0(x_0, y_0)$ 处的函数值,即 $\lim\limits_{(x,y) \to (x_0, y_0)} f(x, y) = f(x_0, y_0)$,则称函数 $f(x, y)$ 在点 $P_0(x_0, y_0)$ 处连续,否则称 $f(x, y)$ 在点 $P_0(x_0, y_0)$ 处不连续或间断,称 $P_0$ 为不连续点或间断点.

由定义我们知道,$f(x, y)$ 在点 $(x_0, y_0)$ 连续应满足三点:(1) $f(x, y)$ 在点 $(x_0, y_0)$ 及其某一邻域内有定义;(2) $\lim\limits_{(x,y) \to (x_0, y_0)} f(x, y)$ 存在;(3) $\lim\limits_{(x,y) \to (x_0, y_0)} f(x, y) = f(x_0, y_0)$.

上述三点中有一点不满足就为间断点.

一般地,我们研究的多元函数在其定义区域内均连续,其在某点的极限值即为该点的函数值.这为我们求函数在连续点的极限提供了理论依据.

与闭区间上一元连续函数的性质类似,有界闭区域上的二元函数有以下定理.

**定理 1** (最值定理)在有界闭区域上连续的二元函数在该区域上一定能取得最大值和最小值.

**定理 2** (介值定理)在有界闭区域上连续的二元函数必能取得介于它的两个最值之间的任何值至少一次.

# 任务五 掌握多元函数的偏导数与全微分

因为二元函数有两个自变量,在计算函数变化率时要分别考虑函数对两个自变量的变化率,因此引出了偏导数的概念.

## 一、偏导数

### 1. 偏导数定义

**定义** 设函数 $z = f(x, y)$ 在点 $(x_0, y_0)$ 的某一邻域内有定义,若 $\lim\limits_{\Delta x \to 0} \dfrac{f(x_0 + \Delta x, y_0) - f(x_0, y_0)}{\Delta x}$ 存在,则称此极限值为 $z = f(x, y)$ 在点 $(x_0, y_0)$ 处对 $x$ 的偏导数,记为 $\dfrac{\partial z}{\partial x}\Big|_{(x_0, y_0)}$, $\dfrac{\partial f}{\partial x}\Big|_{(x_0, y_0)}$, $z'_x(x_0, y_0)$, $f'_x(x_0, y_0)$.

同理,若 $\lim\limits_{\Delta y \to 0} \dfrac{f(x_0, y_0 + \Delta y) - f(x_0, y_0)}{\Delta y}$ 存在,则称此极限值为 $z = f(x, y)$ 在点 $(x_0, y_0)$ 处对 $y$ 的**偏导数**,记为 $\dfrac{\partial z}{\partial y}\Big|_{(x_0, y_0)}$, $\dfrac{\partial f}{\partial y}\Big|_{(x_0, y_0)}$, $z'_y(x_0, y_0)$, $f'_y(x_0, y_0)$.

若 $z = f(x, y)$ 在其定义域 $D$ 内的任意点 $(x, y)$ 对 $x$ 的偏导数存在,那么这个偏导数仍是 $x, y$ 的函数,称为 $z = f(x, y)$ 对 $x$ 的偏导函数,记作 $\dfrac{\partial z}{\partial x}$, $\dfrac{\partial f}{\partial x}$, $z'_x$, $f'_x$.

同理,$z = f(x, y)$ 对 $y$ 的偏导函数,记作 $\dfrac{\partial z}{\partial y}$, $\dfrac{\partial f}{\partial y}$, $f'_y$, $z'_y$.

### 2. 偏导数求法

在求函数对某一个自变量的偏导数时,应把其余变量看作常量,而对该变量求导,因此求函数的偏导数不需要建立新的运算方法.将偏导函数中 $(x, y)$ 代入 $(x_0, y_0)$,便得到函数在 $(x_0, y_0)$ 的偏导数.

**例 1** 求 $z = x^3 + 2xy + y^2$,在点 $(1, 1)$ 的两个偏导数.

**【解】** 因为 $\dfrac{\partial z}{\partial x} = 3x^2 + 2y$, 　　　　　所以 $\dfrac{\partial z}{\partial x}\Big|_{(1,1)} = 5$,

$\dfrac{\partial z}{\partial y} = 2x + 2y$, 　　　　　所以 $\dfrac{\partial z}{\partial y}\Big|_{(1,1)} = 4$.

**例 2**　设 $z=x^y(x>0)$，求 $\dfrac{\partial z}{\partial x},\dfrac{\partial z}{\partial y}$.

**【解】**　$\dfrac{\partial z}{\partial x}=y \cdot x^{y-1}$（把 $y$ 看作常数，用幂函数求导公式），

　　　　$\dfrac{\partial z}{\partial y}=x^y \ln x$（把 $x$ 看作常数，用指数函数求导公式）.

### 3. 偏导数的几何意义

我们知道，一元函数 $y=f(x)$ 的导数的几何意义是曲线 $y=f(x)$ 在点 $(x_0,y_0)$ 处切线的斜率，而二元函数 $z=f(x,y)$ 在点 $(x_0,y_0)$ 处的偏导数，实际上就是一元函数 $z=f(x,y_0)$ 及 $z=f(x_0,y)$ 分别在点 $x=x_0$ 及 $y=y_0$ 处的导数. 因此二元函数 $z=f(x,y)$ 的偏导数的几何意义也是曲线切线的斜率. 如 $\dfrac{\partial z}{\partial x}\Big|_{\substack{x=x_0 \\ y=y_0}}$ 是曲线 $\begin{cases} z=f(x,y) \\ y=y_0 \end{cases}$ 在点 $(x_0,y_0,f(x_0,y_0))$ 处沿 $x$ 轴方向的切线的斜率（见图 $7-35$），即 $\dfrac{\partial z}{\partial x}\Big|_{x=x_0}=\tan\alpha$. 同理，$\dfrac{\partial z}{\partial y}\Big|_{\substack{x=x_0 \\ y=y_0}}$ 是曲线 $\begin{cases} z=f(x,y) \\ x=x_0 \end{cases}$ 在点 $(x_0,y_0,f(x_0,y_0))$ 处沿 $y$ 轴方向的切线的斜率，即 $\dfrac{\partial z}{\partial y}\Big|_{\substack{x=x_0 \\ y=y_0}}=\tan\beta$.

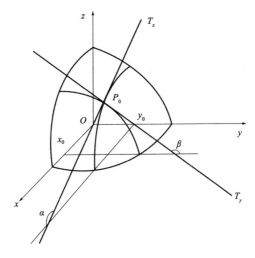

图 $7-35$

## 二、全微分

一元函数 $y=f(x)$ 在点 $x_0$ 的微分是这样定义的：若 $y=f(x)$ 在 $x_0$ 的增量 $\Delta y$ 可表示为 $\Delta y=f'(x_0)\Delta x+o(\Delta x)$，其中，$o(\Delta x)$ 是 $\Delta x$ 的高阶无穷小，则称 $\mathrm{d}y=f'(x_0)\Delta x$ 为函数 $y=f(x)$ 在 $x_0$ 处的微分. 与之类似，如下定义二元函数的全微分.

**定义**　若二元函数 $z=f(x,y)$ 在点 $(x_0,y_0)$ 的全增量
$$\Delta z=f(x_0+\Delta x,y_0+\Delta y)-f(x_0,y_0)$$
可表示为 $\Delta z=\dfrac{\partial z}{\partial x}\Big|_{(x_0,y_0)}\Delta x+\dfrac{\partial z}{\partial y}\Big|_{(x_0,y_0)}\Delta y+o(\rho)$，其中 $\rho=\sqrt{(\Delta x)^2+(\Delta y)^2}$，则称

$\dfrac{\partial z}{\partial x}\Big|_{(x_0,y_0)}\Delta x+\dfrac{\partial z}{\partial y}\Big|_{(x_0,y_0)}\Delta y$ 为 $z=f(x,y)$ 在 $(x_0,y_0)$ 处的**全微分**,记为 $\mathrm{d}z$,即

$$\mathrm{d}z\Big|_{(x_0,y_0)}=\dfrac{\partial z}{\partial x}\Big|_{(x_0,y_0)}\Delta x+\dfrac{\partial z}{\partial y}\Big|_{(x_0,y_0)}\Delta y \qquad (7-23)$$

这时也称函数 $z=f(x,y)$ 在点 $(x_0,y_0)$ 处**可微**.

若 $z=f(x,y)$ 在区域 $D$ 内每一点均可微,则称它在 $D$ 内可微.在 $D$ 内任一点的微分可写成 $\mathrm{d}z=\dfrac{\partial z}{\partial x}\Delta x+\dfrac{\partial z}{\partial y}\Delta y$,将 $\Delta x,\Delta y$ 改写成 $\mathrm{d}x,\mathrm{d}y$,则

$$\mathrm{d}z=\dfrac{\partial z}{\partial x}\mathrm{d}x+\dfrac{\partial z}{\partial y}\mathrm{d}y \qquad (7-24)$$

函数在一点可微、可导、连续、偏导连续,它们之间有什么关系呢?

**定理 1** (可微的必要条件)若函数 $z=f(x,y)$ 在点 $(x,y)$ 处可微,则它在点 $(x,y)$ 处连续.

**定理 2** (可微的必要条件)若函数 $z=f(x,y)$ 在点 $(x,y)$ 处可微,则它在点 $(x,y)$ 处导数一定存在.

**定理 3** (可微的充分条件)若函数 $z=f(x,y)$ 的两个偏导数在点 $(x,y)$ 处存在且连续,则 $z=f(x,y)$ 在该点可微.

**例 3** 求 $z=x^2+y$ 在点 $(1,1)$ 处,当 $\Delta x=0.1,\Delta y=-0.1$ 时的全增量及全微分.

**【解】** 全增量 $\Delta z=f(x_0+\Delta x,y_0+\Delta y)-f(x_0,y_0)$

$$=\big[(x_0+\Delta x)^2+y_0+\Delta y\big]-(x_0^2+y_0)$$

$$=(1.1^2+0.9)-(1+1)=1.21+0.9-2=0.11$$

因为 $\qquad\qquad \dfrac{\partial z}{\partial x}\Big|_{(1,1)}=2x\Big|_{(1,1)}=2,\dfrac{\partial z}{\partial y}\Big|_{(1,1)}=1\Big|_{(1,1)}=1$

所以 $\qquad$ 全微分 $\mathrm{d}z=\dfrac{\partial z}{\partial x}\Delta x+\dfrac{\partial z}{\partial y}\Delta y=2\times0.1+1\times(-0.1)=0.1$

由此也可理解全增量与全微分之间相差高阶无穷小.

**例 4** 设 $z=\mathrm{e}^{xy}$,求 $\mathrm{d}z$.

**【解】** $$\mathrm{d}z=\dfrac{\partial z}{\partial x}\mathrm{d}x+\dfrac{\partial z}{\partial y}\mathrm{d}y$$

因为 $\qquad\qquad\qquad \dfrac{\partial z}{\partial x}=y\mathrm{e}^{xy},\dfrac{\partial z}{\partial y}=x\mathrm{e}^{xy}$

所以 $\qquad\qquad\qquad \mathrm{d}z=y\mathrm{e}^{xy}\mathrm{d}x+x\mathrm{e}^{xy}\mathrm{d}y$

## 三、高阶偏导数

对函数 $z=f(x,y)$ 的两个偏导数 $\dfrac{\partial z}{\partial x},\dfrac{\partial z}{\partial y}$ 而言,一般仍然是 $x,y$ 的函数,如果这两个函数关于 $x,y$ 的偏导数也存在,则称它们的偏导数是 $f(x,y)$ 的二阶偏导数,二阶偏导数分别为

$$\dfrac{\partial}{\partial x}\left(\dfrac{\partial z}{\partial x}\right)=\dfrac{\partial^2 z}{\partial x^2}=f''_{xx}(x,y)=z''_{xx}$$

$$\dfrac{\partial}{\partial y}\left(\dfrac{\partial z}{\partial x}\right)=\dfrac{\partial^2 z}{\partial x\partial y}=f''_{xy}(x,y)=z''_{xy}$$

$$\dfrac{\partial}{\partial x}\left(\dfrac{\partial z}{\partial y}\right)=\dfrac{\partial^2 z}{\partial y\partial x}=f''_{yx}(x,y)=z''_{yx}$$

$$\frac{\partial}{\partial y}\left(\frac{\partial z}{\partial y}\right)=\frac{\partial^2 z}{\partial y^2}=f''_{yy}(x,y)=z''_{yy}$$

其中，$f''_{xy}(x,y)$ 及 $f''_{yx}(x,y)$ 称为二阶混合偏导数．一般地，二阶混合偏导数具有下述定理．

**定理 4** 若函数 $z=f(x,y)$ 在区域 $D$ 上的两个混合偏导数 $\dfrac{\partial^2 z}{\partial x\partial y}$、$\dfrac{\partial^2 z}{\partial y\partial x}$ 连续，则在区域 $D$ 上有 $\dfrac{\partial^2 z}{\partial x\partial y}=\dfrac{\partial^2 z}{\partial y\partial x}$（证明略）．

**例 5** 求 $z=e^x\cos y$ 的所有二阶偏导数．

**【解】**

$$\frac{\partial z}{\partial x}=e^x\cos y,\frac{\partial z}{\partial y}=-e^x\sin y$$

$$\frac{\partial^2 z}{\partial x^2}=e^x\cos y,\frac{\partial^2 z}{\partial y\partial x}=-e^x\sin y$$

$$\frac{\partial^2 z}{\partial x\partial y}=-e^x\sin y,\frac{\partial^2 z}{\partial y^2}=-e^x\cos y$$

从本题也可看出，我们所研究的函数二阶混合偏导数是相等的，所以求二阶偏导数时，只需求三个二阶偏导．

**例 6** 求 $z(x,y)=e^{xy}$ 的二阶偏导数．

**【解】**

$$\frac{\partial z}{\partial x}=y\cdot e^{xy},\frac{\partial z}{\partial y}=x\cdot e^{xy}$$

$$\frac{\partial^2 z}{\partial x^2}=y^2\cdot e^{xy},\frac{\partial^2 z}{\partial y^2}=x^2\cdot e^{xy}$$

$$\frac{\partial^2 z}{\partial x\partial y}=e^{xy}+xye^{xy},\frac{\partial^2 z}{\partial y\partial x}=e^{xy}+xye^{xy}$$

## 四、多元复合函数的求导法（链式法则）

我们学过一元函数的复合函数的求导法则，若 $y=f(u)$ 对 $u$ 可导，$u=\varphi(x)$ 对 $x$ 可导，则

$$\frac{dy}{dx}=\frac{dy}{du}\cdot\frac{du}{dx}=f'_u\cdot u'_x$$

多元复合函数的求导法与一元复合函数的求导法有相似之处．

**定理 5** 如果函数 $z=f(u,v)$ 在点 $(u,v)$ 可导，而 $u=\varphi(x,y)$，$v=\psi(x,y)$ 在点 $(x,y)$ 都存在偏导数，则复合函数 $z=f[\varphi(x,y),\psi(x,y)]$ 在点 $(x,y)$ 的两个偏导数存在，且有

$$\frac{\partial z}{\partial x}=\frac{\partial z}{\partial u}\cdot\frac{\partial u}{\partial x}+\frac{\partial z}{\partial v}\cdot\frac{\partial v}{\partial x} \tag{7-25}$$

$$\frac{\partial z}{\partial y}=\frac{\partial z}{\partial u}\cdot\frac{\partial u}{\partial y}+\frac{\partial z}{\partial v}\cdot\frac{\partial v}{\partial y} \tag{7-26}$$

上述公式称为链式法则．链式法则可以是一元的，也可以是多元的（自变量及中间变量的个数可以变化）．

如设 $z=f(u,v)$ 在 $(u,v)$ 可导，$u=\varphi(t)$，$v=\psi(t)$ 在 $t$ 可导，

则全导数
$$\frac{dz}{dt}=\frac{\partial z}{\partial u}\cdot\frac{du}{dt}+\frac{\partial z}{\partial v}\cdot\frac{dv}{dt} \tag{7-27}$$

如设 $z=f(u,v,w)$ 在 $(u,v,w)$ 处可导，$u=\varphi(x,y)$，$v=\psi(x,y)$，$w=w(x,y)$ 在点 $(x,y)$ 可导，则

$$\frac{\partial z}{\partial x}=\frac{\partial z}{\partial u}\cdot\frac{\partial u}{\partial x}+\frac{\partial z}{\partial v}\cdot\frac{\partial v}{\partial x}+\frac{\partial z}{\partial w}\cdot\frac{\partial w}{\partial x} \tag{7-28}$$

$$\frac{\partial z}{\partial y}=\frac{\partial z}{\partial u}\cdot\frac{\partial u}{\partial y}+\frac{\partial z}{\partial v}\cdot\frac{\partial v}{\partial y}+\frac{\partial z}{\partial w}\cdot\frac{\partial w}{\partial y} \tag{7-29}$$

**例 7**　设 $z=u^2\ln v, u=\dfrac{x}{y}, v=x-y$，求 $\dfrac{\partial z}{\partial x}, \dfrac{\partial z}{\partial y}$.

**【解】**
$$\frac{\partial z}{\partial x}=\frac{\partial z}{\partial u}\cdot\frac{\partial u}{\partial x}+\frac{\partial z}{\partial v}\cdot\frac{\partial v}{\partial x}=2u\ln v\cdot\frac{1}{y}+\frac{u^2}{v}\cdot 1$$

$$=\frac{2x\ln(x-y)}{y^2}+\frac{x^2}{(x-y)y^2}$$

$$\frac{\partial z}{\partial y}=\frac{\partial z}{\partial u}\cdot\frac{\partial u}{\partial y}+\frac{\partial z}{\partial v}\cdot\frac{\partial v}{\partial y}=2u\ln v\cdot\left(-\frac{x}{y^2}\right)+\frac{u^2}{v}\cdot(-1)$$

$$=-\frac{2x^2\ln(x-y)}{y^3}-\frac{x^2}{(x-y)y^2}$$

**例 8**　设 $z=u^v(u>0), u=\sin t, v=\cos t$，求 $\dfrac{\mathrm{d}z}{\mathrm{d}t}$.

**【解】**
$$\frac{\mathrm{d}z}{\mathrm{d}t}=\frac{\partial z}{\partial u}\cdot\frac{\mathrm{d}u}{\mathrm{d}t}+\frac{\partial z}{\partial v}\cdot\frac{\mathrm{d}v}{\mathrm{d}t}=v\cdot u^{v-1}\cdot\cos t+u^v\cdot\ln u\cdot(-\sin t)$$

$$=u^v\left(\frac{v}{u}\cdot\cos t-\ln u\cdot\sin t\right)=(\sin t)^{\cos t}\left(\frac{\cos^2 t}{\sin t}-\sin t\cdot\ln\sin t\right)$$

**例 9**　设 $z=f(x^2-y^2, \mathrm{e}^{xy})$，求 $\dfrac{\partial z}{\partial x}$.

**【解】**　设 $u=x^2-y^2, v=\mathrm{e}^{xy}$，则 $z=f(u,v)$，
这里用 $f'_u, f'_v$ 表示对中间变量的导数，故

$$\frac{\partial z}{\partial x}=\frac{\partial z}{\partial u}\cdot\frac{\partial u}{\partial x}+\frac{\partial z}{\partial v}\cdot\frac{\partial v}{\partial x}=f'_u\cdot 2x+f'_v\cdot\mathrm{e}^{xy}\cdot y=2xf'_u+y\mathrm{e}^{xy}f'_v$$

上式中为了方便，用 $f'_i$ 表示对第 $i$ 个中间变量的偏导数（$i=1,2$），这种记号取代了中间变量 $u, v$. 这样上式又可表示为 $\dfrac{\partial z}{\partial x}=2xf_1'+y\mathrm{e}^{xy}f_2'$.

## 五、隐函数求导公式

前面我们已讨论了多元函数中的显函数求导法，下面介绍隐函数的求导公式.

我们先从一元隐函数着手，设 $F(x,y)=0$，确定函数 $y=y(x)$.

$$F(x,y)=0$$

两端对 $x$ 求导
$$F'_x+F'_y\cdot\frac{\mathrm{d}y}{\mathrm{d}x}=0$$

若 $F'_y\neq 0$，则
$$\frac{\mathrm{d}y}{\mathrm{d}x}=-\frac{F'_x}{F'_y} \tag{7-30}$$

用此思路递推，设 $F(x,y,z)=0$，确定了 $z=z(x,y)$，若 $F'_x, F'_y, F'_z$ 连续，$F'_z\neq 0$，

则
$$\frac{\partial z}{\partial x}=-\frac{F'_x}{F'_z}, \frac{\partial z}{\partial y}=-\frac{F'_y}{F'_z} \tag{7-31}$$

**例 10**　设 $x^3+y^3=16x$，求 $\dfrac{\mathrm{d}y}{\mathrm{d}x}$.

【解】令
$$F(x,y)=x^3+y^3-16x$$
$$F'_x=3x^2-16,F'_y=3y^2$$

所以
$$\frac{\mathrm{d}y}{\mathrm{d}x}=-\frac{F'_x}{F'_y}=-\frac{3x^2-16}{3y^2}$$

**例 11** 设方程 $x+2y-z=\mathrm{e}^z$ 确定了函数 $z=z(x,y)$，求 $\frac{\partial z}{\partial x}, \frac{\partial z}{\partial y}$.

【解】令
$$F(x,y,z)=x+2y-z-\mathrm{e}^z$$

则
$$F'_x=1,F'_y=2,F'_z=-1-\mathrm{e}^z$$

所以
$$\frac{\partial z}{\partial x}=-\frac{F'_x}{F'_z}=\frac{-1}{-1-\mathrm{e}^z}=\frac{1}{1+\mathrm{e}^z}$$

$$\frac{\partial z}{\partial y}=-\frac{F'_y}{F'_z}=-\frac{2}{-1-\mathrm{e}^z}=\frac{2}{1+\mathrm{e}^z}$$

**例 12** 设 $x^2+2y^2+3z^2=4$，求 $\frac{\partial z}{\partial x}, \frac{\partial^2 z}{\partial x^2}$.

【解】令
$$F(x,y,z)=x^2+2y^2+3z^2-4$$
$$F'_x=2x,F'_y=4y,F'_z=6z$$

则
$$\frac{\partial z}{\partial x}=-\frac{F'_x}{F'_y}=-\frac{2x}{6z}=-\frac{x}{3z}$$

$$\frac{\partial^2 z}{\partial x^2}=\frac{\partial}{\partial x}\left(\frac{\partial z}{\partial x}\right)=\frac{\partial}{\partial x}\left(-\frac{x}{3z}\right)$$

$$=-\frac{1}{3}\cdot\frac{z-x\cdot\frac{\partial z}{\partial x}}{z^2}$$

$$=-\frac{1}{3}\cdot\frac{z-x\cdot\left(-\frac{x}{3z}\right)}{z^2}$$

$$=-\frac{1}{3}\cdot\frac{3z^2+x^2}{3z^3}$$

$$=-\frac{3z^2+x^2}{9z^3}$$

# 任务六  掌握多元函数的极值和最值

## 一、二元函数极值

### 1. 二元函数极值的定义和求法

我们用导数求一元函数的极值，类似地，可以用偏导数求二元函数的极值.

**定义**　设函数 $z=f(x,y)$ 在点 $(x_0,y_0)$ 的某邻域内有定义，若在该邻域不同于 $(x_0,y_0)$ 的点 $(x,y)$ 都有 $f(x,y)<f(x_0,y_0)$（或 $f(x,y)>f(x_0,y_0)$），则称 $f(x_0,y_0)$ 为 $f(x,y)$ 的**极大值**（或**极小值**），极大值和极小值统称为**极值**. 使函数取得极大值的点（或极小值的点）$(x_0,y_0)$ 称

为**极大值点**（或**极小值点**），极大值点和极小值点统称为**极值点**．

比如，函数 $z=3x^2+3y^2$ 在点 $(0,0)$ 处有极小值 $f(0,0)=0$，因为在点 $(0,0)$ 的某一邻域内异于 $(0,0)$ 的任意点 $(x,y)$ 均有 $f(x,y)>f(0,0)=0$（见图 7—36）．

函数 $z=\sqrt{4-x^2-y^2}$ 在点 $(0,0)$ 处有极大值 $f(0,0)=2$，因为在点 $(0,0)$ 处某邻域内异于点 $(0,0)$ 的点 $(x,y)$ 均有 $f(x,y)<f(0,0)=2$（见图 7—37）．

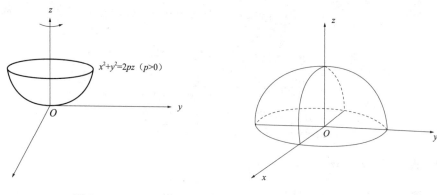

图 7—36    图 7—37

**定理 1**　（极值存在的必要条件）设函数 $z=f(x,y)$ 在点 $(x_0,y_0)$ 的偏导数 $f'_x(x_0,y_0)$，$f'_y(x_0,y_0)$ 存在，且在点 $(x_0,y_0)$ 处有极值，则在该点的偏导数必为零，即

$$\begin{cases} f'_x(x_0,y_0)=0 \\ f'_y(x_0,y_0)=0 \end{cases}$$

满足 $\begin{cases} f'_x(x_0,y_0)=0 \\ f'_y(x_0,y_0)=0 \end{cases}$ 的点 $(x_0,y_0)$ 称为 $f(x,y)$ 的驻点．

我们知道，一元函数驻点不一定是极值点，多元函数也相同．

**定理 2**　（极值存在的充分条件）设 $(x_0,y_0)$ 是函数 $z=f(x,y)$ 的驻点，且函数在点 $(x_0,y_0)$ 的邻域内二阶偏导数连续，令 $A=f''_{xx}(x_0,y_0)$，$B=f''_{xy}(x_0,y_0)$，$C=f''_{yy}(x_0,y_0)$，$\Delta=B^2-AC$，则

(1)当 $\Delta<0$ 且 $A<0$ 时，$f(x_0,y_0)$ 是极大值；当 $\Delta<0$ 且 $A>0$ 时，$f(x_0,y_0)$ 是极小值．

(2)当 $\Delta>0$ 时，$f(x_0,y_0)$ 不是极值．

(3)当 $\Delta=0$ 时，函数 $f(x,y)$ 在 $(x_0,y_0)$ 可能有极值，也可能无极值．

综上所述，若函数 $z=f(x,y)$ 的二阶偏导数连续，则求该函数极值的步骤为：

(1)求一阶偏导数 $f'_x$，$f'_y$．

(2)令 $\begin{cases} f'_x(x,y)=0 \\ f'_y(x,y)=0 \end{cases}$，求出驻点．

(3)求二阶偏导数 $f''_{xx}$，$f''_{xy}$，$f''_{yy}$．

(4)根据定理判定驻点是否为极值点，并求出极值．

**例 1**　说明函数 $z=x^2-(y-1)^2$ 无极值．

**【解】**　由 $z=x^2-(y-1)^2$，得 $z'_x=2x$，$z'_y=-2(y-1)$．

令 $\begin{cases} z'_x=2x=0 \\ z'_y=-2(y-1)=0 \end{cases}$，得驻点 $(0,1)$．

由于 $z=x^2-(y-1)^2$ 处处可微,因此 $z$ 若有极值,则必在驻点达到.

因为 $$A=z''_{xx}\Big|_{(0,1)}=2,B=z''_{xy}\Big|_{(0,1)}=0,C=z''_{yy}\Big|_{(0,1)}=-2$$

而 $$B^2-AC=4>0$$

故 $z$ 在 $(0,1)$ 处无极值,即 $z=x^2-(y-1)^2$ 无极值.

**例2** 求函数 $f(x,y)=x^3-2x^2+2xy+y^2$ 的极值.

**【解】** (1) $f'_x=3x^2-4x+2y,f'_y=2x+2y$.

(2) $\begin{cases}f'_x(x,y)=3x^2-4x+2y=0\\f'_y(x,y)=2x+2y=0\end{cases}$,得出驻点 $(0,0),(2,-2)$.

(3) $A=f''_{xx}=6x-4,C=f''_{yy}=2,B=f''_{xy}=2$.

(4) 列表判定(见表7—2).

表7—2

| $(x_0,y_0)$ | $A$ | $B$ | $C$ | $B^2-AC$ 的符号 | 结论 |
|---|---|---|---|---|---|
| $(0,0)$ | $-4$ | $2$ | $2$ | $+$ | $f(0,0)$ 不是极值 |
| $(2,-2)$ | $8$ | $2$ | $2$ | $-$ | 极小值为 $f(2,-2)=-4$ |

所以,$f(0,0)$ 不是极值,极小值为 $f(2,-2)=-4$.

## 2. 最大值和最小值

在有界闭区域 $D$ 上的连续函数一定有最大值和最小值.由于在有界闭区域 $D$ 上的最大值和最小值只可能在驻点、一阶偏导数不存在的点、区域的边界上的点取到,因此求有界闭区域 $D$ 上二元函数的最大值和最小值时,需要求出函数在 $D$ 内的驻点以及偏导数不存在的点,将这些点的函数值与 $D$ 的边界上的函数值做比较,最大者为 $D$ 上的最大值,最小者为 $D$ 上的最小值.

在解决实际问题时,若知道函数在开区域 $D$ 内一定有最大值(或最小值),函数在 $D$ 内可微,且只有唯一的驻点,则该点的函数值一般就是所求函数的最大值(或最小值).

**例3** 设有断面面积为 $S$ 的等腰梯形渠道,设两岸倾角为 $x$.高为 $y$,底边为 $z$,求 $x,y,z$ 各为多大时才能使周长最小(见图7—38).

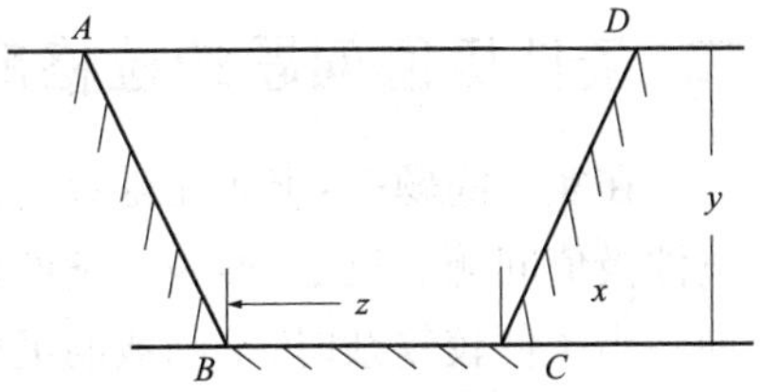

**【解】** 设周长为 $u,u=AB+BC+CD=z+\dfrac{2y}{\sin x}$

$$S=(z+y\cot x)y,z=\frac{S}{y}-y\cot x$$

图7—38

则 $$u=\frac{S}{y}+\frac{2-\cos x}{\sin x}y\left(0<x<\frac{\pi}{2},0<y<+\infty\right)$$

$$\begin{cases}u'_x=\dfrac{1-2\cos x}{\sin^2 x}y=0\\u'_y=-\dfrac{S}{y^2}+\dfrac{2-\cos x}{\sin x}=0\end{cases}$$

求出唯一的驻点 $\left(\dfrac{\pi}{3},\dfrac{\sqrt{S}}{\sqrt[4]{3}}\right)$，由于驻点唯一，由题意又知周长一定有最小值.

因此 $(\dfrac{\pi}{3},\dfrac{\sqrt{S}}{\sqrt[4]{3}})$ 处，$u$ 取最小值，所以倾斜角 $x=\dfrac{\pi}{3}$，高 $y=\dfrac{\sqrt{S}}{\sqrt[4]{3}}$，底边 $z=\dfrac{2}{\sqrt[4]{3}}\cdot\dfrac{\sqrt{S}}{\sqrt{3}}$ 时，其周长最小.

**例 4** 要制造一个无盖的长方体水槽，已知它的底部造价为 $18$ 元/$\text{m}^2$，侧面造价为 $6$ 元/$\text{m}^2$，设计的总造价为 $216$ 元，问：如何选取尺寸，才能使水槽容积最大？

**【解】** 设水槽的长、宽、高分别为 $x$、$y$、$z$，则容积为

$$V=xyz\,(x>0,y>0,z>0)$$

由题设知

$$18xy+6(2xz+2yz)=216$$

即

$$3xy+2z(x+y)=36$$

解出 $z$，得

$$z=\frac{36-3xy}{2(x+y)}=\frac{3}{2}\cdot\frac{12-xy}{x+y}$$

将上式代入 $V=xyz$ 中，得二元函数

$$V=\frac{3}{2}\cdot\frac{12xy-x^2y^2}{x+y}$$

$$\frac{\partial V}{\partial x}=\frac{3}{2}\cdot\frac{(12y-2xy^2)(x+y)-(12xy-x^2y^2)}{(x+y)^2}$$

$$\frac{\partial V}{\partial y}=\frac{3}{2}\cdot\frac{(12x-2x^2y)(x+y)-(12xy-x^2y^2)}{(x+y)^2}$$

令 $\dfrac{\partial V}{\partial x}=0,\dfrac{\partial V}{\partial y}=0$，得方程组

$$\begin{cases}(12y-2xy^2)(x+y)-(12xy-x^2y^2)=0\\(12x-2x^2y)(x+y)-(12xy-x^2y^2)=0\end{cases}$$

解之，得

$$x=2,y=2,z=3$$

由问题的实际意义，函数 $V(x,y)$ 在 $x>0$，$y>0$ 时确有最大值，又因为 $V=V(x,y)$ 只有一个驻点，所以取长为 $2$ m、宽为 $2$ m、高为 $3$ m，此时水槽的容积最大.

## 二、条件极值问题的拉格朗日乘数法

在实际问题中，求多元函数的极值时，自变量往往受到一些条件的限制，把这类问题称为条件极值问题. 反之，称为无条件极值问题. 当条件简单时，条件极值可化为无条件极值来处理. 当条件较复杂时，求函数的极值往往采用求条件极值的方法——拉格朗日乘数法.

求二元函数 $z=f(x,y)$ 在条件 $\varphi(x,y)=0$ 下的最值问题，可用下面步骤求解：

(1)构造函数 $F(x,y)=f(x,y)+\lambda\varphi(x,y)$，其中，$\lambda$ 为待定常数.

(2)求解 $\begin{cases}F'_x=0\\F'_y=0\\\varphi(x,y)=0\end{cases}$，即 $\begin{cases}f'_x(x,y)+\lambda\varphi'_x(x,y)=0\\f'_y(x,y)+\lambda\varphi'_y(x,y)=0\\\varphi(x,y)=0\end{cases}$

求出可能的极值点 $(x,y)$. 在实际问题中，若只有一个可能的极值点，则该点往往就是所求的最值点.

拉格朗日乘数法可以推广到两个以上自变量或一个以上约束条件的情况.

**例 5**　要造一个容积为 $V$ 的长方体无盖盒子,如何设计长、宽、高时所需的材料最省?

**【解】**　设盒子的长为 $x$、宽为 $y$、高为 $z$,表面积为 $S$.

要求的问题是求 $S=xy+2xz+2yz$　$(x>0,y>0,z>0)$ 在条件 $xyz=V$ 下的最大值.

构造函数
$$F(x,y,z)=xy+2xz+2yz+\lambda(xyz-V)$$

由
$$\begin{cases} F'_x=y+2z+\lambda yz=0 \\ F'_y=x+2z+\lambda xz=0 \\ F'_z=2x+2y+\lambda xy=0 \\ xyz=V \end{cases}$$

解得
$$x=y=\sqrt[3]{2V},\ z=\frac{1}{2}\sqrt[3]{2V},\ \lambda=-\sqrt[3]{\frac{32}{V}}$$

由于 $(\sqrt[3]{2V},\sqrt[3]{2V},\frac{1}{2}\sqrt[3]{2V})$ 是唯一驻点,且根据实际意义 $S$ 有最小值,因此当长方体长和宽均为 $\sqrt[3]{2V}$,高为 $\frac{1}{2}\sqrt[3]{2V}$ 时,所需材料最省.

**例 6**　经过点 $(1,1,1)$ 的所有平面中,哪一个平面与坐标面在第一卦限所围的立体的体积最小,并求此最小体积(见图 7-39).

**【解】**　设所求平面方程为 $\frac{x}{a}+\frac{y}{b}+\frac{z}{c}=1(a>0,b>0,c>0)$,因为平面过点 $(1,1,1)$,所以该点坐标满足方程,即

$$\frac{1}{a}+\frac{1}{b}+\frac{1}{c}=1$$

又设所求平面与三个坐标面在第一卦限所围立体的体积为 $V$,所以

$$V=\frac{1}{6}abc$$

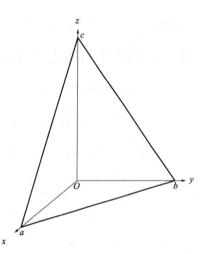

图 7-39

所以问题是求函数 $V=\frac{1}{6}abc$ 在条件 $\frac{1}{a}+\frac{1}{b}+\frac{1}{c}=1(a>0,b>0,c>0)$ 下的最小值.

构造辅助函数
$$F(a,b,c)=\frac{1}{6}abc+\lambda\left(\frac{1}{a}+\frac{1}{b}+\frac{1}{c}-1\right)$$

设
$$\begin{cases} F'_a=0 \\ F'_b=0 \\ F'_c=0 \\ \frac{1}{a}+\frac{1}{b}+\frac{1}{c}=1 \end{cases}$$

$$
\begin{cases}
\dfrac{1}{6}bc-\dfrac{\lambda}{a^{2}}=0 \\[2mm]
\dfrac{1}{6}ac-\dfrac{\lambda}{b^{2}}=0 \\[2mm]
\dfrac{1}{6}ab-\dfrac{\lambda}{c^{2}}=0 \\[2mm]
\dfrac{1}{a}+\dfrac{1}{b}+\dfrac{1}{c}-1=0
\end{cases}
$$

解得 $a=b=c=3$

由问题的性质可知最小值必定存在,又因为驻点唯一,所以当平面为 $x+y+z=3$ 时,它与三个坐标面所围立体的体积 $V$ 最小,这时的体积为 $V=\dfrac{1}{6}\times3^{3}=\dfrac{9}{2}$.

# 任务七　掌握二重积分

二重积分是定积分的推广. 定积分是一元函数"和式"的极限,二重积分是二元函数"和式"的极限,二者本质上是相同的.

## 一、二重积分的概念与性质

下面从实际问题出发,引出二重积分的定义.

### 1. 二重积分的定义

**引例 1**　求曲顶柱体的体积.

曲顶柱体(见图 7—40)是以二元函数 $z=f(x,y)\ (z\geqslant0)$ 为曲顶面,以其在 $xOy$ 面的投影区域 $D$ 为底面,以通过 $D$ 的边界且母线平行于 $z$ 轴的柱面为侧面所围成的立体.

下面仿照求曲边梯形面积的方法来求曲顶柱体的体积.

将 $D$ 任意分割成 $n$ 个小闭区域 $\Delta\sigma_i\ (i=1,2,3,\cdots,n)$,$\Delta\sigma_i$ 同时表示第 $i$ 个小闭区域的面积,相应地,曲顶柱体被分成 $n$ 个小曲顶柱体. 在 $\Delta\sigma_i$ 上任取点 $(\xi_i,\eta_i)$,对应的小曲顶柱体体积近似为平顶柱体体积 $f(\xi_i,\eta_i)\Delta\sigma_i$(见图 7—41);把所有小柱体体积加起来得台阶柱体的体积

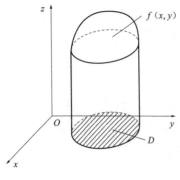

图 7—40

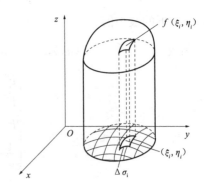

图 7—41

$\sum\limits_{i=1}^{n} f(\xi_i, \eta_i)\Delta\sigma_i$；再让分割无限变细：记 $\lambda$ 为所有小区域 $\Delta\sigma_i$ 的最大直径，令 $\lambda\rightarrow0$，则极限 $V=\lim\limits_{\lambda\rightarrow0}\sum\limits_{i=1}^{n} f(\xi_i, \eta_i)\Delta\sigma_i$ 就是曲顶柱体的体积.

**引例 2** 求质量非均匀分布的平面薄片的质量.

设在 $xOy$ 面上有一平面薄片 $D$（见图 7—42），它在点 $(x,y)$ 处的面密度为 $\rho(x,y)$，则整个薄片 $D$ 的质量 $M$ 也是通过分割、近似、求和、取极限的方法得到的，即 $M=\lim\limits_{\lambda\rightarrow0}\sum\limits_{i=1}^{n}\rho(\xi_i, \eta_i)\Delta\sigma_i$.

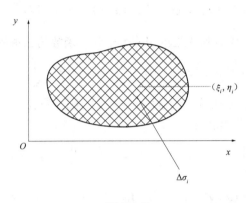

图 7—42

虽然上面两个例子的意义是不同的，但解决问题的数学方法是相同的，都是求和式的极限，于是引出二重积分的定义.

**定义** 设二元函数 $z=f(x,y)$ 在有界闭区域 $D$ 上有定义，将区域 $D$ 任意分成 $n$ 个子域，每一子域的面积为 $\Delta\sigma_i(i=1,2,\cdots,n)$，在第 $i$ 个子域上任取一点 $(\xi_i,\eta_i)(i=1,2,\cdots,n)$，作和式 $\sum\limits_{i=1}^{n} f(\xi_i, \eta_i)\Delta\sigma_i$. 如果各个子域直径的最大值 $\lambda\rightarrow0$ 时，此和式的极限存在，则称该极限值为函数 $f(x,y)$ 在区域 $D$ 上的**二重积分**，记为 $\iint\limits_{D} f(x,y)\mathrm{d}\sigma$，即

$$\iint\limits_{D} f(x,y)\mathrm{d}\sigma = \lim\limits_{\lambda\rightarrow0}\sum\limits_{i=1}^{n} f(\xi_i, \eta_i)\Delta\sigma_i \tag{7—32}$$

这时也称 $f(x,y)$ 在 $D$ 上**可积**. 一般称 $f(x,y)$ 为被积函数；称 $f(x,y)\mathrm{d}\sigma$ 为**被积表达式**；称 $\mathrm{d}\sigma$ 为**面积元素**；$D$ 称为**积分域**；$\iint$ 称为**二重积分号**.

由二重积分的定义得到：

(1)若二重积分存在，它的值与区域 $D$ 的划分无关，则我们可以分别用平行于 $x$ 轴、$y$ 轴的直线划分区域 $D$，这样，每个子域大体上为小矩形. 设小矩形的长为 $\Delta x$，宽为 $\Delta y$，则其面积为 $\Delta\sigma_i=\Delta x_i\cdot\Delta y_i$，于是 $\mathrm{d}\sigma=\mathrm{d}x\mathrm{d}y$

$$\iint\limits_{D} f(x,y)\mathrm{d}\sigma = \iint\limits_{D} f(x,y)\mathrm{d}x\mathrm{d}y$$

(2)当 $f(x,y)\geqslant0$ 时，二重积分 $\iint\limits_{D} f(x,y)\mathrm{d}\sigma$ 表示的是以 $D$ 为底，以 $f(x,y)$ 为曲顶的曲顶

柱体的体积. 当 $f(x,y) \leqslant 0$ 时, $\iint\limits_{D} f(x,y)\mathrm{d}\sigma$ 表示的是以 $D$ 为底,以 $f(x,y)$ 为曲顶的曲顶柱体的体积的负值. 所以, $f(x,y)$ 在 $D$ 上的二重积分的几何意义是 $z = f(x,y)$ 在 $xOy$ 面上的各个部分区域上围成的曲顶柱体的体积的代数和.

### 2. 二重积分的性质

可积函数的二重积分具有下列主要的性质:

**性质 1** 被积函数中的常数可以提到二重积分号的外面,即

$$\iint\limits_{D} kf(x,y)\mathrm{d}\sigma = k\iint\limits_{D} f(x,y)\mathrm{d}\sigma (k \text{ 为常数})$$

**性质 2** 有限个函数的代数和的二重积分等于各个函数的二重积分的代数和.

$$\iint\limits_{D} [f(x,y) \pm g(x,y)]\mathrm{d}\sigma = \iint\limits_{D} f(x,y)\mathrm{d}\sigma \pm \iint\limits_{D} g(x,y)\mathrm{d}\sigma$$

**性质 3** 如果区域 $D$ 被分成两个子区域 $D_1$ 与 $D_2$,则函数在 $D$ 上的二重积分等于函数在子区域 $D_1, D_2$ 上的二重积分之和,即

$$\iint\limits_{D} f(x,y)\mathrm{d}\sigma = \iint\limits_{D_1} f(x,y)\mathrm{d}\sigma + \iint\limits_{D_2} f(x,y)\mathrm{d}\sigma$$

**性质 4** 如果在 $D$ 上 $f(x,y) = 1$,且 $D$ 的面积为 $\sigma$,则 $\iint\limits_{D} \mathrm{d}\sigma = \sigma$.

**性质 5** 如果在 $D$ 上 $f(x,y) \leqslant g(x,y)$,则 $\iint\limits_{D} f(x,y)\mathrm{d}\sigma \leqslant \iint\limits_{D} g(x,y)\mathrm{d}\sigma$.

**推论** 函数在 $D$ 上的二重积分的绝对值不大于函数绝对值在 $D$ 上的二重积分,即

$$\left| \iint\limits_{D} f(x,y)\mathrm{d}\sigma \right| \leqslant \iint\limits_{D} \left| f(x,y) \right| \mathrm{d}\sigma$$

**性质 6** 如果 $M, m$ 分别是函数 $f(x,y)$ 在 $D$ 上的最大值与最小值, $\sigma$ 为区域 $D$ 的面积,则

$$m\sigma \leqslant \iint\limits_{D} f(x,y)\mathrm{d}\sigma \leqslant M\sigma$$

**性质 7** (二重积分中值定理)设函数 $f(x,y)$ 在有界闭区域 $D$ 上连续,记 $\sigma$ 是 $D$ 的面积,则在 $D$ 上至少存在一点 $(\xi, \eta)$,使得

$$\iint\limits_{D} f(x,y)\mathrm{d}\sigma = f(\xi, \eta)\sigma$$

这些性质与一元函数定积分的性质相似.

## 二、二重积分的直角坐标计算法

一般来说,用二重积分的定义来计算二重积分不是一种切实可行的方法. 讨论二重积分的计算方法,其基本思想是将二重积分化为两次定积分来计算. 下面讨论二重积分 $\iint\limits_{D} f(x,y)\mathrm{d}\sigma$ 在直角坐标系下的计算问题,在讨论中假定 $f(x,y) \geqslant 0$.

(1)设区域 $D$ 为 $\begin{cases} \varphi_1(x) \leqslant y \leqslant \varphi_2(x) \\ a \leqslant x \leqslant b \end{cases}$ (见图 7-43).

由二重积分的几何意义,二重积分 $\iint\limits_{D} f(x,y)\mathrm{d}\sigma$ 表示以 $D$ 为底,以曲面 $z=f(x,y)$ 为顶的曲顶柱体的体积(见图 7—44). 下面先计算这个曲顶柱体的体积. 在 $x$ 轴上任意固定点 $x$ $(a\leqslant x\leqslant b)$,过该点用垂直于 $x$ 轴的平面去截曲顶柱体,所得截面是以区间 $[\varphi_1(x),$ $\varphi_2(x)]$ 为底,曲线 $z=f(x,y)$ 为曲边的曲边梯形(见图 7—44 阴影部分),其面积为

$$A(x)=\int_{\varphi_1(x)}^{\varphi_2(x)} f(x,y)\mathrm{d}y$$

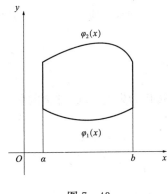

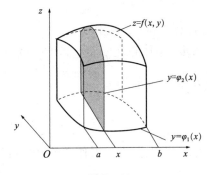

图 7—43

图 7—44

由计算平行截面面积为已知的立体体积的方法,得到曲顶柱体的体积为

$$V=\int_a^b A(x)\mathrm{d}x=\int_a^b\left[\int_{\varphi_1(x)}^{\varphi_2(x)} f(x,y)\mathrm{d}y\right]\mathrm{d}x$$

由于这个体积值就是所求二重积分的值,故二重积分可化为二次积分,即

$$\iint\limits_{D} f(x,y)\mathrm{d}\sigma=\int_a^b\left[\int_{\varphi_1(x)}^{\varphi_2(x)} f(x,y)\mathrm{d}y\right]\mathrm{d}x=\int_a^b\mathrm{d}x\int_{\varphi_1(x)}^{\varphi_2(x)} f(x,y)\mathrm{d}y \qquad (7-33)$$

它是先对 $y$ 作积分,将 $x$ 看作常数,其积分限为 $x$ 的函数;然后再对 $x$ 作积分,其积分限为常数.

(2)设区域 $D$ 为 $\begin{cases}\psi_1(y)\leqslant x\leqslant\psi_2(y)\\ c\leqslant y\leqslant d\end{cases}$(见图 7—45).

仿照上述方法,用垂直于 $y$ 轴的平面去截曲顶柱体(见图 7—46),类似可得:

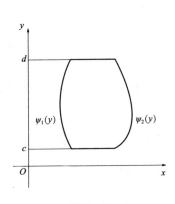

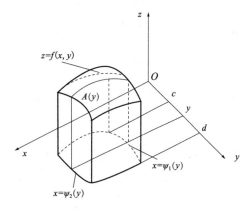

图 7—45

图 7—46

$$\iint\limits_{D} f(x,y)\mathrm{d}\sigma = \int_{c}^{d}\left[\int_{\psi_{1}(y)}^{\psi_{2}(y)} f(x,y)\mathrm{d}x\right]\mathrm{d}y = \int_{c}^{d}\mathrm{d}y\int_{\psi_{1}(y)}^{\psi_{2}(y)} f(x,y)\mathrm{d}x \qquad (7-34)$$

它是先对 $x$ 作积分,将 $y$ 看作常数,其积分限为 $y$ 的函数;然后再对 $y$ 作积分,其积分限为常数.

将二重积分转化为二次积分,关键是把积分区域 $D$ 画出来,看 $D$ 的类型:若 $D$ 能由不等式组 $\begin{cases}\varphi_{1}(x)\leqslant y\leqslant\varphi_{2}(x)\\ a\leqslant x\leqslant b\end{cases}$ 表达,称其为 $x$ 型域,应按式(7-33)转化,也称为先对 $y$,后对 $x$ 的二次积分;若 $D$ 能由不等式组 $\begin{cases}\psi_{1}(y)\leqslant x\leqslant\psi_{2}(y)\\ c\leqslant y\leqslant d\end{cases}$ 表达,称其为 $y$ 型域,应按式(7-34)转化,也称为先对 $x$,后对 $y$ 的二次积分.

解题的步骤:①在 $xOy$ 面上画出区域 $D$(见图7-47).

②若 $D$ 能由不等式组 $\begin{cases}\varphi_{1}(x)\leqslant y\leqslant\varphi_{2}(x)\\ a\leqslant x\leqslant b\end{cases}$ 表达,则应转化为先对 $y$,后对 $x$ 的积分,

即

$$\iint\limits_{D} f(x,y)\mathrm{d}\sigma = \int_{a}^{b}\mathrm{d}x\int_{\varphi_{1}(x)}^{\varphi_{2}(x)} f(x,y)\mathrm{d}y = \int_{a}^{b}\left[\int_{\varphi_{1}(x)}^{\varphi_{2}(x)} f(x,y)\mathrm{d}y\right]\mathrm{d}x$$

计算时先对 $y$ 作积分,将 $x$ 看作常数;再将运算的结果对 $x$ 作积分.

③若 $D$ 能由不等式组 $\begin{cases}\psi_{1}(y)\leqslant x\leqslant\psi_{2}(y)\\ c\leqslant y\leqslant d\end{cases}$ 表达,则应转化为先对 $x$,后对 $y$ 的积分,

即

$$\iint\limits_{D} f(x,y)\mathrm{d}\sigma = \int_{c}^{d}\mathrm{d}y\int_{\psi_{1}(y)}^{\psi_{2}(y)} f(x,y)\mathrm{d}x = \int_{c}^{d}\left[\int_{\psi_{1}(y)}^{\psi_{2}(y)} f(x,y)\mathrm{d}x\right]\mathrm{d}y$$

计算时先对 $x$ 作积分,将 $y$ 看作常数;再将运算的结果对 $y$ 作积分.

**注意**:若区域 $D$ 如图7-48所示,则可先将 $D$ 分割成 $D_{1}$,$D_{2}$,$D_{3}$,分别进行计算,然后加起来.

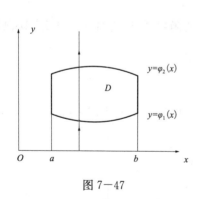

图7-47

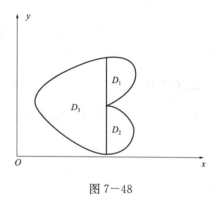

图7-48

**例1** 求 $\iint\limits_{D}\left(1-\dfrac{x}{3}-\dfrac{y}{4}\right)\mathrm{d}\sigma$,其中,$D$ 是由直线 $x=-1$,$x=1$,$y=-2$,$y=2$ 所围成的矩形区域.

**【解法1】** 首先画图(见图7-49),若理解为 $y$ 型域,先对 $x$,后对 $y$ 作积分.

$$\iint\limits_{D}\left(1-\frac{x}{3}-\frac{y}{4}\right)\mathrm{d}\sigma = \int_{-2}^{2}\left[\int_{-1}^{1}\left(1-\frac{x}{3}-\frac{y}{4}\right)\mathrm{d}x\right]\mathrm{d}y$$

$$= \int_{-2}^{2}\left(2-\frac{y}{2}\right)\mathrm{d}y = \left(2y-\frac{y^{2}}{4}\right)\Big|_{-2}^{2} = 8$$

**【解法2】** 若理解为 $x$ 型域,先对 $y$,后对 $x$ 作积分.

$$\iint\limits_{D}\left(1-\frac{x}{3}-\frac{y}{4}\right)\mathrm{d}\sigma = \int_{-1}^{1}\left[\int_{-2}^{2}\left(1-\frac{x}{3}-\frac{y}{4}\right)\mathrm{d}y\right]\mathrm{d}x$$

$$= \int_{-1}^{1}\left(4-\frac{4}{3}x\right)\mathrm{d}x = 2\int_{0}^{1}4\mathrm{d}x = 8$$

**例2** 求 $\iint\limits_{D}(x^2+y^2)\mathrm{d}\sigma$,其中,$D$ 是由 $y=x^2,x=1,y=0$ 所围成的区域.

**【解】** 首先画出 $D$ 的图形(见图 7−50),理解为 $x$ 型域.先对 $y$,后对 $x$ 作积分.

$$\iint\limits_{D}(x^2+y^2)\mathrm{d}\sigma = \int_{0}^{1}\left[\int_{0}^{x^2}(x^2+y^2)\mathrm{d}y\right]\mathrm{d}x$$

$$= \int_{0}^{1}\left(x^4+\frac{1}{3}x^6\right)\mathrm{d}x$$

$$= \left(\frac{1}{5}x^5+\frac{1}{21}x^7\right)\Big|_{0}^{1} = \frac{26}{105}$$

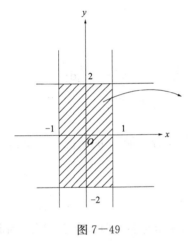

图 7−49

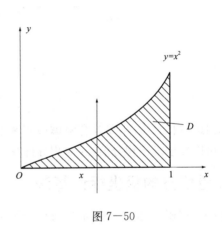

图 7−50

**例3** 求 $\iint\limits_{D}\frac{\sin x}{x}\mathrm{d}\sigma$,其中,$D$ 是由 $y=x$ 及 $y=x^2$ 所围成的区域.

**【解】** 先画出 $D$ 的图形(见图 7−51).

若变换为先对 $x$,后对 $y$ 的积分:$\int_{0}^{1}\mathrm{d}y\int_{y}^{\sqrt{y}}\frac{\sin x}{x}\mathrm{d}x$,会

遇到积分 $\int\frac{\sin x}{x}\mathrm{d}x$,而 $\frac{\sin x}{x}$ 的原函数不是初等函数,所

以先对 $x$,后对 $y$ 的积分求不出值,故要变换成先对 $y$,后

对 $x$ 的积分.

$$原式 = \int_{0}^{1}\mathrm{d}x\int_{x^2}^{x}\frac{\sin x}{x}\mathrm{d}y$$

$$= \int_{0}^{1}(\sin x - x\sin x)\mathrm{d}x = 1-\sin 1$$

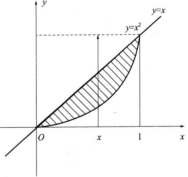

图 7−51

**例4** 求 $\iint\limits_{D}xy\mathrm{d}\sigma$,其中,$D$ 是 $y^2=x$ 与直线 $y=x-2$ 所围成的区域.

**【解】** 画出 $D$ 的图形(见图 7−52),理解为 $y$ 型域,用先积 $x$,后积 $y$ 的方法.

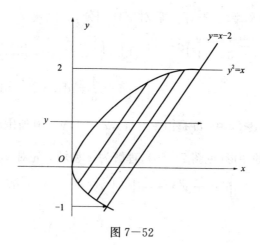

图 7—52

联立 $\begin{cases} y^2=x \\ y=x-2 \end{cases}$, 得 $y=-1, y=2$.

$$\iint\limits_D xy\,\mathrm{d}\sigma = \int_{-1}^{2} \mathrm{d}y \int_{y^2}^{y+2} xy\,\mathrm{d}x$$

$$= \int_{-1}^{2} \left[\frac{x^2}{2}y\right]_{y^2}^{y+2} \mathrm{d}y = \frac{1}{2}\int_{-1}^{2} \left[y(y+2)^2 - y^5\right]\mathrm{d}y$$

$$= \frac{1}{2}\left[\frac{y^4}{4} + \frac{4}{3}y^3 + 2y^2 - \frac{y^6}{6}\right]_{-1}^{2} = 5\frac{5}{8}$$

如何选取积分次序,要综合考虑被积函数 $f(x,y)$ 与积分区域 $D$ 的情况. 正确地选取积分次序可以保证求出积分值,或使积分计算变得简单.

## 三、二重积分的极坐标计算法

某些二重积分,由于被积函数或积分区域的特征,用极坐标算法计算较为简便,因此我们介绍二重积分的极坐标算法.

一般地,我们选取直角坐标系的原点为极点 $O$, $x$ 轴的正向为极轴,直角坐标与极坐标转化的关系式为 $\begin{cases} x=r\cos\theta \\ y=r\sin\theta \end{cases}$.

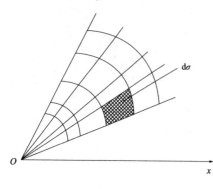

图 7—53

下面研究如何用极坐标表示面积元素 $\mathrm{d}\sigma$. 因为二重积分的值与区域 $D$ 的划分无关,在直角坐标系中用平行于 $x$ 轴, $y$ 轴的直线划分区域,于是 $\mathrm{d}\sigma=\mathrm{d}x\mathrm{d}y$. 与此相类似,在极坐标系中,用从极点出发的射线和一族以极点为圆心的同心圆,把 $D$ 分割成许多子域,这些子域除了靠边界曲线的一些子域外,绝大多数都是扇形域(见图 7—53),子域的面积近似等于长为 $r\mathrm{d}\theta$. 宽为 $\mathrm{d}r$ 的矩形面积. 所以在极坐标系中的面积元素为 $\mathrm{d}\sigma= r\mathrm{d}r\mathrm{d}\theta$,于是

$$\iint\limits_{D}f(x,y)\mathrm{d}\sigma = \iint\limits_{D}f(r\cos\theta,r\sin\theta)r\mathrm{d}r\mathrm{d}\theta$$

在计算时,一般选择先积 $r$,后积 $\theta$ 的次序进行计算.

(1)若极点在区域 $D$ 内,边界的方程为 $r=r(\theta)$(见图 $7-54$),可得 $D$ 为: $\begin{cases} 0\leqslant\theta\leqslant 2\pi \\ 0\leqslant r\leqslant r(\theta) \end{cases}$.

于是
$$\iint\limits_{D}f(r\cos\theta,r\sin\theta)r\mathrm{d}r\mathrm{d}\theta = \int_{0}^{2\pi}\mathrm{d}\theta\int_{0}^{r(\theta)}f(r\cos\theta,r\sin\theta)r\mathrm{d}r \qquad (7-35)$$

(2)若极点不在 $D$ 内(见图 $7-55$).

从极点出发,作区域 $D$ 的边界切线,得到 $\theta\in[\alpha,\beta]$;在 $[\alpha,\beta]$ 上过极点作任一射线与 $D$ 交于两点,其极径的变化范围为:$r\in[r_1(\theta),r_2(\theta)]$.

于是
$$\iint\limits_{D}f(r\cos\theta,r\sin\theta)r\mathrm{d}r\mathrm{d}\theta = \int_{\alpha}^{\beta}\mathrm{d}\theta\int_{r_1(\theta)}^{r_2(\theta)}f(r\cos\theta,r\sin\theta)r\mathrm{d}r \qquad (7-36)$$

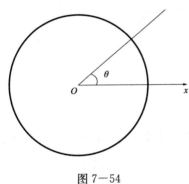

图 $7-54$

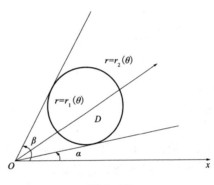

图 $7-55$

**例 5** 计算 $\iint\limits_{D}\mathrm{e}^{x^2+y^2}\mathrm{d}\sigma$,其中 $D$ 是圆域 $x^2+y^2\leqslant 4$.

**【解】** 画出区域 $D$ 的图形(见图 $7-56$).因为被积函数中含有 $x^2+y^2$,所以采用极坐标算法方便.将 $\begin{cases} x=r\cos\theta \\ y=r\sin\theta \end{cases}$ 代入 $\mathrm{e}^{x^2+y^2}=\mathrm{e}^{r^2}$,$D$ 由 $r\leqslant 2$ 围成.

则
$$\begin{aligned}
\iint\limits_{D}\mathrm{e}^{x^2+y^2}\mathrm{d}\sigma &= \iint\limits_{D}\mathrm{e}^{r^2}\cdot r\mathrm{d}r\mathrm{d}\theta \\
&= \int_{0}^{2\pi}\mathrm{d}\theta\int_{0}^{2}\mathrm{e}^{r^2}r\mathrm{d}r \\
&= \frac{1}{2}\int_{0}^{2\pi}\mathrm{d}\theta\int_{0}^{2}\mathrm{e}^{r^2}\mathrm{d}r^2 \\
&= \frac{1}{2}\int_{0}^{2\pi}\mathrm{e}^{r^2}\Big|_{0}^{2}\mathrm{d}\theta \\
&= \frac{1}{2}\int_{0}^{2\pi}(\mathrm{e}^4-1)\mathrm{d}\theta \\
&= \pi(\mathrm{e}^4-1)
\end{aligned}$$

**例 6** 计算 $\iint\limits_{D}\sin\sqrt{x^2+y^2}\mathrm{d}\sigma$,其中,$D$ 为圆域 $\dfrac{\pi^2}{4}\leqslant x^2+y^2\leqslant\pi^2$.

**【解】** 画出 $D$ 的图形(见图 $7-57$),从图中可以看到,极角变化为 $0\leqslant\theta\leqslant 2\pi$,极径变化为

$\frac{\pi}{2} \leqslant r \leqslant \pi$，所以 $\iint\limits_{D} \sin\sqrt{x^2+y^2}\,\mathrm{d}\sigma = \int_0^{2\pi}\mathrm{d}\theta\int_{\frac{\pi}{2}}^{\pi}\sin r \cdot r\mathrm{d}r$

$$= 2\pi \cdot \int_{\frac{\pi}{2}}^{\pi} r\mathrm{d}(-\cos r) = 2\pi\left(-r\cos r\Big|_{\frac{\pi}{2}}^{\pi} + \sin r\Big|_{\frac{\pi}{2}}^{\pi}\right)$$

$$= 2\pi(\pi - 1)$$

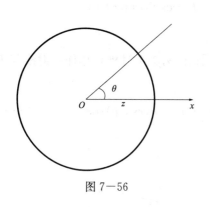

图 7—56

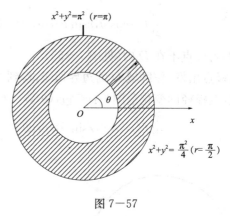

图 7—57

### 思考题

进行了项目七的学习之后，你是否还具有畏难心理？克服难题就如同小马过河一样，只有当你亲身实践之后才会知道答案．

# 项目八 无穷级数

## ◎ 知识图谱

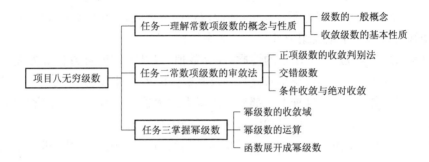

项目八无穷级数
- 任务一理解常数项级数的概念与性质
  - 级数的一般概念
  - 收敛级数的基本性质
- 任务二常数项级数的审敛法
  - 正项级数的收敛判别法
  - 交错级数
  - 条件收敛与绝对收敛
- 任务三掌握幂级数
  - 幂级数的收敛域
  - 幂级数的运算
  - 函数展开成幂级数

## ◎ 能力与素质

### 无穷级数在生活中的应用

在实际生活中,无穷级数是工程计算、股票分析、经济预测中常用的方法,物理学中的磁场、振动等计算无穷级数也带来了巨大的便利.通过学习,利用无穷级数相关知识解决一个实际问题:

**例** 在下午一点到两点之间什么时候,一个时钟的分针恰好与时针重合?让我们来推算一下.

【解】 从下午一点开始,当分针走到 1 时,时针走到 $1+\frac{1}{12}$;当分针感到 $1+\frac{1}{12}$ 时,时针又向前走到了 $1+\frac{1}{12}+\frac{1}{12}\times\frac{1}{12}$,…,依次类推,分针要追上时针需费时间

$$\frac{1}{12}+\frac{1}{12}\times\frac{1}{12}+\frac{1}{12}\times\frac{1}{12}\times\frac{1}{12}+\cdots$$

上式是一个首项为 $\frac{1}{12}$,公比为 $\frac{1}{12}$ 的等比级数,因公比小于1,故此级数收敛于

$$\frac{1}{12}+\frac{1}{12}\times\frac{1}{12}+\frac{1}{12}\times\frac{1}{12}\times\frac{1}{12}+\cdots=\frac{\frac{1}{12}}{1-\frac{1}{12}}=\frac{1}{11}(h)$$

因此分针要追上时针需费时 $\frac{1}{11}$ h,也就是说,分针与时针重合的时间为下午1点零5分27秒.

### 人文素养——无穷级数的源起

英国曼彻斯特大学和埃克塞特大学的研究小组指出,印度喀拉拉学校也曾发现可用于计算圆周率的无穷级数,并利用它将圆周率的值精确到小数点后第9位和第10位,后来又精确

到第 17 位. 研究人员说,一个极有说服力的间接证据是,15 世纪,印度人曾经将他们的发现告知造访印度的精通数学的耶稣会传教士."无穷级数"可能最终摆到了牛顿本人的书桌上.

约瑟夫是在通读字迹模糊的印度文字材料时得出这些发现的,他的畅销著作《孔雀之冠:非欧洲的数学之根》(The Crest of the Peacock: the Non-European Roots of Mathematics)的第 3 版刊登此次发现,该书由普林斯顿大学出版社负责出版. 他说:"现代数学的起源通常被视为欧洲人取得的一项成就,但中世纪(14~16 世纪)印度的这些发现却被人们忽视或者遗忘了. 17 世纪末期,牛顿的工作取得了辉煌的成就. 他所做的贡献是不容人们抹杀的,尤其在提到微积分的运算法则时更是如此. 但喀拉拉学校的学者特别是马德哈瓦(Madhava)和尼拉坎特哈(Nilakantha)的名字也同样不能忘记,他们取得的成就足以和牛顿平起平坐,因为正是他们发现了微积分的另一个重要组成部分——无穷级数."

无穷级数在表达函数、研究函数的性质、计算数值,以及求解微分方程等方面都有重要应用. 研究无穷级数及其和,可以说是研究数列及其极限的另一种形式,但无论在研究极限的存在性还是在计算极限的时候,这种形式都显示出很大的优越性. 本章先讨论常数项级数,介绍无穷级数的一些基本内容,然后讨论如何将函数展开成幂级数.

想一想:无穷级数是由一个个微小的量相加得到的和,就好比一个国家的每个人加在一起组成了国家. 如果每个人都贡献出一份绵薄之力,日积月累,那这个国家是否会变得更加强大?

# 任务一　理解常数项级数的概念与性质

## 一、级数的一般概念

如果 $u_1, u_2, \cdots, u_n, \cdots$ 是数列,那么表达式 $u_1 + u_2 + \cdots + u_n + \cdots$ 就称为常数项级数,也叫数项级数;如果 $u_1(x), u_2(x), \cdots, u_n(x), \cdots$ 都是 $x$ 的函数,$x \in I$,那么 $u_1(x) + u_2(x) + \cdots + u_n(x) + \cdots$ 就称为函数项级数. 它们统称为无穷级数,简称为级数. $u_n$ 称为级数的一般项.

在任务一里主要讨论数项级数的性质,函数项级数也有与它相同的性质.

记

$$s_1 = u_1, s_2 = u_1 + u_2, \cdots, s_n = u_1 + u_2 + \cdots + u_n$$

称 $\{s_n\}$ 为级数的部分和数列,$s_n$ 称为级数的部分和.

我们关心的是部分和数列是否有极限,即 $\lim_{n \to \infty} s_n$ 是否存在的问题.

为简单记,把 $u_1 + u_2 + \cdots + u_n + \cdots$ 记作 $\sum_{n=1}^{\infty} u_n$.

**定义**　若级数 $\sum_{n=1}^{\infty} u_n$ 的部分和数列 $\{s_n\}$ 有极限 $s$,即 $\lim_{n \to \infty} s_n = s$,则称级数 $\sum_{n=1}^{\infty} u_n$ 收敛,此时 $s$ 叫作级数的和,并写成

$$u_1 + u_2 + \cdots + u_n + \cdots = s$$

对于函数项级数,$s$ 称为和函数.

若 $\{s_n\}$ 没有极限,则称级数 $\sum_{n=1}^{\infty} u_n$ 发散. 判定级数收敛或发散说成是判定级数的收敛性

或敛散性.

**例 1** 判定级数 $\sum\limits_{n=1}^{\infty} \dfrac{1}{n(n+1)}$ 的收敛性.

**【解】** $u_n = \dfrac{1}{n(n+1)} = \dfrac{1}{n} - \dfrac{1}{n+1}$,

故

$$s_n = \frac{1}{1 \times 2} + \frac{1}{2 \times 3} + \cdots + \frac{1}{n(n+1)} = 1 - \frac{1}{2} + \frac{1}{2} - \frac{1}{3} + \cdots + \frac{1}{n} - \frac{1}{n+1} = 1 - \frac{1}{n+1}$$

$$\lim_{n \to \infty} s_n = \lim_{n \to \infty}\left(1 - \frac{1}{n+1}\right) = 1$$

该级数收敛,其和为 1.

**例 2** 讨论等比级数 $\sum\limits_{n=1}^{\infty} aq^n (a \neq 0)$ 的收敛性,其中 $q$ 为公比.

**【解】** 该级数也称作几何级数,当 $q \neq 1$ 时,部分和

$$s_n = a + aq + \cdots + aq^n = \frac{a - aq^n}{1-q} = \frac{a}{1-q} - \frac{aq^n}{1-q}$$

当 $|q| < 1$ 时,$\lim\limits_{n \to \infty} q^n = 0$,从而

$$\lim_{n \to \infty} s_n = \lim_{n \to \infty}\left(\frac{a}{1-q} - \frac{aq^n}{1-q}\right) = \frac{a}{1-q}$$

当 $|q| > 1$ 时,$\lim\limits_{n \to \infty} q^n = \infty$,从而

$$\lim_{n \to \infty} s_n = \infty$$

该级数发散.

当 $q = 1$ 时,$\lim\limits_{n \to \infty} s_n = \lim\limits_{n \to \infty}(na) = \infty$.

当 $q = -1$ 时,级数成为 $a - a + a - a + \cdots$,显然是发散的.

总之,等比级数 $\sum\limits_{n=1}^{\infty} aq^n (a \neq 0)$ 当 $|q| < 1$ 时,收敛于 $\dfrac{a}{1-q}$;当 $|q| \geqslant 1$ 时,发散.

**例 3** 讨论级数 $\sum\limits_{n=1}^{\infty} \ln \dfrac{n+1}{n}$ 的收敛性.

**【解】** $S_n = \ln 2 + \ln \dfrac{3}{2} + \cdots + \ln \dfrac{n+1}{n} = \ln 2 + (\ln 3 - \ln 2) + \cdots +$

$$[\ln(n+1) - \ln n] = \ln(n+1) \to +\infty \quad (n \to +\infty)$$

所以级数 $\sum\limits_{n=1}^{\infty} \ln \dfrac{n+1}{n}$ 发散.

## 二、收敛级数的基本性质

无穷级数的收敛性是由它的部分和数列的收敛性定义的,因此,由收敛数列的基本性质可以直接得到收敛级数的下列基本性质.

**性质 1** 若级数 $\sum\limits_{n=1}^{\infty} u_n$ 收敛于和 $s$,$k$ 为常数,则级数 $\sum\limits_{n=1}^{\infty} ku_n$ 也收敛,并且收敛于 $ks$.

**【证】** 记 $s_n = u_1 + u_2 + \cdots + u_n$,$\sigma_n = ku_1 + ku_2 + \cdots + ku_n$,

记 $\lim\limits_{n \to \infty} s_n = s$,则有

$$\lim_{n\to\infty}\sigma_n=\lim_{n\to\infty}(ku_1+ku_2+\cdots+ku_n)=k\lim_{n\to\infty}(u_1+u_2+\cdots+u_n)=ks$$

由于 $\sigma_n=ks$，如果 $\{s_n\}$ 无极限，且 $k\neq0$，那么 $\{\sigma_n\}$ 也必无极限．由此可以得出结论：级数 $\sum_{n=1}^{\infty}u_n$ 每一项乘以一个不为零的常数后，它的收敛性不变．

**性质 2** 若 $\sum_{n=1}^{\infty}u_n=s$，$\sum_{n=1}^{\infty}v_n=\sigma$，则

$$\sum_{n=1}^{\infty}(u_n\pm v_n)=s\pm\sigma$$

**【证】** 记

$$\sum_{k=1}^{n}u_k=s_n,\ \sum_{k=1}^{n}v_k=\sigma_n,\ \sum_{k=1}^{n}(u_k\pm v_k)=\tau_n$$

则

$$\tau_n=s_n\pm\sigma_n$$

$$\lim_{n\to\infty}\tau_n=\lim_{n\to\infty}(s_n\pm\sigma_n)=\lim_{n\to\infty}s_n\pm\lim_{n\to\infty}\sigma_n=s\pm\sigma$$

此性质说明，两个收敛级数可以逐项相加或逐项相减，而不改变其收敛性．

**性质 3** 在级数中，去掉、加上或改变有限项，不改变级数的收敛性．

请注意，对收敛级数而言，利用性质 3 的处理，可能改变级数的和．

证明从略．

**性质 4** 若级数 $\sum_{n=1}^{\infty}u_n$ 收敛，则对级数的项任意加括号后所成的级数仍然收敛，且和不变．

证明从略．

由此性质立刻可以得到如下结论：若加括号后所成的级数发散，则原级数也发散．

**性质 5** 若级数 $\sum_{n=1}^{\infty}u_n$ 收敛，则其一般项 $u_n$ 趋于零，即 $\lim_{n\to\infty}u_n=0$.

**【证】** 记 $\sum_{k=1}^{n}u_k=s_n$，则

$$\lim_{n\to\infty}u_n=\lim_{n\to\infty}(s_n-s_{n-1})=\lim_{n\to\infty}s_n-\lim_{n\to\infty}s_{n-1}=s-s=0$$

**例 4** 讨论调和级数 $1+\dfrac{1}{2}+\cdots+\dfrac{1}{n}+\cdots$ 的收敛性．

**【解】** 记 $s_n=1+\dfrac{1}{2}+\cdots+\dfrac{1}{n}$，用反证法．设 $\lim_{n\to\infty}s_n=s$，则 $\lim_{n\to\infty}s_{2n}=s$．必有

$$\lim_{n\to\infty}(s_{2n}-s_n)=s-s=0$$

而

$$s_{2n}-s_n=\frac{1}{n+1}+\frac{1}{n+2}+\cdots+\frac{1}{n+n}>\frac{n}{2n}=\frac{1}{2}$$

故 $\lim_{n\to\infty}(s_{2n}-s_n)\neq0$，矛盾．所以调和级数 $1+\dfrac{1}{2}+\cdots+\dfrac{1}{n}+\cdots$ 是发散的．

**性质 5** 说明 $\lim_{n\to\infty}u_n=0$ 是级数 $\sum_{n=1}^{\infty}u_n$ 收敛的必要条件，但不是充分条件．

# 任务二　常数项级数的审敛法

对于数项级数 $\sum\limits_{n=1}^{\infty} u_n$ 而言,它的一般项 $u_n$ 可以是正数、负数或零.下面先讨论正项级数,

即 $u_n \geqslant 0$ 时的级数 $\sum\limits_{n=1}^{\infty} u_n$.主要讨论判定级数 $\sum\limits_{n=1}^{\infty} u_n$ 的收敛性的方法,简称为审敛法.

## 一、正项级数的收敛判别法

**定理 1**　正项级数 $\sum\limits_{n=1}^{\infty} u_n$ 收敛的充要条件是它的部分和数列 $\{s_n\}$ 有界.

**【证】**　由于

$$u_n \geqslant 0, s_n = u_1 + u_2 + \cdots + u_n$$

因此

$$s_1 \leqslant s_2 \leqslant \cdots \leqslant s_n$$

先证充分性:$\{s_n\}$ 有界,又因为该数列单调增加,所以数列 $\{s_n\}$ 必有极限,即 $\lim\limits_{n \to \infty} s_n = s$ 存在,

级数收敛得证.

再证必要性:级数收敛,$\lim\limits_{n \to \infty} s_n = s$ 存在,由于收敛数列必有界,因此部分和数列有界.

正项级数 $\sum\limits_{n=1}^{\infty} u_n$ 发散的充分必要条件是 $\lim\limits_{n \to \infty} s_n = +\infty$.

**例 1**　判定级数 $\sum\limits_{n=1}^{\infty} \dfrac{\sin \frac{\pi}{2n}}{2^n}$ 的收敛性.

**【解】**　$s_n = \dfrac{1}{2} + \dfrac{\sin \frac{\pi}{4}}{4} + \dfrac{\sin \frac{\pi}{6}}{8} + \cdots + \dfrac{\sin \frac{\pi}{2n}}{2^n} < \dfrac{1}{2} + \dfrac{1}{4} + \dfrac{1}{8} + \cdots + \dfrac{1}{2^n} = \dfrac{\frac{1}{2}\left(1 - \frac{1}{2^n}\right)}{1 - \frac{1}{2}} < 1$

级数的部分和数列有界,故该级数收敛.

**定理 2**　(比较审敛法)设 $\sum\limits_{n=1}^{\infty} u_n$ 与 $\sum\limits_{n=1}^{\infty} v_n$ 都是正项级数,且 $u_n \leqslant v_n (n = 1, 2, \cdots)$.若级数

$\sum\limits_{n=1}^{\infty} v_n$ 收敛,则级数 $\sum\limits_{n=1}^{\infty} u_n$ 收敛;若级数 $\sum\limits_{n=1}^{\infty} u_n$ 发散,则级数 $\sum\limits_{n=1}^{\infty} v_n$ 发散.

**【证】**　设 $\sum\limits_{n=1}^{\infty} v_n = \sigma$,则

$$s_n = u_1 + u_2 + \cdots + u_n \leqslant v_1 + v_2 + \cdots + v_n \leqslant \sigma$$

由 $\{s_n\}$ 有界性可知级数 $\sum\limits_{n=1}^{\infty} u_n$ 收敛.

用反证法立刻可以证得定理的后半部分.

在使用比较法的时候,有一个非常重要的级数是经常使用的,那就是 $p$-级数.设 $p$ 为正

实数,则称 $\sum\limits_{n=1}^{\infty} \dfrac{1}{n^p}$ 为 $p$-级数.

**例2** 讨论 $p-$级数 $\sum\limits_{n=1}^{\infty}\dfrac{1}{n^p}(p>0)$ 的收敛性.

【解】 当 $0<p\leqslant 1$ 时,$\dfrac{1}{n^p}\geqslant\dfrac{1}{n}$,而 $\sum\limits_{n=1}^{\infty}\dfrac{1}{n}$ 发散,故此时 $p-$级数发散;

当 $p>1$ 时,顺序地把 $p-$级数的一项、两项、四项、八项、…结合起来,作成一个新级数

$$1+\left(\dfrac{1}{2^p}+\dfrac{1}{3^p}\right)+\left(\dfrac{1}{4^p}+\cdots+\dfrac{1}{7^p}\right)+\left(\dfrac{1}{8^p}+\cdots+\dfrac{1}{15^p}\right)+\cdots<$$

$$1+\left(\dfrac{1}{2^p}+\dfrac{1}{2^p}\right)+\left(\dfrac{1}{4^p}+\cdots+\dfrac{1}{4^p}\right)+\left(\dfrac{1}{8^p}+\cdots+\dfrac{1}{8^p}\right)+\cdots=$$

$$1+\dfrac{2}{2^p}+\dfrac{4}{4^p}+\dfrac{8}{8^p}+\cdots=$$

$$1+\dfrac{1}{2^{p-1}}+\left(\dfrac{1}{2^{p-1}}\right)^2+\left(\dfrac{1}{2^{p-1}}\right)^3+\cdots$$

由于 $\dfrac{1}{2^{p-1}}<1$,因此级数 $\sum\limits_{n=1}^{\infty}\left(\dfrac{1}{2^{p-1}}\right)^n$ 收敛,由比较法可知,此时的 $p-$级数收敛.

总之,$p-$级数 $\sum\limits_{n=1}^{\infty}\dfrac{1}{n^p}$ 当 $0\leqslant p\leqslant 1$ 时,发散;当 $p>1$ 时,收敛.

用此判定法很容易知道,正项级数 $\sum\limits_{n=1}^{\infty}\dfrac{1}{\sqrt{n}}$ 发散,而 $\sum\limits_{n=1}^{\infty}\dfrac{1}{n^2}$ 收敛.

**定理3** (比较法的极限形式)设 $\sum\limits_{n=1}^{\infty}\mu_n$ 与 $\sum\limits_{n=1}^{\infty}v_n$ 都是正项级数,$\lim\limits_{n\to\infty}\dfrac{\mu_n}{v_n}=l\left[l\in(0,+\infty)\right]$,则两级数具有相同的收敛性.

**例3** 判定下列级数的敛散性:

(1) $\sum\limits_{n=1}^{\infty}\dfrac{1}{n^2+n}$;  (2) $\sum\limits_{n=1}^{\infty}\ln\left(1+\dfrac{1}{n}\right)$.

【解】 (1)由于

$$\dfrac{1}{n^2+n}<\dfrac{1}{n^2}$$

又由例2知 $\sum\limits_{n=1}^{\infty}\dfrac{1}{n^2}$ 是收敛的,因此根据比较原则,级数 $\sum\limits_{n=1}^{\infty}\dfrac{1}{n^2+n}$ 收敛.

(2)因为

$$\lim\limits_{n\to\infty}\dfrac{\ln\left(1+\dfrac{1}{n}\right)}{\dfrac{1}{n}}=\lim\limits_{n\to\infty}\left(1+\dfrac{1}{n}\right)^n=\mathrm{e}$$

而 $\sum\limits_{n=1}^{\infty}\dfrac{1}{n}$ 发散,由比较原则,级数 $\sum\limits_{n=1}^{\infty}\ln\left(1+\dfrac{1}{n}\right)$ 也发散.

**定理4** (比值判别法,也称达朗贝尔判别法)如果正项级数 $\sum\limits_{n=1}^{\infty}u_n$ 满足

$$\lim\limits_{n\to\infty}\dfrac{u_{n+1}}{u_n}=\rho$$

则:(1)当 $\rho<1$ 时级数收敛;

（2）当 $\rho>1$（或 $\lim\limits_{n\to\infty}\dfrac{u_{n+1}}{u_n}=+\infty$）时级数发散；

（3）当 $\rho=1$ 时级数可能收敛，也可能发散．

**【证】**（略）．

**例4** 判定下列级数的敛散性：

（1）$\dfrac{1}{2}+\dfrac{2}{2^2}+\dfrac{3}{2^3}+\cdots+\dfrac{n}{2^n}+\cdots$；

（2）$\dfrac{1}{10}+\dfrac{1\times2}{10^2}+\dfrac{1\times2\times3}{10^3}+\cdots+\dfrac{n!}{10^n}+\cdots$．

**【解】**（1）因为

$$\lim_{n\to\infty}\frac{u_{n+1}}{u_n}=\lim_{n\to\infty}\left[\frac{n+1}{2^{n+1}}\bigg/\frac{n}{2^n}\right]=\lim_{n\to\infty}\frac{n+1}{2n}=\frac{1}{2}<1$$

所以由定理4可知，级数收敛．

（2）由于

$$\lim_{n\to\infty}\frac{u_{n+1}}{u_n}=\lim_{n\to\infty}\left[\frac{(n+1)!}{10^{n+1}}\bigg/\frac{n!}{10}\right]=\lim_{n\to\infty}\frac{n+1}{10}=+\infty$$

因此级数发散．

## 二、交错级数

设 $u_n>0$，则形如 $-u_1+u_2-u_3+u_4-\cdots,u_1-u_2+u_3-u_4\cdots$ 的级数，称为交错级数．由于二者的收敛性没有本质区别，因此以后着重讨论后一种．

**定理5（莱布尼兹判定法）** 设 $u_n>0$，若交错级数 $\sum\limits_{n=1}^{\infty}(-1)^{n-1}u_n$ 满足两个条件：

（1）$u_n\geqslant u_{n+1}$；

（2）$\lim\limits_{n\to\infty}u_n=0$.

则交错级数收敛．

证明从略．

**例5** 判别下列交错级数的收敛性：

（1）$\sum\limits_{n=1}^{\infty}(-1)^n\dfrac{1}{n}$；（2）$\sum\limits_{n=1}^{\infty}(-1)^{n+1}\dfrac{n}{3^n}$．

**【解】**（1）因为 $\lim\limits_{n\to\infty}u_n=\lim\limits_{n\to\infty}\dfrac{1}{n}=0$，且对任意正整数 $n$，所以有 $u_n=\dfrac{1}{n}>\dfrac{1}{n+1}=u_{n+1}$. 由莱布尼兹定理知交错级数 $\sum\limits_{n=1}^{\infty}(-1)^n\dfrac{1}{n}$ 收敛．

（2）对任意正整数，有 $3n>n+1$，两端除 $3^{n+1}$ 得 $\dfrac{n}{3^n}>\dfrac{n+1}{3^{n+1}}$. 另外，由洛必达法则得 $\lim\limits_{x\to\infty}\dfrac{x}{3^x}=\lim\limits_{n\to\infty}\dfrac{1}{3^x\ln 3}=0$. 于是，$\lim\limits_{n\to\infty}\dfrac{n}{3^n}=0$. 由定理5知交错级数 $\sum\limits_{n=1}^{\infty}(-1)^{n+1}\dfrac{n}{3^n}$ 收敛．

## 三、条件收敛与绝对收敛

设 $u_n$ 是实数，则一般的数项级数 $\sum\limits_{n=1}^{\infty}u_n$ 收敛性的判别就比较复杂．这里先介绍条件收敛与绝对收敛的概念.

**定义** 若级数 $\sum\limits_{n=1}^{\infty}|u_n|$ 收敛,则称级数 $\sum\limits_{n=1}^{\infty}u_n$ 绝对收敛;若级数 $\sum\limits_{n=1}^{\infty}|u_n|$ 发散,而级数 $\sum\limits_{n=1}^{\infty}u_n$ 收敛,则称级数 $\sum\limits_{n=1}^{\infty}u_n$ 条件收敛.

可以证明,绝对收敛的级数必定是条件收敛的级数.

**例 6** 判定级数 $\sum\limits_{n=1}^{\infty}\dfrac{\cos\frac{n\pi}{3}}{2^n}$ 的收敛性.

**【解】** $|u_n|=\left|\dfrac{\cos\frac{n\pi}{3}}{2^n}\right|\leqslant\dfrac{1}{2^n}$,

而级数 $\sum\limits_{n=1}^{\infty}\dfrac{1}{2^n}$ 是收敛的,故级数 $\sum\limits_{n=1}^{\infty}\left|\dfrac{\cos\frac{n\pi}{3}}{2^n}\right|$ 收敛,$\sum\limits_{n=1}^{\infty}\dfrac{\cos\frac{n\pi}{3}}{2^n}$ 是绝对收敛的.

**例 7** 讨论级数 $\sum\limits_{n=1}^{\infty}\dfrac{(-1)^{n-1}}{\sqrt{n}}$ 的收敛性,如果收敛,指出其是绝对收敛,还是条件收敛.

**【解】** 令 $u_n=\dfrac{(-1)^{n-1}}{\sqrt{n}}$,则 $|u_n|=\dfrac{1}{\sqrt{n}}$,而 $\sum\limits_{n=1}^{\infty}\dfrac{1}{\sqrt{n}}$ 是发散的.又因为 $\dfrac{1}{\sqrt{n}}$ 单调递减且趋于 $0$,由莱布尼兹定理知级数 $\sum\limits_{n=1}^{\infty}\dfrac{(-1)^{n-1}}{\sqrt{n}}$ 收敛,所以级数 $\sum\limits_{n=1}^{\infty}\dfrac{(-1)^{n-1}}{\sqrt{n}}$ 条件收敛.

# 任务三　掌握幂级数

形如 $\sum\limits_{n=0}^{\infty}a_n(x-x_0)^n$ 或 $\sum\limits_{n=0}^{\infty}a_nx^n$ 的函数项级数,称为幂级数.由于令 $t=x-x_0$,则前者成为后者形式,故着重讨论形如 $\sum\limits_{n=0}^{\infty}a_nx^n$ 的幂级数.

对于幂级数 $\sum\limits_{n=0}^{\infty}a_nx^n$ 而言,$a_0,a_1,\cdots,a_n,\cdots$ 称为该幂级数的系数.

最特殊的也是最有用的幂级数是

$$1+x+x^2+\cdots+x^n+\cdots$$

此幂级数当 $|x|<1$ 时收敛,和函数为 $\dfrac{1}{1-x}$,也就是说,该幂级数在 $(-1,1)$ 内收敛于 $\dfrac{1}{1-x}$;当 $|x|\geqslant1$ 时,该级数发散.

当然,幂级数 $1-x+x^2-x^3+\cdots$ 当 $|x|<1$ 时,收敛于 $\dfrac{1}{1+x}$;当 $|x|\geqslant1$ 时,该级数发散.

这是两个非常重要的幂级数,须牢记.

## 一、幂级数的收敛域

**定理 1** (阿贝尔定理)若幂级数 $\sum\limits_{n=1}^{\infty}a_nx^n$ 当 $x=x_0(x_0\neq0)$ 时收敛,则适合不等式 $|x|<$

$|x_0|$ 的一切 $x$,使幂级数绝对收敛;反之,若幂级数 $\sum\limits_{n=0}^{\infty} a_n x^n$ 当 $x=x_0$ 时发散,则适合不等式 $|x|>|x_0|$ 的一切 $x$,使幂级数发散.

以后把使幂级数收敛的点称为它的收敛点,把使幂级数发散的点称为其发散点.幂级数收敛点的集合称为其收敛域,发散点的集合称为其发散域.

阿贝尔定理说明,幂级数 $\sum\limits_{n=0}^{\infty} a_n x^n$ 的收敛域对称于原点.

定理证明从略.

若幂级数 $\sum\limits_{n=0}^{\infty} a_n x^n$ 仅在 $x_0=0$ 处收敛,则说明它的收敛半径为 $R=0$;如果在 $(-\infty,+\infty)$ 内收敛,就说明它的收敛半径 $R=+\infty$,如果存在 $R>0$,当使 $|x|<R$ 时,幂级数绝对收敛;当 $|x|>R$ 时,幂级数发散,则说明它的收敛半径为 $R$.

下面介绍收敛半径 $R$ 的求法.

**定理 2** 若 $\lim\limits_{n\to\infty}\left|\dfrac{a_{n+1}}{a_n}\right|=\rho$,则幂级数 $\sum\limits_{n=0}^{\infty} a_n x^n$ 的收敛半径为

$$R=\begin{cases} \dfrac{1}{\rho}, & \rho\neq 0 \\ +\infty, & \rho=0 \\ 0, & \rho=+\infty \end{cases}$$

证明从略.

一般可以用 $R=\lim\limits_{n\to\infty}\left|\dfrac{a_n}{a_{n+1}}\right|$ 来求收敛半径.

**例 1** 求幂级数 $\sum\limits_{n=1}^{\infty}(-1)^{n-1}\dfrac{x^n}{n}$ 的收敛域.

**【解】** 先求收敛半径,由于

$$\rho=\lim_{n\to\infty}\left|\frac{a_{n+1}}{a_n}\right|=\lim_{n\to\infty}\frac{\dfrac{1}{n+1}}{\dfrac{1}{n}}=1$$

故收敛半径

$$R=\frac{1}{\rho}=\frac{1}{1}=1$$

当 $x=-1$ 时,幂级数成为 $-1-\dfrac{1}{2}-\dfrac{1}{3}-\cdots$,显然是发散的;当 $x=1$ 时,幂级数成为 $\sum\limits_{n=1}^{\infty}(-1)^{n-1}\dfrac{1}{n}$,它是收敛的.

总之,该幂级数收敛域为 $(-1,1]$.

**例 2** 求幂级数 $\sum\limits_{n=1}^{\infty}\dfrac{1}{\sqrt{n}}(x-2)^n$ 的收敛域.

**【解】** 令 $t=x-2$,则该幂级数成为 $\sum\limits_{n=1}^{\infty}\dfrac{1}{\sqrt{n}}t^n$.

$$\rho = \lim_{n \to \infty} \left| \frac{a_{n+1}}{a_n} \right| = \lim_{n \to \infty} \frac{\sqrt{n}}{\sqrt{n+1}} = 1$$

$$R = \frac{1}{\rho} = \frac{1}{1} = 1$$

当 $t = -1$ 时, 级数成为 $\sum_{n=1}^{\infty} \frac{(-1)^n}{\sqrt{n}}$, 这是收敛的交错级数; 当 $t = 1$ 时, 级数成为 $\sum_{n=1}^{\infty} \frac{1}{\sqrt{n}}$, 这是发散的 $p$-级数.

$\sum_{n=1}^{\infty} \frac{1}{\sqrt{n}} t^n$ 的收敛域是 $[-1, 1)$. 原幂级数收敛域应满足 $-1 \leqslant x - 2 < 1$, 即 $1 \leqslant x < 3$. 故原幂级数的收敛域为 $[1, 3)$.

## 二、幂级数的运算

幂级数具有很好的代数运算与分析运算的性质. 设 $R > 0$.

**性质 1** 设幂级数 $\sum_{n=0}^{\infty} a_n x^n$ 与 $\sum_{n=0}^{\infty} b_n x^n$ 都在 $(-R, R)$ 内收敛, 则在此收敛域内, 可以进行加法与乘法运算, 即在收敛域 $(-R, R)$ 内, 有

$$\sum_{n=0}^{\infty} a_n x^n \pm \sum_{n=0}^{\infty} b_n x^n = \sum_{n=0}^{\infty} (a_n \pm b_n) x^n$$

$$\left( \sum_{n=0}^{\infty} a_n x^n \right) \left( \sum_{n=0}^{\infty} b_n x^n \right) = \sum_{n=0}^{\infty} c_n x^n$$

其中

$$c_n = a_0 b_n + a_1 b_{n-1} + \cdots + a_{n-1} b_1 + a_n b_0$$

此时, 幂级数 $\sum_{n=0}^{\infty} (a_n \pm b_n) x^n$ 与 $\sum_{n=0}^{\infty} c_n x^n$ 在 $(-R, R)$ 内也收敛.

**性质 2** 幂级数 $\sum_{n=0}^{\infty} a_n x^n$ 的和函数 $s(x)$ 在其收敛域 $(-R, R)$ 内可导, 且可以逐项求导与逐项积分, 即收敛域在 $(-R, R)$ 内, 有

$$s'(x) = \left( \sum_{n=0}^{\infty} a_n x^n \right)' = \sum_{n=0}^{\infty} (a_n x^n)' = \sum_{n=0}^{\infty} n a_n x^{n-1}$$

$$\int_0^x s(x) \mathrm{d}x = \int_0^x \left( \sum_{n=0}^{\infty} a_n x^n \right) \mathrm{d}x = \sum_{n=0}^{\infty} \int_0^x a_n t^n \mathrm{d}t = \sum_{n=0}^{\infty} \frac{a_n}{n+1} x^{n+1}$$

**注意**: $s(x) = \int_0^x s'(x) \mathrm{d}x + s(0)$.

**例 3** 求幂级数 $x + \frac{x^3}{3} + \frac{x^5}{5} + \cdots (-1 < x < 1)$ 的和函数.

**【解】** $u_n = \frac{1}{2n-1} x^{2n-1}$, 级数为 $\sum_{n=1}^{\infty} \frac{1}{2n-1} x^{2n-1}$. 在收敛域 $(-1, 1)$ 内, 有

$$\sum_{n=1}^{\infty} \frac{1}{2n-1} x^{2n-1} = \int_0^x \left( \sum_{n=1}^{\infty} \frac{1}{2n-1} x^{2n-1} \right)' \mathrm{d}x + s(0)$$

$$= \int_0^x \left[ \left( \sum_{n=1}^{\infty} \frac{1}{2n-1} x^{2n-1} \right)' \right] \mathrm{d}x + s(0)$$

$$= \int_0^x \left( \sum_{n=1}^{\infty} x^{2n-2} \right) \mathrm{d}x + s(0)$$

$$= \int_0^x \frac{1}{1-x^2} \mathrm{d}x + s(0)$$

$$= \frac{1}{2} \ln \frac{1+x}{1-x}, x \in (-1,1)$$

**例 4** 求幂级数 $\sum\limits_{n=1}^{\infty} nx^{n-1}$ 的和函数,$x \in (-1,1)$.

**【解】** 设和函数为 $s(x)$,则

$$s(x) = \left( \sum_{n=1}^{\infty} \int_0^x nt^{n-1} \mathrm{d}t \right)' = \left( \sum_{n=1}^{\infty} x^n \right)' = \left( \frac{x}{1-x} \right)' = \frac{1}{(1-x)^2}, x \in (-1,1)$$

## 三、函数展开成幂级数

**定义** 若 $f(x)$ 在 $x_0$ 的某邻域内具有任意阶导数,则称幂级数

$$f(x_0) + f'(x_0)(x-x_0) + \frac{f''(x_0)}{2!}(x-x_0)^2 + \cdots + \frac{f^{(n)}(x_0)}{n!}(x-x_0)^n + \cdots \quad (8-1)$$

为 $f(x)$ 的泰勒级数,也就是说把 $f(x)$ 展开成 $(x-x_0)$ 的幂级数.

特别地,当 $x_0 = 0$ 时,称其为 $f(x)$ 的麦克劳林级数.也说是把 $f(x)$ 展开成 $x$ 的幂级数.

**定理 3** 若 $f(x)$ 在点 $x_0$ 的某邻域内具有各阶导数,则 $f(x)$ 的泰勒级数[式(8-1)]收敛于 $f(x)$ 的充要条件是 $f(x)$ 的 $n$ 阶泰勒公式中的余项 $R_n(x) \to 0 (n \to 0)$.

证明从略.

将函数 $f(x)$ 展开成幂级数的步骤是:

第一步,求 $f^{(n)}(x_0)(n=0,1,2,\cdots)$;

第二步,求出泰勒级数 $\sum\limits_{n=1}^{\infty} \frac{f^{(n)}(x_0)}{n!}(x-x_0)^n$ 的收敛域;

第三步,在收敛域内,求出使 $\lim\limits_{n \to \infty} R_n(x) = 0$ 的区域 $I$;

第四步,在 $I$ 上写出 $f(x)$ 的泰勒级数.

将函数展开成幂级数,有直接展开与间接展开两种方法.

**例 5** 将函数 $f(x) = \mathrm{e}^x$ 展开成 $x$ 的幂级数.

**【解】** 由于 $f(x) = \mathrm{e}^x, f^{(n)}(x) = \mathrm{e}^x$,因此

$$f^{(n)}(0) = 1(n=0,1,2,\cdots)$$

$f(x)$ 的麦克劳林级数为

$$1 + x + \frac{x^2}{2!} + \cdots + \frac{x^n}{n!} + \cdots$$

很容易求得此幂级数的收敛域为 $(-\infty, +\infty)$.

在 $(-\infty, +\infty)$ 内,余项 $R_n(x) = \frac{f^{n+1}(\xi)}{(n+1)!} x^{n+1}$,其中 $\xi$ 介于 $x$ 和 $0$ 之间.

$$|R_n(x)| = \left| \frac{\mathrm{e}^{\xi}}{(n+1)!} x^{n+1} \right| \leqslant \frac{\mathrm{e}^{|x|}}{(n+1)!} |x|^{n+1}$$

而级数 $\sum\limits_{n=1}^{\infty} \frac{|x|^{n+1}}{(n+1)!}$ 是收敛的,故其一般趋于零,即

$$\lim_{n\to\infty}\frac{|x|^{n+1}}{(n+1)!}=0$$

于是 
$$\lim_{n\to\infty}\frac{e^{|x|}}{(n+1)!}|x|^{n+1}=0$$

故 
$$\lim_{n\to\infty}R_n(x)=0$$

最后得 
$$e^x=1+x+\frac{x^2}{2!}+\cdots+\frac{x^n}{n!}+\cdots \quad x\in(-\infty,+\infty)$$

利用此种方法,还可以得到

$$\sin x=x-\frac{x^3}{3!}+\frac{x^5}{5!}+\cdots+(-1)^{n-1}\frac{x^{2n-1}}{(2n-1)!}+\cdots \quad x\in(-\infty,+\infty)$$

$$\cos x=1-\frac{x^2}{2!}+\frac{x^4}{4!}-\cdots+(-1)^n\frac{x^{2n}}{(2n)!}+\cdots \quad x\in(-\infty,+\infty)$$

$$\ln(1+x)=x-\frac{x^2}{2!}+\cdots+(-1)^n\frac{x^{n+1}}{(n+1)!}+\cdots \quad x\in(-1,+1]$$

**例 6** 将函数 $f(x)=\ln(3+x)$ 展开为 $x$ 的幂级数.

$$f(x)=\ln(3+x)=\ln\left[3\left(1+\frac{x}{3}\right)\right]=\ln 3+\ln\left(1+\frac{x}{3}\right)$$

【解】

$$=\ln 3+\frac{x}{3}+\frac{\left(\frac{x}{3}\right)^2}{2}+\cdots+(-1)^n\frac{\left(\frac{x}{3}\right)^{n+1}}{n+1}+\cdots$$

$$=\ln 3+\frac{1}{3}x-\frac{1}{2\times 3^2}x^2+\cdots+(-1)^n\frac{1}{(n+1)3^{n+1}}x^{n+1}+\cdots$$

收敛域满足 $-1<\frac{x}{3}\leqslant 1$,即 $-3<x\leqslant 3$,收敛域为 $(-3,3]$.

**例 7** 将函数 $f(x)=\frac{1}{x}$ 展开为 $(x-3)$ 的幂级数.

【解】
$$f(x)=\frac{1}{x}=\frac{1}{3+(x-3)}=\frac{1}{3}\times\frac{1}{1+\frac{x-3}{3}}$$

$$=\frac{1}{3}\left[1-\frac{x-3}{3}+\left(\frac{x-3}{3}\right)^2-\cdots+(-1)^n\left(\frac{x-3}{3}\right)^n+\cdots\right]$$

$$=\frac{1}{3}\sum_{n=0}^{\infty}(-1)^n\left(\frac{x-3}{3}\right)^n$$

$$=\sum_{n=0}^{\infty}(-1)^n\frac{1}{3^{n+1}}(x-3)^n$$

收敛域满足 $-1<\frac{x-3}{3}<1$,即 $0<x<6$.

在以上计算中,例 5 是直接展开,例 6 与例 7 是间接展开,更重要的是间接展开.

**思考题**

进行了项目八的学习之后,你是否学会了无穷级数的知识? 我们又应该通过怎样的努力来使我们的国家变得更加美好、更加强大?

# 项目九 数学文化初步了解

◎ 知识图谱

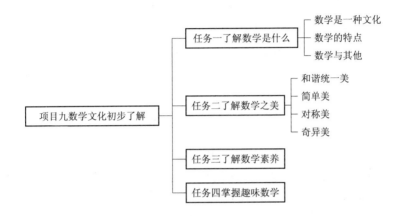

◎ 能力与素质

前面我们学习了高等数学的内容．高职院校的学生经常会问这样一个问题:学习高等数学有什么用? 老师经常这么回答:主要是掌握数学思想方法．其实一直以来,从小学一年级到高职一年级,一般要学 13 年的数学课程．如果说对数的认识那就更要提早到幼儿园甚至到胎教．但许多人并未因为学的时间长就掌握了数学的精髓．在学校学的数学知识,毕业后若没机会去用,很快就忘掉了,尤其在高职院校数学理论课越来越压缩的情况下．然而,不管他们从事什么工作,深深铭刻在脑海中的数学精神、数学思维方法、数学研究方法、数学推理方法和看问题的着眼点等,都能随时随地发挥作用,使他们终身受益．

想一想:数学有源远流长的光辉历史,你是否了解了数学发展以及它对人类社会发展的作用? 在数学的发展史中,你是否也具有精益求精、勇于创新的理想信念?

## 任务一　了解数学是什么

## 一、数学是一种文化

恩格斯说:数学是研究现实世界中数量关系与空间形式的一门学科．

据记载,数学起源于东方,大约在公元前两千年,巴比伦人就收集了极其丰富的资料,今天来看这些资料应属于初等数学的范围．至于数学作为现代意义的一门学科,则是迟至公元前 5 到公元前 4 世纪才在希腊出现的．

数学是人类生活的工具;数学是人类用于交流的语言;数学能赋予人创造性;数学是一种

人类文化．可见，数学是人类文明的重要组成部分．数学是一切自然科学的基础，它与哲学、经济、文史、教育、文艺、修养以及我们的生活息息相关．

"文化"一词，一般有广义和狭义两种解释．广义的文化是与自然相对的概念，它是通过人的活动，对自然状态的变革而创造的成果．即人类物质财富和精神财富的积淀．狭义的文化是指社会意识形态或观念形式，即人的精神生活领域．

目前关于"数学文化"一词，也有狭义和广义两种解释．狭义的解释，其是指数学的思想、精神、方法、观点、语言，以及它们的形成和发展；广义的解释，则是除这些以外，还包含数学史、数学美、数学教育、数学与人文的交叉、数学与各种文化的关系．

一般数学文化中的"文化"是广义的文化解释．正如"企业文化""校园文化""民族文化"等都用的是文化的广义解释．

## 二、数学的特点

数学是人类文化的重要组成部分，但是它又是一种特殊的文化，有其自身的特点．主要有三个特点：抽象性、精确性和应用的广泛性．

首先看抽象性．数学以纯粹的量的关系和形式作为自己的对象，它完全舍弃了具体现象的实际内容而去研究一般的数量关系，它考虑的是抽象的共性，而不管它们对个别具体现象的应用界限．抽象的绝对化是数学所特有的．

数学中研究的数"7"不是"7 匹马""7 个西瓜"等具体的物件的数量，而是完全脱离这些具体事物的抽象的"数"．再比如极限的概念中"$n \rightarrow \infty$"时以及"367 人中至少 2 人出生在同一天"等，也是抽象的．

其次看精确性．其表现在推理的严格和数学结论的确定两个方面．比如"$n$ 边形 $n$ 内角之和＝180 度×$(n-2)$""$n$ 边形外角之和＝360 度"都是从几何公理和定理，经过逻辑推导出来的，是精确的．

最后应用的广泛性．数学的抽象性、精确性决定了应用的广泛性．华罗庚（1910－1985年）先生曾说：宇宙之大，粒子之微，火箭之速，化工之巧，地球之变，生物之谜，日用之繁，数学无处不在．总之，数学应用于各个学科和领域．

我们不妨从日常生活中看看数学在生活中的应用．

**例 1** 某物流公司在仓库储存了 20 000 kg 小麦，这批小麦以常量每月 2 500 kg 运走，要用 8 个月的时间．如果储存费用是每月每千克 0.01 元，8 个月之后物流公司应向仓库方支付储存费多少元？

**【解】** 令 $f(t)$ 表示 $t$ 个月后储存小麦的千克数，则

$$f(t)=20\ 000-2\ 500t$$

先求储存费用微元，在 $t$ 的变化区间 $[0,8]$ 上取微小区间 $[t,t+dt]$，则在该小区间内，每千克储存费用等于每月每千克储存费用与月数 $dt$ 的乘积，即

$$每千克储存费用=0.01dt$$

用 $E$ 表示储存费用，则在区间 $[t,t+dt]$ 上储存费用的近似值为

$$dE=f(t)\times 0.01dt$$

于是所求储存费为

$$E=\int_0^8 dE=\int_0^8 0.01 f(t)dt=\int_0^8 0.01\times(20\ 000-2\ 500t)dt=800(\text{元})$$

**例 2** 露天水渠的横断面是一个无上底的等腰梯形,如图 9—1 所示. 若水渠中水流横断面的面积等于 $S$,水深为 $h$. 问:水渠侧边的倾角 $\alpha$ 为多大时,才能使水渠横断面被水浸没的部分最小?

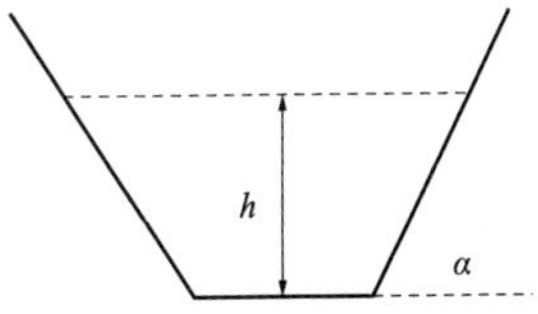

图 9—1

**【解】** 设水渠底宽为 $a$,则

$$s=\frac{1}{2}h(2a+2h\cot\alpha)=h(a+h\cot\alpha)$$

由此解得

$$a=\frac{s}{h}-h\cot\alpha$$

水渠横断面被水浸没的部分为

$$f(\alpha)=a+2\frac{h}{\sin\alpha}=\frac{s}{h}-h\cot\alpha+2\frac{h}{\sin\alpha}$$

$$f'(\alpha)=h\frac{1}{\sin^2\alpha}-\frac{2h\cos\alpha}{\sin^2\alpha}=\frac{h}{\sin^2\alpha}(1-2\cos\alpha)$$

令 $f'(x)=0$

得唯一解 $\alpha=\dfrac{\pi}{3}$.

因为问题存在最小值,而 $\alpha=\dfrac{\pi}{3}$ 又是唯一极值点,所以其是最小值点.

# 三、数学与其他

我们在中学就知道数学与物理、化学、生物、语文等各门学科都有联系. 其实数学几乎与所有领域都有联系. 在这里只简单介绍数学与生活的联系.

## 1. 数学与语言

生活在这个世界上我们都要用语言(无论是有声的还是无声的肢体语言)来表达我们的意愿或情感. 语言是人类相互交流的工具. 数学语言是人们进行数学表达和数学交流的工具.

我们一般指的语言是汉语、英语、法语、日语、韩语等一般语言. 世界上的语言千千万万,并不包括数学语言. 数学语言是一种特有的语言.

但是数学语言与一般的语言有共同之处,它们都是由符号组成的,只是符号不同而已. 它们都用以表达思想、观念. 它们都有一定的形成和发展的历史过程,且继续发展变化着,只是影响发展的因素不同、变化的性质有所不同. 它们都是人类文明进步的象征之一. 数学本身的特性导致数学语言不会变化那么快. 而一般的语言就不尽然,随着互联网络的迅猛发展,网络语言也如雨后春笋般不断涌现. 但网络本身又离不开数学.

人们常说:语文不好数学就好不了. 言外之意就是读不懂题怎么能解题. 所以说对数学语言的理解必须以一般语言的理解为基础. 但是一个一般语言水平很高的人也不一定能掌握好数学语言,它们还是有差别的. 就像有些同学或重文轻理或重理轻文就是这个道理.

数学语言是由符号组成的,而世界各国又都采用相同的数学符号,这就使得数学语言成为人类文明的共同语言.

例如数的符号是 0,1,2,3,4,5,6,7,8,9. 这些符号是印度人发明的,而后又被阿拉伯人传入欧洲,欧洲人称为阿拉伯数字.所以现在人们一直以为是阿拉伯人发明的,这是一个误解.现在全世界通用这些数的符号.

再如$\lim\limits_{x\to\infty}f(x)=A$,只要学过高等数学的人都能理解它是极限的概念.即当$|x|$无限增大时,$f(x)\to A$.

但数学语言也要考虑它的实用性,就像我们到商店买盐不能说买 NaCl 一样,说买$\frac{\sqrt{2}}{2}$斤①盐.

总之,数学语言是人类语言的组成部分,它与一般语言是相通的.但是数学语言有其独特之处,它不仅是一般语言无法代替的而且它构成了科学语言的基础.现代物理学离开了数学语言就无法表达出来.越来越多的科学门类用数学语言表达自己,这是因为数学语言的精确及其思想的普遍性与深刻性.数学既推动了语言学的发展,又促进了数学语言自身的发展.

## 2. 数学与音乐

大家都爱听音乐.感觉愉悦的声音,就叫音乐.数学跟音乐有着密切的联系.中国古代就把数学与音乐联系在一起,诸如用数学讲音节、解和声以及编钟乐器等.古希腊人把音乐、算术、几何和天文同列为教育的课程,称为四艺.

在简谱中,记录音的高低和长短的符号,叫作音符.而用来表示这些音的高低的符号,是用七个阿拉伯数字作为标记的,它们的写法是 1 2 3 4 5 6 7,读法为 do re mi fa so la si(多来米发梭拉西).

音符的数字符号 1 2 3 4 5 6 7 表示不同的音高.广义上说音乐里总共就有 7 个音符.

但音乐怎么就和 1,2,3,4,5,6,7 联系上了呢?据说很久以前,人们就发现了声音的高低中似乎总有一些音听起来一模一样,却不在一个高度上,于是人们把任意这样两个音之间的频率计算了一下,终于发现按照频率把这任意两个音之间的频率分成 12 份,就几乎可以把见到听到过的音乐都找出来了,于是人们把这个发现叫作"12 平均律".在钢琴键盘上可以很直观地理解音符和音高.其实在钢琴 12 个键中只有 7 个使用率高,于是人们就只给这 7 个音符起了名字.就有了大家知道的 1 2 3 4 5 6 7.

除了乐谱与数学有明显的联系外,音乐还与比例、指数、曲线、周期函数以及计算机相关联.

公元前六世纪古希腊数学家毕达哥拉斯可以说是音乐理论的一位始祖,他认为音乐是数学的一部分.

毕达哥拉斯把音乐解释为宇宙的普遍和谐,并且这也同样适用于数学.这就是我们将要介绍的数学之美.

# 任务二　了解数学之美

在学习数学过程中,有的人对数学没有兴趣,认为数学枯燥乏味;有的人认为数学抽象难懂;有的人甚至对数学产生惧怕心理,把听数学课、解数学题,看成最头痛的事.之所以会产生这些情况,其实是没认识和感受到数学之美.

---

① 1 斤＝500 g.

数学美主要包括和谐统一美、简单美、对称美、奇异美.

# 一、和谐统一美

和谐的概念最早是由以毕达哥拉斯为代表的毕达哥拉斯学派用数学的观点研究音乐提出来的.其认为音乐是对立因素的和谐统一.毕达哥拉斯学派还认为圆是完美无缺的,是和谐美好的表现,因此,在这一学派看来,天上的星体也必定采取圆周运动的形式.

二次曲线也被称为圆锥曲线,用不同的平面去截圆锥所得到的交线可以是圆、椭圆、抛物线和双曲线,四种不同的曲线均是圆锥的截线,这是一种和谐统一.

说到和谐不能不提黄金分割.所谓黄金分割,指的是把长为 $L$ 的线段分为两部分,使其中一部分对于全部之比,等于另一部分对于该部分之比.这样的比值为黄金比.

黄金比的求法:令 $x$ 是黄金比,$a$,$b$ 分别为一条线段被分成黄金比的两部分的长度.这里,

$$a > b$$

$$\frac{a}{a+b} = \frac{b}{a} = x（根据黄金比的定义）$$

$$\frac{a+b}{a} = \frac{a}{b} = \frac{1}{x}$$

即

$$1 + x = \frac{1}{x}$$

$$x^2 + x - 1 = 0$$

取正根 $x = \frac{\sqrt{5}-1}{2} \approx 0.618$,即为黄金比.

黄金分割天然地存在于我们的日常生活.比如,人体前臂和后臂的比例就是 $38\%$ 比 $62\%$,同样的比例还存在于手掌和前臂之间.人体面部各器官就是按照黄金分割比例分布的,我们的眼睛、耳朵、嘴巴和鼻孔之间的分布距离就包含了黄金分割的比例.有意无意地对黄金分割在无生命体和艺术努力中的更深层的认识,有助于对眼球产生好的感觉,构图界面就会备感舒适、爽快和协调.

如图 9—2 所示,达·芬奇名画《蒙娜丽莎》把黄金分割比运用得淋漓尽致.

图 9—3 所示为一个贝壳:点 $C$ 分线段 $AB$ 近似于黄金分割.多么美妙的图案!

黄金分割比例还体现于斐波纳契数列.斐波纳契数列就是每个数等于前面两数之和的整数数列,如:$1,1,2,3,5,8,13,\cdots$.这个数列中两个相邻数的比值接近于黄金分割比例.（$1/1 = 1$,$2/1 = 2$,$3/2 = 1.5$,$5/3 = 1.666\cdots$,$8/5 = 1.6$,$13/8 = 1.625$,

图 9—2

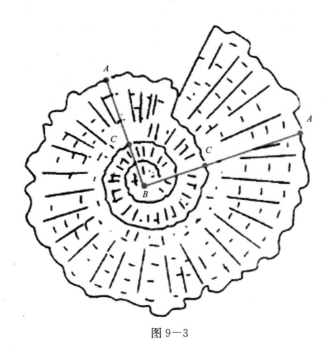

图 9—3

21/13＝1.615 38…依次类推,比值趋近 1.618 04,为黄金分割比的倒数)

数学的和谐美还表现在数的系统,数学结构,数学公理体系的相容性. 数与数之间相互联系,相互沟通.

欧拉公式:$e^{i\pi}+1=0$.

把 5 个最重要的数——$0,1,\pi$(圆周率),$e$(自然对数的底数),$i$(虚数单位)联系起来,多么和谐!

所以,在追求和谐美的作用下,数学家不断激发灵感,发现新的定理、公式以及新的数学理论.

## 二、简单美

爱因斯坦说:评价一个理论是不是美,标准就是原理上的简单性.

数学的简单性主要表现在:

### 1. 公理的简单性

对于单个公理来说,它必须是"简单的",如"对顶角相等",简单的几个字就能证明出无穷多的结果.

### 2. 解决问题的简单性

我们在解数学问题的时候力求越简单越好,即所谓的美的解答. 正如老师在讲课过程中总是乐意把最简单明了的解题方法介绍给同学一样.

### 3. 表达形式的简单性

我们从小学接触数学开始就有"化简"这类问题. 所谓"化简",就是把原题化成最简形式. 以多项式为例,"合并同类项后的多项式就叫最简多项式".

欧拉所发现的公式 $V+F-E=2$($V$、$F$、$E$ 分别表示凸多面体顶点数、凸多面体面数、凸多面体棱数),这样一个简单的公式就把点、线、面联系了起来.

### 4. 数学语言的简洁性

数学概念,数学公式都是许许多多现象的高度概括.

在直角三角形中,$c^2=a^2+b^2$(勾股定理)多么简要地把直角三角形的性质呈现在大家面前.(见图 9—4)

再如数列极限定义,用文字描述时我们说:如果数列 $\{x_n\}$ 的项数 $n$ 无限增大,$x_n$ 无限趋近于某个定常数 $A$,则称 $A$ 是数列 $\{x_n\}$ 的极限.这种描述不够准确.如果我们改用"$\varepsilon-N$"这种数学语言来描述不但非常简洁,而且严格准确.

还有在概率分布中,"$0-1$"分布可以说是最简洁的分布了.它把众多随机变量的概率问题简单化,即把复杂问题简单化了.

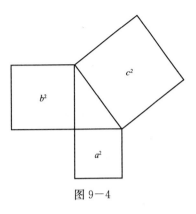

图 9—4

### 5. 数学符号简单化

数学符号是数学文字的主要形式,也是构成数学语言的基本部分. $1,2,3,4,5,6,7,8,9,0$,这十个符号是全世界普遍采用的符号,用它们表示全部的数,书写简单,运算灵便.还有"$\infty$"表示无穷大,"$\sum$"表示和式,"$\prod$"表示连乘,"$\triangle$"表示三角形,"$\odot$"表示圆等.数学符号的简单化为我们解决问题带来了很多方便.

## 三、对称美

对称是能给人以美感的一种形式,它被数学家看成数学美的一个基本内容.

对称是指图形或物体对某个点、直线或平面而言,在大小、形状和排列上具有一一对应关系.

数学中的对称主要是一种思想,它着重追求的是数学对象乃至整个数学体系的合理、匀称与协调.数学概念、数学公式、数学运算、数学方程式、数学结论甚至数学方法中都蕴含着奇妙的对称性.如椭圆、抛物线、双曲线、椭球面、柱面、圆锥面等,都是关于某中心(点),某轴(直线),某平面的对称图形;许多数学定理、公式也具有对称性.如 $(a+b)^2=a^2+2ab+b^2$ 中 $a$ 与 $b$ 就是对称的.在复数中 $z$ 与 $\bar{z}$ 在复平面上表示的是对称的两点,对偶命题也是对称的.从命题角度看:正定理与逆定理、否定理、逆否定理等也存在着对称关系.

毕达哥拉斯学派认为:一切立体图形中最完美的是球形,一切平面图形中最完美的是圆形.这是因为从对称性来看,圆和球这两种形体在各方面上都是对称的.

还有很多对称的数学式子美轮美奂:

如 $123 \times 642 = 246 \times 321$,      $12 \times 84 = 48 \times 21$,      $13 \times 93 = 39 \times 31$

$1 \times 1 = 1$

$11 \times 11 = 121$

$111 \times 111 = 12321$

$1111 \times 1111 = 1234321$

$11111 \times 11111 = 123454321$

$111111 \times 111111 = 12345654321$

$1111111 \times 1111111 = 1234567654321$

$11111111 \times 11111111 = 123456787654321$

$111111111 \times 111111111 = 12345678987654321$

对于具有对称性的定理或命题,我们只需证明出一部分内容再通过"同理可知""同理可证"来解决.

在解题时我们利用图形和式子的对称性,往往可以收到事半功倍的效果.

比如:(1)设 $u = e^{xy}(x+y)$,求 $u_x{}'$ 和 $u_y{}'$.

【解】　$u_x{}' = ye^{xy}(x+y) + e^{xy}$,利用对称性:$x$ 与 $y$ 对称,则

$$u_y{}' = xe^{xy}(y+x) + e^{xy}$$

(2)计算 $\int_{-2}^{2} x^7 \sin^8 x \, dx$.

【解】　如果采取直接积分的方法我们很难算出结果,但如果我们考虑图形的对称性、奇函数在对称区间上的性质,得知原式 $=0$.

由上可知,数学中的对称性不但给我们带来美的效果,还带来了美妙的方法,并且使复杂问题简单化了.

# 四、奇异美

奇异美是数学美的另一个基本内容.它显示出客观世界的多样性,是数学思想的独创性和数学方法新颖性的具体表现.英国哲人培根(Bacon)说过:"没有一个极美的东西不是在调和中有着某些奇异."他甚至还说:"美在于独特而令人惊异."

奇异就是奇怪不寻常.它包含两个方面的特征:新颖与异常,在数学中,一方面表现出令人意外的结果、公式、方法、思想等;另一方面表示突破原来思想、原来观点或与原来的思想、观念相矛盾的新思想、新方法、新理论.

人人都有求新求异的心理,新奇或奇异的事物往往能引起人们愉悦的心理感受.数学的奇异美就是数学发展过程中求新求异的表现.数学奇异美在解题方法上的应用很多,表现在逆向思维、反证法、变更思路、变量替换、构造反例、用不等式证明等式等方面.在数学中,许多奇异对象的出现,一方面打破了旧的统一;另一方面又为在更高层次上建立新的统一奠定基础.

前面我们介绍了黄金比是 $x = \dfrac{\sqrt{5}-1}{2}$,它是方程 $x^2 + x - 1 = 0$ 的正根,但还可以表示下面的奇异形式.

$x = \cfrac{1}{1 + \cfrac{1}{1 + \cfrac{1}{1 + \cfrac{1}{1 + \cdots}}}}$,显然 $x > 0$,则 $x = \dfrac{1}{1+x}$.

故有 $x^2 + x - 1 = 0$. 所以 $x = \dfrac{\sqrt{5}-1}{2}$.

数学中的奇异美,常表现在数学的结果和数学的方法等各个方面.

比如 $1\,963\times4=7\,852,1\,738\times4=6\,952$ 多么奇妙! 这两个式子把 $1\sim9$ 这 9 个数不重复不遗漏地展现出来.

不管是在学习数学过程中,还是在生活中,同学们都要善于发现、善于总结、善于创新,才能更好更快地发现学习美、生活美.

数学方法的奇异性,一般表现为构思奇巧、方法独特,具有新颖性和开创性等特征. 例如数学中对于 $\sqrt{2}$ 是无理数的论证体现出来的就是一种富有奇异美的数学方法. 要证明 $\sqrt{2}$ 是无理数,如果从正面去证明它是无理数,就要通过对 2 开方,计算出它确是一个无限不循环小数. 实际上这是不可能做到的,你可以计算到小数点后万位、百万位、亿万位,但永远也算不到无限. 所以,可以考虑从"反面"来证明,即用反证法. 假设 $\sqrt{2}$ 是有理数,根据有理数都可以表示为既约分数 $q/p$(既约分数总是可以事先做到的,因而可假定),然后得出矛盾,奇妙的证明给出了结论的正确性.

奇异也往往伴随数学方法的出现而出现. 比如数学中一些反例往往给人以奇异感.

勾股定理: $X^2+Y^2=Z^2$ 有非零的正数解:$3,4,5;5,12,13$ 等.

其一般解为:$X=a^2-b^2$, $Y=2ab$, $Z=a^2+b^2$,其中 $a>b$ 为一奇一偶的正整数,那么,3 次不定方程:$X^3+Y^3=Z^3$ 有没有非零的正整数解? 费马认为它没有非零的正整数解. 此即著名的费马猜想.

费马认为不定方程:$X^n+Y^n=Z^n$,当 $n\geqslant3$ 时没有正整数解!

费马在一本书的边上写到,他已经解决了这个问题,但是没有留下证明. 在此后的 300 年一直是一个悬念. 18 世纪最伟大的数学家欧拉(Euler)证明了 $n=3,4$ 时费马定理成立;后来,有人证明当 $n<10^5$ 时定理成立. 20 世纪 80 年代以来,取得了突破性的进展. 1995 年英国数学家安德鲁·怀尔斯(Andrew Wiles)论证了费马定理. 他 1996 年获 wolf 奖,1998 年获 Fielz 奖.

许多人之所以对数学会产生浓厚的兴趣与广泛的关注,归根到底还是数学的奇妙,更进一步讲是数学方法的巧妙和推陈出新. 如果在解决某一数学问题的过程中用一种绝妙的思想方法把它解决了,会给人以一种美的享受,同时给人以成就感. 数学的发展是人们对于数学美的追求的结晶.

# 任务三　了解数学素养

以提高人才数学科学方面的素质作为重要内容和目的的数学科学方面的素质,一般称为数学素养.

数学素养的通俗说法是:把所学的数学知识都排除或忘掉后剩下的东西,包括:从数学角度看问题的出发点;有条理地理性思维,严密地思考、求证,简洁、清晰、准确地表达;在解决问题、总结工作时,逻辑推理的意识和能力;对所从事的工作,合理地量化和简化,周到地运筹帷幄.

数学素养的专业说法是:主动探寻并善于抓住数学问题的背景和本质的素养,包括:熟练地用准确、简明、规范的数学语言表达自己数学思想的素养;具有良好的科学态度和创新精神,合理地提出新思想、新概念、新方法的素养；对各种问题以"数学方式"的理性思维，从多角度探寻解决问题的方法的素养；善于对现实世界中的现象和过程进行合理的简化和量化，建立数学模型的素养．

先天素质（又称遗传素质）是人的心理发展的生理条件，但不能决定人的心理内容和发展水平；先天素质既然是生来具有的某些解剖生理特点，自然就无所谓后天教育与培养了．后天素质是后天养成的，是可以培养和提高的，也是知识内化和升华的结果．对于这种后天养成的比较稳定的身心发展的心理品质，我们称为"素养"．

数学素养属于认识论和方法论的综合性思维形式，它具有概念化、抽象化、模式化的认识特征．具有数学素养的人善于把数学中的概念结论和处理方法推广应用于认识一切客观事物．

作为一名高职学生，通过十余年的数学学习，变得更聪明了，并且各方面都有了长足的进步，不是吗？你可以利用数学去解化学方程式，解电学方程式，并利用数学去获取其他知识．比如生化专业的学生在学习生物学时，学过种群生长全过程的 $S$ 形曲线称为逻辑斯蒂曲线（Logistic Curve）．它的数学公式是：$dN/dt=rN(K-N)/K$．其中，$r$ 为增长率；$N$ 为某一时间原有的个体数；$K$ 为负荷能力或满载量，即环境所能接受的种群量；$K-N$ 为种群在某一时间的数量与满载量之差．将 $rN(K-N)/K$ 求导并令导数等于 0，可得 $N=K/2$ 时曲线斜率最大．这也是数学给你带来的收获．

在高职院校开展的各种技能大赛中，就不乏数学知识的应用．我们曾走访了在全国高职院校机器人大赛中获奖的选手，他们在谈到获奖感言时，无不赞许数学知识在比赛中的运用．可以说在高职院校开展的数学建模大赛及各项技能大赛中，都或多或少地体现了数学思想．

大学生毕业后面临着就业．在众多的公务员考试题目中都加入了大量的数学试题，这已经成了一个不争的事实．在企业招聘过程中也增加了数学元素在里面．下面是两道企业招工试题．

**例1** 某外企招考员工的一道题．

有三个筐，一个筐装着橘子，一个筐装着苹果，一个筐混装着橘子和苹果．装完后封好了．然后做了"橘子""苹果""混装"三个标签，分别往上述三个筐上贴．由于马虎，结果全都贴错了．请你想一个办法，只许从某一个筐中拿出一个水果查看，就能够纠正所有的标签．（解答见任务四例7）

**例2** 微软公司招考员工的一道面试题．

一个屋子里面有 50 个人，每个人领着一条狗，而这些狗中有一部分病狗．

假定有如下条件：(1)狗的病不会传染，也不会不治而愈；(2)狗的主人不能直接看出自己的狗是否有病，只能靠看别人的狗和推理来发现自己的狗是否有病；(3)主人一旦发现自己的狗是一只病狗，就会在当天开枪打死这条狗；(4)狗只能由他的主人开枪打死．如果他们在一起，第一天没有枪声，第二天没有枪声，…，第十天发出了一片枪声，问：有几条狗被打死？（不是"脑筋急转弯"！）（解答见任务四例8）

同学们先独立思考，答案在任务四里介绍．

学好数学不仅可以增长知识、增长智慧，而且可以改善人的心理素质，可以帮助我们学会做人．学习的作用主要如下：

(1)贴近自然，贴近社会．数学源于自然，而人是属于自然界的，数学是一个人了解自然的工具．有一句话说得好：在当今社会，人不识字能凑合过，但人不识数将寸步难行．

（2）勤于探索．天才在于勤奋,前面提到的数学家安德鲁·怀尔斯,为了证明费马定理花费了近十年的时间．很多数学家都是如此．对于数学的这种执着的求实、求真精神是其他学科无法比拟的．

（3）情感陶冶．

在学习数学的过程中仅仅把数学公式与定理弄明白并不太难,但使学生真正喜欢它,欣赏它并从中获得美的感受以至运用到工作和生活中去就有难度了．

数学素养不是与生俱来的,是在学习和实践中培养的．学生在数学学习中,不但要理解数学知识,更要体会数学知识中蕴含的数学文化,了解"数学方式的理性思维",提高自己的数学素养．

我们总是希望把专业搞得更好．人的所有修养中有意识的修养比无意识地、仅凭自然增长地修养来得快来得多．只要有这样强烈的要求、愿望和意识,坚持下去,人人都可以形成较高的数学素养．

数学是一种文化．从某种意义上说,数学教育就是数学文化的教育．G 波利亚看到以下事实:只有 1％的学生会需要研究数学,29％的学生将来会使用数学,70％的人在离开学校后不会再用小学以上的数学知识．因此,他认为数学教育的意义就是培养学生的思维习惯、数学文化修养．

实际上,高职学院的学生毕业后走入社会,大多都不在与数学相关的领域工作,他们学过的具体的数学定理、公式和解题方法可能大多用不上,以至很快就忘记了．这些对他的工作不会造成很大缺憾,而他们所欠缺的是数学素养．所以说一名高职学生,虽然以后不一定成为一名数学家,但可以成为一名有较高数学素养的人,成为一名数学文化的传播者．

# 任务四　掌握趣味数学

生活中有很多趣味数学题,这些题能帮助我们启迪思维,激发学习数学的兴趣、陶冶情操、锻炼意志、体会数学之美．

**例 1**　水手分椰子．

五个水手带着一只猴子,船靠岸时,来到荒岛上休息,突然发现一堆椰子．由于劳累全躺下睡觉了．第一名水手醒来,将椰子平均分成 5 堆后还余一个椰子给了猴子,自己藏起一堆,又躺下睡觉．第二名水手醒来将剩下的 4 堆椰子混在一起,又重新平均分成 5 堆,恰巧又剩下一个椰子也给了猴子,自己也藏起了一堆．第三、四、五名水手依次醒来,也都如此分法．真巧! 每次分后都多出一个椰子给猴子吃．当第二天五个水手一起醒来时发现椰子已经不多了,都心照不宣,为了表示"公平",将剩下的椰子混在一起,又平均分成 5 堆,每人一堆,恰巧又剩下一个,给了早已饱尝口福的猴子．请问:原来这一堆椰子共有多少个?

**【解】**　根据题意,五个人每次平均分成 5 堆,次日又分一次,共分 6 次,每次分后都多余一个给了猴子．

令 $n$ 是第二天早晨五人平分时每人所得数．则第二天早晨还剩 $5n+1$ 个．夜里最后一个人分时,所藏数为 $\dfrac{5n+1}{4}$,此人未分时还剩 $5 \times \dfrac{5n+1}{4} + 1 = \dfrac{25n+9}{4}$（个）．倒数第二人藏数 $\dfrac{1}{4} \times$

$\frac{25n+9}{4}$,未藏时还剩 $5\times\frac{1}{4}\times\frac{25n+9}{4}+1=\frac{125n+61}{16}$(个).同理,倒数第三人藏数 $\frac{1}{4}\times$

$\frac{125n+61}{16}$,未藏时还剩 $5\times\frac{1}{4}\times\frac{125n+61}{16}+1=\frac{625n+369}{64}$(个).倒数第四人藏数 $\frac{1}{4}\times$

$\frac{625n+369}{64}$,未藏时还剩 $5\times\frac{1}{4}\times\frac{625n+369}{64}+1=\frac{3\,125n+2\,101}{256}$(个).第一个人藏数 $\frac{1}{4}\times$

$\frac{3\,125n+2\,101}{256}$,未藏时还剩 $5\times\frac{1}{4}\times\frac{3\,125n+2\,101}{256}+1=\frac{15\,625n+11\,529}{1\,024}$(个).原有数为

$N=\frac{15\,625n+11\,529}{1\,024}=15n+11+\frac{265(n+1)}{1\,024}$.因 $N$ 必为正整数,即 $265(n+1)$ 必须可被 $1\,024$

整除,$n$ 的最小值为 $1\,023$,故 $N=15\times1\,023+11+265=15\,621$(个).

即原有椰子总数至少应有 15 621 个.

**例 2** 谁去破案.

某侦察队长接到一项紧急任务,要他在代号为 A、B、C、D、E、F 六个队员中挑选出若干人去侦破一件案子,人选的配备要求,必须满足下列条件:

(1)A、B 二人中至少去一人;

(2)A、D 不能一起去;

(3)A、E、F 三人中要派两人去;

(4)B、C 两人都去或都不去;

(5)C、D 两人中去一人;

(6)若 D 不去,则 E 也不去.

请问:应该让谁去? 为什么?

**【解】** 根据条件(1)提出三种方案逐一推算.①A 去 B 不去;②B 去 A 不去;③A、B 都去.

由方案①推算:C、D 不能去(由条件(2)和(4)可知).但条件(5)要求 C、D 两人中去一人,说明此路不通.

从方案②推算:按条件(5)和(6)规定 D、E 不去,如此则不能满足条件(3).只有方案③能顺利推算,解法如下:

A、B 都去.从条件(4)、(5)得知,B 去 C 去,C 去则 D 不去,从条件(6)知道:"若 D 不去,则 E 也不去".从条件(3)"A、E、F 三人中要派两人去"这一点分析 A 去 E 不去,所以 F 必定去.

答案应是:A、B、C、F 四人去.

**例 3** 抓球.

假设排列着 100 个乒乓球,由两个人轮流拿球装入口袋,能拿到第 100 个乒乓球的人为胜利者.条件是:每次拿球者至少要拿 1 个,但最多不能超过 5 个,问:如果你是最先拿球的人,你该拿几个? 以后怎么拿就能保证你能得到第 100 个乒乓球?

**【解】**

(1)我们不妨逆向推理,如果只剩 6 个乒乓球,让对方先拿球,你一定能拿到第 6 个乒乓球.理由是:如果他拿 1 个,你拿 5 个;如果他拿 2 个,你拿 4 个;如果他拿 3 个,你拿 3 个;如果他拿 4 个,你拿 2 个;如果他拿 5 个,你拿 1 个.

（2）我们再把 100 个乒乓球从后向前按组分开,6 个乒乓球一组.100 不能被 6 整除,这样就分成 17 组;第 1 组 4 个,后 16 组每组 6 个.

（3）先把第 1 组 4 个拿完,后 16 组每组都让对方先拿球,自己拿完剩下的.这样你就能拿到第 16 组的最后一个,即第 100 个乒乓球.

即先拿 4 个,然后他拿 $n$ 个,你拿 $6-n$ 个,依次类推,保证你能得到第 100 个乒乓球.（$1 \leqslant n \leqslant 5$）

**例 4** 猜生日.

小王对小李说:我能猜出你的生日是几月几日,只要把你的生日乘以 12,再把出生的月份乘以 31,然后把它们加起来,将总数告诉我.我马上就能告诉你你的生日是几月几日.小李边想边在纸上写道:我的生日乘以 12 加上出生的月份乘以 31 和为 275,小王听了小李的数字,在纸上一算便对小李说:你的生日是 5 月 10 日.请问:小王是怎么算出来的?

**【解】** 这个问题是要解不定方程:$12x + 31y = 275$（设 $x$ 是出生日,$y$ 是月份）,$x$ 和 $y$ 都是正整数,并且 $x$ 不会大于 31,$y$ 不会大于 12.

$2x = \dfrac{275 - 31y}{6} = 45 - 5y + \dfrac{5-y}{6}$. 设 $t = \dfrac{5-y}{6}$,$y = 5 - 6t$.

$2x = 45 - 5(5 - 6t) + t = 20 + 31t$,由 $31 \geqslant x > 0$,及 $12 \geqslant y > 0$,可知 $t$ 的数值界限是 $-\dfrac{20}{31} < t < \dfrac{5}{6}$,$t$ 必须取整数,所以 $t = 0$. 将 $t = 0$,代入上式,得 $x = 10$,$y = 5$,故小李的生日是 5 月 10 日.

**例 5** 百鸡问题.

今有鸡翁一,值钱伍;鸡母一,值钱三;鸡雏三,值钱一.凡百钱买鸡百只,问:鸡翁、母、雏各几何?

此题是中国古代算书《张丘建算经》中著名的百鸡问题（译:公鸡每只值 5 文钱,母鸡每只值 3 文钱,而 3 只幼鸡值 1 文钱.现在用 100 文钱买回 100 只鸡,问:这 100 只鸡中,公鸡、母鸡和幼鸡各有多少只?

**【解】** 这是一个求不定方程求整数解的问题.

设公鸡、母鸡、幼鸡分别为 $x$、$y$、$z$ 只,由题意得

$$\begin{cases} x + y + z = 100 & \text{①} \\ 5x + 3y + \dfrac{1}{3}z = 100 & \text{②} \end{cases}$$

有两个方程,三个未知量,称为不定方程组,有多种解.

令②×3−①得 $7x + 4y = 100$;

所以 $y = \dfrac{100 - 7x}{4} = 25 - 2x + \dfrac{x}{4}$.　　　　　　　③

令 $\dfrac{x}{4} = t$（$t$ 为整数）,所以 $x = 4t$.

把 $x = 4t$ 代入③得到 $y = 25 - 7t$.

易得 $z = 75 + 3t$.

所以 $x = 4t$.

$y = 25 - 7t$.

$z = 75 + 3t.$

因为 $x, y, z \geqslant 0$,

所以 $4t \geqslant 0, 25 - 7t \geqslant 0, 75 + 3t \geqslant 0$.

解得 $0 \leqslant t \leqslant \dfrac{25}{7}$. 又因为 $t$ 为整数,

所以 $t = 0, 1, 2, 3$(不要忘记 $t$ 有等于 0 的可能).

当 $t = 0$ 时,

$x = 0; y = 25; z = 75.$

当 $t = 1$ 时,

$x = 4; y = 18; z = 78.$

当 $t = 2$ 时,

$x = 8; y = 11; z = 81.$

当 $t = 3$ 时,

$x = 12; y = 4; z = 84.$

共四组解.

**例 6** 狼羊白菜摆渡过河.

猎人把一只狼,一只羊和一筐白菜从河的左岸带到右岸,可是船太小,每次他只能带一样东西过河,如果他不在,狼要吃羊,羊要吃白菜. 所以狼和羊,羊和白菜不能在无人监视的情况下相处,请问:他应该如何摆渡,才能安全地把三样东西带过河?

**【解】** 第一次猎人把羊带至右岸;

第二次猎人单身回左岸,把白菜至右岸,此时右岸有猎人、羊和白菜;

第三次猎人再把羊带左岸,放下羊,把狼带到右岸,此时右岸有猎人、狼和白菜;

第四次猎人单身回到左岸,最后把羊带到右岸,便完成了渡河任务.

**例 7** (任务三例 1 解答)有三个筐,一个筐装着橘子,一个筐装着苹果,一个筐混装着橘子和苹果. 装完后封好了. 然后做了"橘子""苹果""混装"三个标签,分别往上述三个筐上贴. 由于马虎,结果全都贴错了. 请你想一个办法,只许从某一个筐中拿出一个水果查看,就能够纠正所有的标签.

**【解】** 从贴有"混装"标签的筐里拿出一个水果,如果是苹果,则该筐里全是苹果,贴有"苹果"的标签的筐里装的全是橘子,贴有"橘子"标签的筐里混装着橘子和苹果.

**例 8** (任务三例 2 解答)微软公司招考员工的一道面试题.

一个屋子里面有 50 个人,每个人领着一条狗,而这些狗中有一部分病狗.

假定有如下条件:(1)狗的病不会传染,也不会不治而愈;(2)狗的主人不能直接看出自己的狗是否有病,只能靠看别人的狗和推理来发现自己的狗是否有病;(3)一旦主人发现自己的狗是一条病狗,就会在当天开枪打死这条狗;(4)狗只能由他的主人开枪打死. 如果他们在一起,第一天没有枪声,第二天没有枪声,…,第十天发出了一片枪声,问:有几条狗被打死?

**【解】** 从第一天没有枪声可以推出病狗不止一条,用反正法,假设病狗只有一条,那么病狗的主人将看到其余 49 条狗都不是病狗,而题目说"这些狗中有一部分病狗",所以只有可能自己的狗是病狗,题目又说"一旦主人发现自己的狗是一只病狗,就会在当天开枪打死这条狗". 但"第一天没有枪声",因此病狗不止一条.

第一天没有枪声,第二天没有枪声,…,第十天发出了一片枪声,则有十条狗被打死.

**思考题**

进行了项目九的学习之后,你对数学的看法有哪些改变? 而数学又对你有哪些新的启发?

# 参 考 文 献

[1]吴洁,胡农．高等数学[M]．第二版(下)．北京:高等教育出版社,2011.

[2]李志荣,白静．高等数学[M]．北京:北京理工大学出版社,2018.

[3]张绪绪,高汝林．应用数学[M]．北京:北京理工大学出版社,2013.

[4]朱贵凤,马凤敏,等．高等数学[M]．沈阳:东北大学出版社,2014.

[5][美]R. 柯,H. 罗宾,I. 斯图尔特．什么是数学[M]．左平,张饴慈,译．上海:复旦大学出版社,2005.

[6]郑毓信,王宪昌,蔡仲．数学文化学[M]．成都:四川教育出版社,2001.

[7]胡炳生,陈克胜．数学文化概论[M]．合肥:安徽人民出版社,2006.

[8]张楚廷．数学文化[M]．北京:高等教育出版社．2006.

[9]顾沛．数学文化[M]．北京:高等教育出版社．2008.